いしど式で
やさしく
教える！

小学生のそろばん

おうちで伸ばす計算力・集中力

新版

石戸珠算学園 監修

Mates-Publishing

はじめに

そろばんはたま（珠）を見ながら指ではじき、たまの数を見て答えを導き出します。

指先は脳に直結した感覚器であり、「外部に出た脳の一部」といわれます。目で見た情報を脳に伝え、更に指を動かし検証を繰り返すそろばん学習は数的理論性を養うだけではなく、脳の活性化を促します。

さらにそろばんは右脳に刺激を与え記憶力を高め、繰り返し計算を行うことで集中力や忍耐力も養われます。そして、瞬時に答えを導く訓練をすることで判断力や情報処理能力も培われます。

そろばんは「計算」を行うツールとしてだけではなく、能力開発やイメージトレーニングの役割も担うのです。

こうしたそろばんのポテンシャルにいち早く注目したのが、いしど式そろばんを行う石戸珠算学園です。いしど式は頭の中でそろばんのたまを考えて、イメージしながら計算する練習を積み重ね、無理なく少しずつステップアップしていくオリジナルのカリキュラムで個人の脳力を高めています。

本書は、親が子どもに自宅でそろばんを教えることを目的とし、いしど式のメソッドを使いながら解説していきます。そろばんを行ったことがないお父さん・お母さんでもわかりやすい説明ができ、お子さんの能力アップに導いていきます。

本書を通じて、子どもが持つ無限の可能性が花開くことを願います。

監修 いしど式 石戸珠算学園

https://www.ishido-soroban.com/

全国で210校を運営し、45年の実績を誇る。そろばんを使い、オリジナルの教育メソッドで子どもの能力開発を行い、全国の珠算大会で好成績をおさめている。

いしど式そろばんなら
はじめてでも安心！！
家庭でそろばんが上達するコツとは!?

いしど式では、一人ひとりのペースに合わせた個別対応方式でそろばんを学習します。人と比べるのではなく、まずは自分のペースで着実に進むことに重点をおいています。そして、「やればできる」という気持ちを育み、できることの楽しさを知ることで、意欲を育てるのが特徴です。ご家庭でも、「よくできたね」「すごいね」など頑張った姿勢をほめ、そろばんを楽しく学べるように寄り添ってあげる事が大切です。

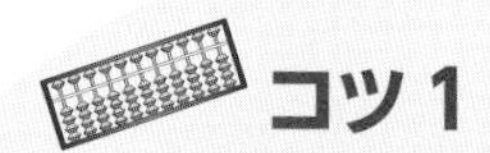

コツ1

理解度

学習のペースは人それぞれです。先に進むことよりも十分に理解をして「簡単」と思えるくらい繰り返し練習をしましょう。

たとえ兄弟でも理解のツボや苦手ポイントは違います。あせらず、確実に進めましょう。

コツ2

学習時間

最初から1時間の練習しようとか、10問やろうということよりも集中力の度合いを見ながら目標を決めましょう。

6歳ぐらいなら、学習スタート時の集中力が20分も続けば立派なものです。1回の練習時間は短時間から。練習の期間は間を空けると忘れてしまいますから毎日少しでもそろばんに触れられるといいですね。

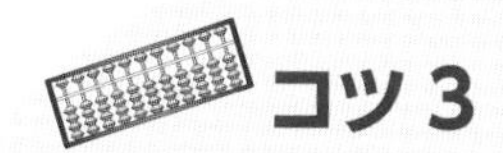

コツ3

前向きな言葉で子どもをほめる

「できないこと」ではなく、「できたこと」に着目したほめ言葉を心がけましょう。

いいところを見つけて声をかけながら学習を進めることでだんだん「できることが楽しいこと」になっていきます。

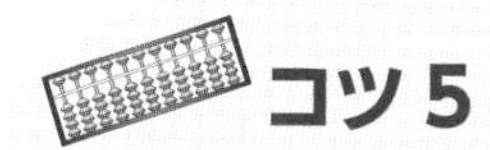

コツ5

楽しみを見つける

どんなことでも飽きてしまうことや嫌になる事はあります。目標を立てることで意欲を引き出したり、ちょっとしたご褒美も時には必要です。

そろばんを頑張ると楽しいことがあるんだという工夫をご家庭でもしてみてください。

コツ4

完璧さを求めない

そろばんは頭で理解をするだけではなく、身体（指先）が反射的に動くぐらい繰り返しの訓練をしていきます。

人間だからこそ、わかっていることを間違えたり、同じことを間違えたりします。「間違えたら直せばいい」「次はできるようにチャレンジしよう」そんな気持ちで応援をしてあげてください。

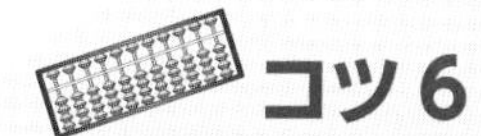

コツ6

挑戦を応援する

できなくなった時に「もう、いいよ」というのではなく達成することの喜びをサポートするのが大人の役目です。

学習の途中で壁にぶつかった時は、ともに乗り越える気持ちで支えてあげてください。自信がついてきたら、検定試験などに挑戦し学習の成果を試すことも意欲を高めます。

この本の使い方

この本は、親子で一緒にそろばんを習得すためのコツを紹介しています。子どもがスムーズにそろばんの指使いを覚えて計算できるように、理解しやすい順番でレクチャーし、イラストを使いわかりやすく解説しています。子どもがつまずきやすい点を事前にアドバイスしているので、そろばん初心者の大人でも教えることができます。

未就学児で計算が不慣れなお子さんから、小学生で計算のスキルを早くアップしたい、暗算ができるようになりたいと思っている児童まで、数に強くなりレベルアップできる内容です。

本書を読み進めることで、そろばんを上手に扱えるようになりながら、計算問題を正確に解くポイントが身についていきます。

タイトル

このページで習得するコツと内容が一目でわかる。そろばんの扱いや計算の考え方などに必要な知識を理解しよう。

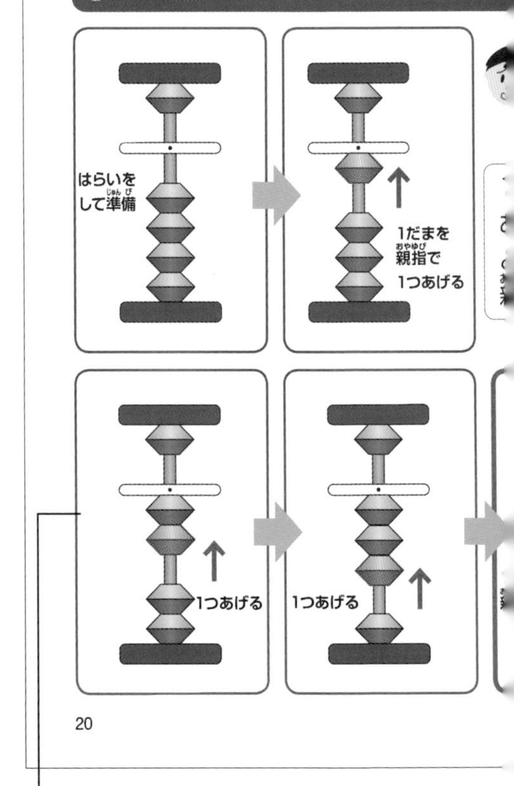

イラストのサンプル問題

イラストでサンプル問題を明示し、そろばんの指づかいや計算の方法、考え方などを具体的にレクチャーする。

解説

このページで紹介する概要を説明する。習得する技能を一通り把握でき、サンプル問題への導入となる。

親指と人さし指で1だまを動かす

そろばんの「数の表し方」を理解したら、簡単なたしざん・ひきざんを使って1だまを動かしてみましょう。1だまをあげるときは「親指」、さげるときは「人さし指」を使います。慣れてきたら複数のたまを動かしてみましょう。

② 4−1−1−1−1のけいさん

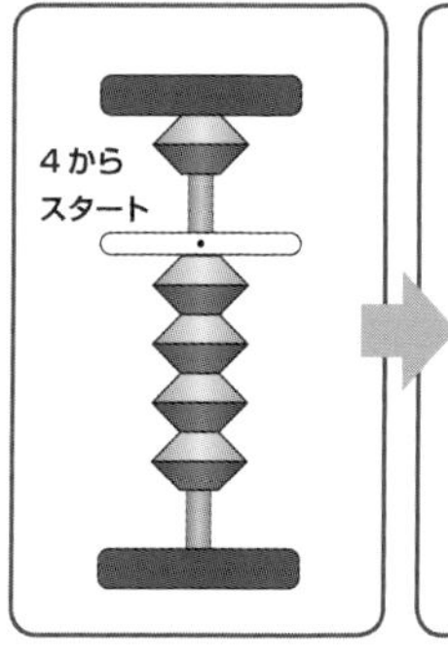

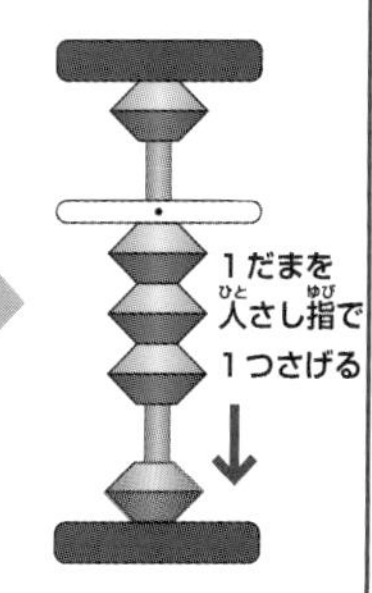

パパ・ママへアドバイス！

お子さんが、たまを正確に動かせているかみてあげましょう。たまをあげるときは親指でたまの下部分から、さげるときは人さし指で上部分から動かします。

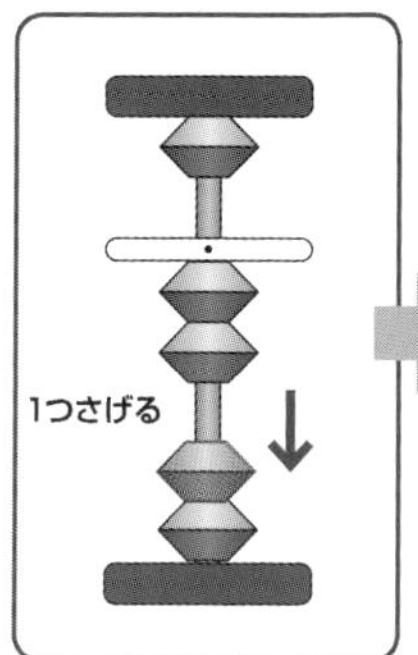

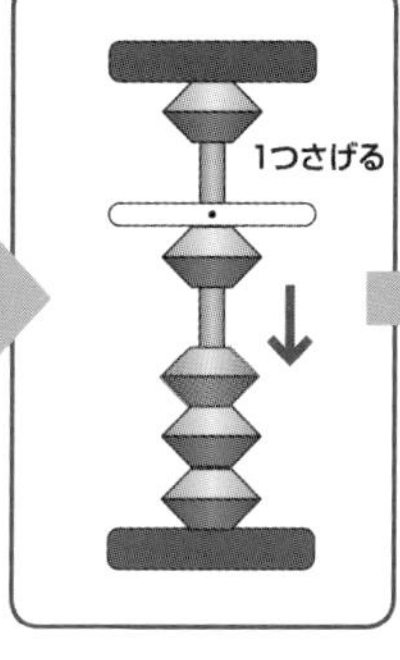

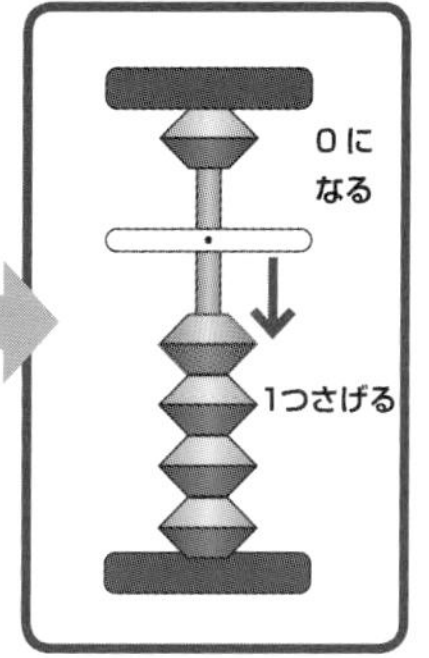

21

ふきだし

子どもが理解して考えるペースに沿ったコメントで、そろばんの技能を確実に習得できるように導く。

パパ・ママへアドバイス

そろばんを教えるときに気をつけたいポイントを、子どものつまずきやすい点を踏まえて紹介。

目　次

PART1　そろばんのきほん

PART2　たしざん・ひきざんのきほん

本書は 2018 年発行の『いしど式でやさしく教える！小学生のそろばんおうちで伸ばす計算力･集中力』を「新版」として発行するにあたり、内容を確認し一部必要な修正を行ったものです。

PART3　くりあがり・くりさがりのけいさん

PART4　かけざん

PART5　わりざん

PART6　かけざん・わりざん　レベルアップ

PART 1

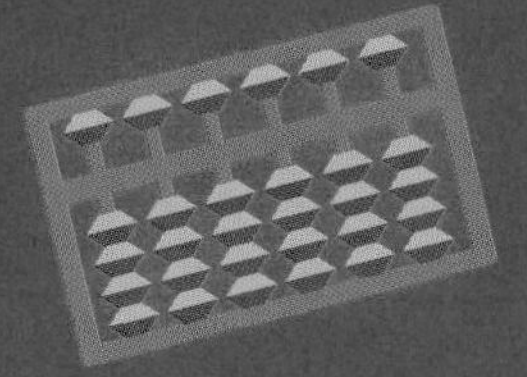

そろばんのきほん

部分の名前をおぼえよう

① そろばんの部分の名前

わく
そろばんの上下左右を囲む。5だまが上になるようにし、左手でわくを持つ。

5だま
はりより上にあるたま。下におろすことで数字の5の形を表す。

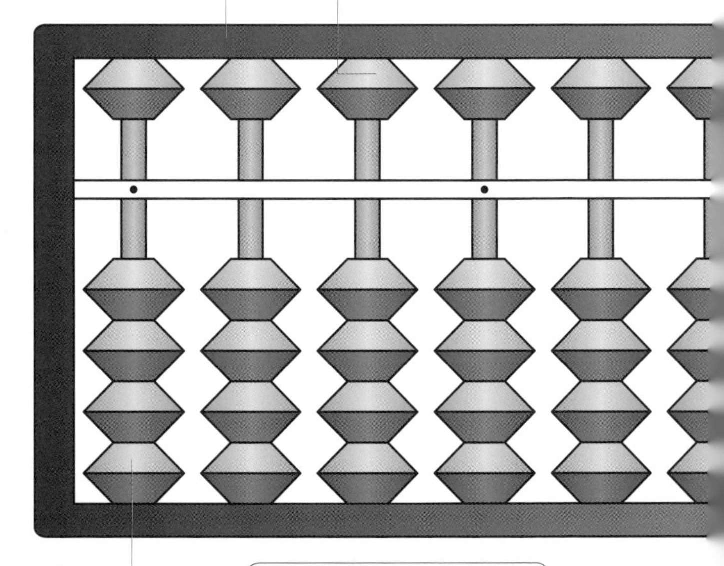

1だま
はりより下にあるたま。たまを上にあげることで、その数の数字の形を表す。

上下がさかさまにならないよう注意してね

たまには「5だま」と「1だま」がある

けいさんをはじめる前に、そろばんの部分の名前をおぼえましょう。そろばんには「わく」という囲みがあり、そのなかに珠がタテに五つ並んでいます。たまには「5だま」と「1だま」があり、その間には「はり」が横に通っています。

パパ・ママへアドバイス！

それぞれの部分の名前は、お子さんがそろばんを学習する過程で必要です。しかし、けいさんをはじめる前に、無理に覚えようとさせず、習いながら徐々に頭に入れていく方が良いでしょう。実際にそろばんを手に持ってみて、どのような構造で動くのか、たまが動くと、どのような音がするのか説明してあげましょう。

定位点

はりの上にある黒い点。数をかぞえるときの目印となる。

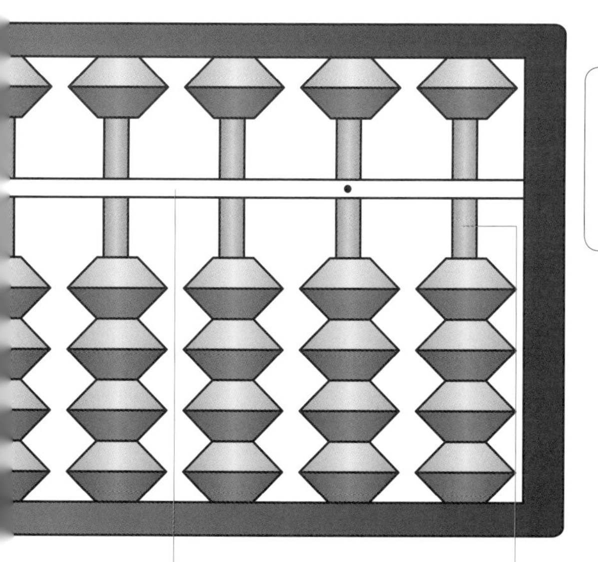

たまが動くと
カチカチ音が
するんだね

はり

5だまと1だまの間にある軸。けいさんをはじめるときは、はりの上に人さし指をすべらせて5だまをあげる。

けた

5だまと1だまをタテにつらぬく軸。このけたの数でそろばんの大きさが変わる。

たまの上下(じょうげ)で数(かず)をあらわす

① 0と1、2、3、4のあらわし方

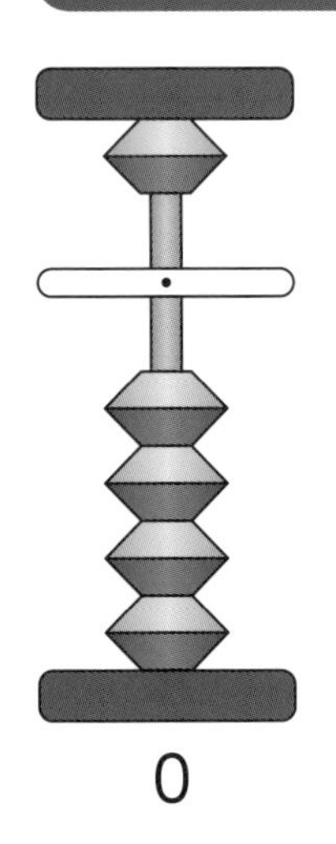

0

パパ・ママへアドバイス！

計算のスタートは「ゼロ」から始まります。まずは、1だまがすべて下にあり、5だまが上にある0をそろばん上で示してから説明に入りましょう。

1から4まで順番に進み、5になったところで一旦子どもに考えさせて、5だまを理解させることがポイントです。

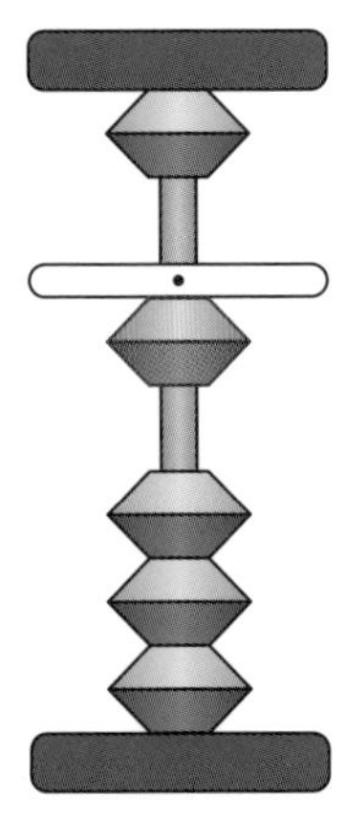

1

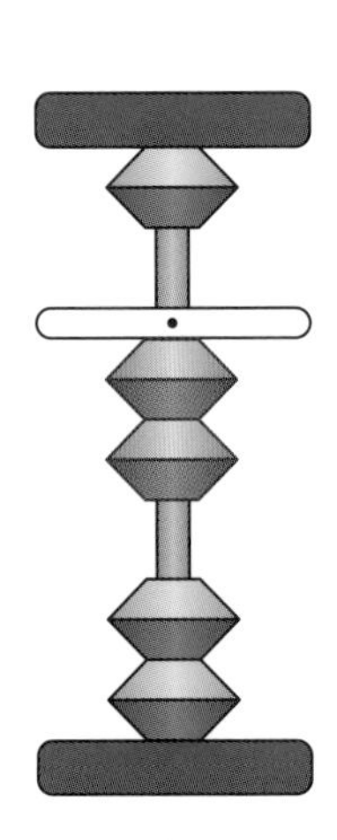

2

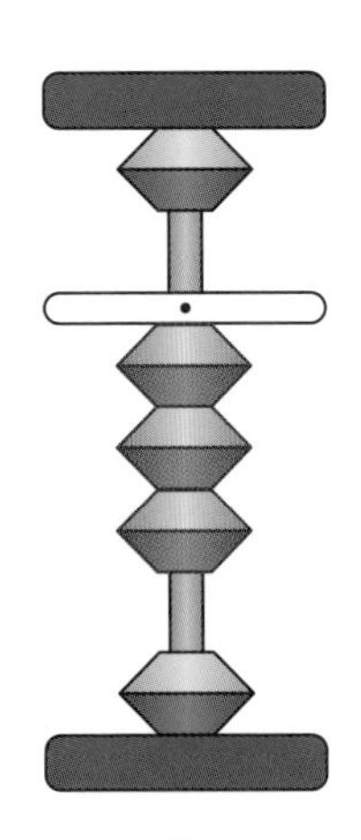

3

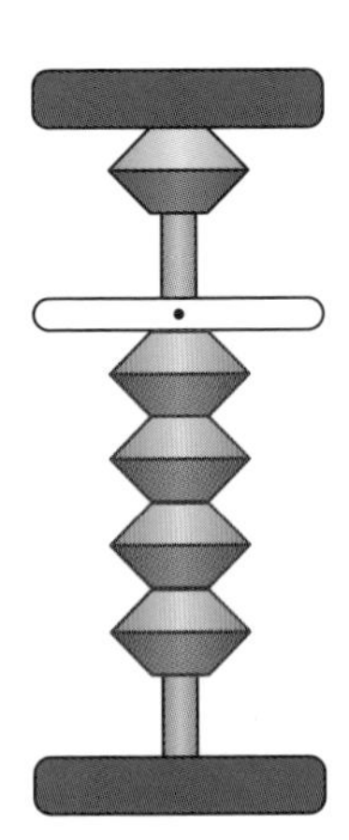

4

0から9までの数をたまの上下であらわす

部分の名前をおぼえたら、そろばんのたまがあらわす数をおぼえましょう。1だまがすべて下にあり、5だまが上にある状態が0。そこから1だまが1つあがるごとにその数をあらわし、5だまはさがると5をあらわします。

② 5、6、7、8、9のあらわし方

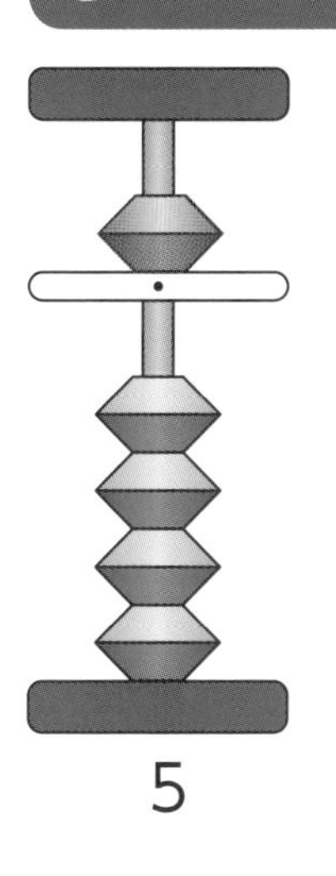

5

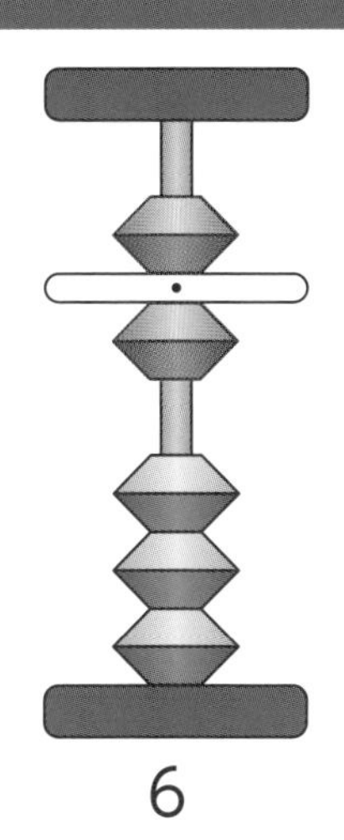

6

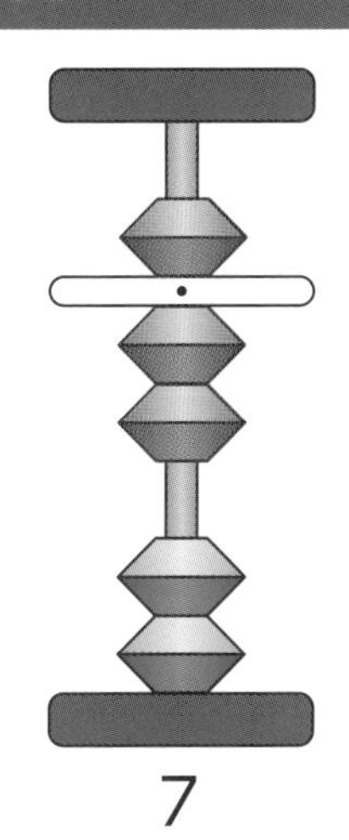

7

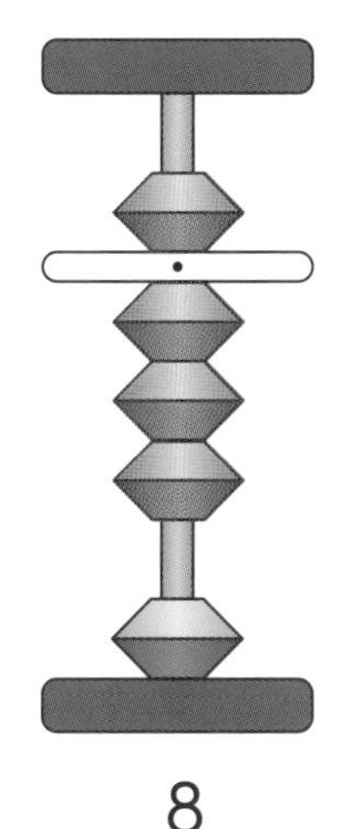

8

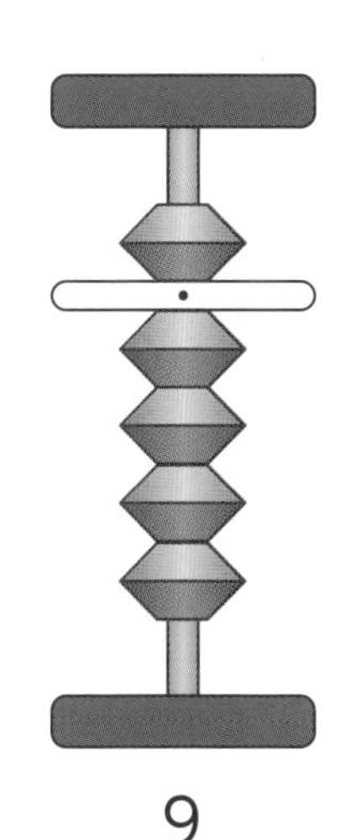

9

パパ・ママへアドバイス!

5より上は5だまと1だまの足し算となりますが、難しく考える必要はありません。子どもと一緒に「5、6、7、8、9」と声を出しながら、繰り返したまを動かすことでイメージしやすくします。

それぞれの数を形で覚えられるよう練習しましょう。

コツ 03 そろばんを左手で持って人さし指ではらう

① そろばんの位置と姿勢

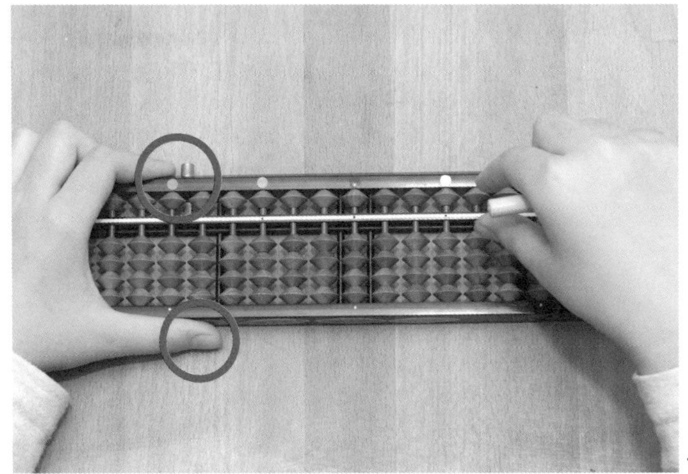

そろばんの位置と姿勢

そろばんの中心が体の中心にくるように、机のはじから５㎝ぐらいを目安に置く。右手は軽く握り、「グー」の形に。指先が開いた「パー」の形にならないよう注意しましょう。

正しい姿勢でそろばんを持つ

そろばんをするときは姿勢に注意しましょう。姿勢が悪いとたまを正しく動かせなかったり、たまが見えにくくなってミスをしてしまいます。肩をリラックスさせて左手でそろばんを持ち、右手は「グー」の形にします。

② けいさんの準備で「ゼロ」にする

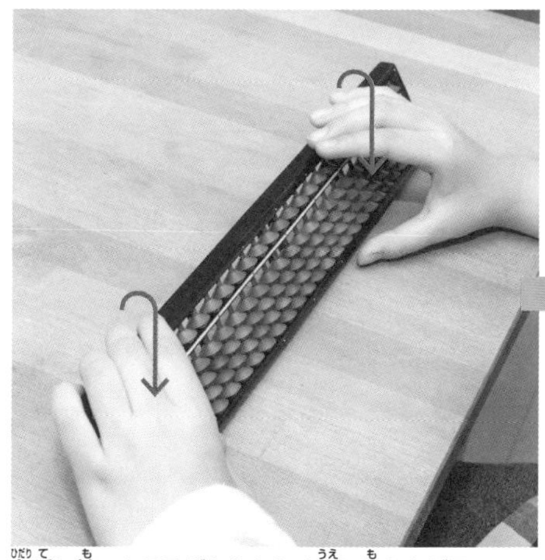
左手に持ったそろばんをななめ上に持ちあげる。

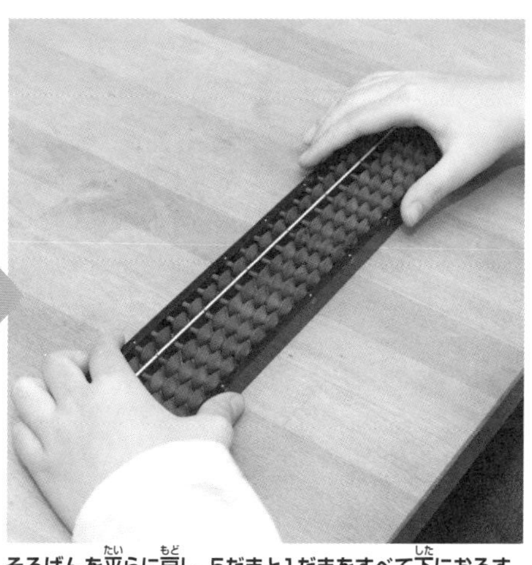
そろばんを平らに戻し、5だまと1だまをすべて下におろす。

人さし指を左から右へすべらせて、5だまをすべて上にあげる。

パパ・ママへアドバイス!

そろばんを平らに戻すときは、勢いよく置くとたまが動いてしまいます。また、はらいで力が強すぎると、5だまが跳ね返ってくることも。力加減を調整して、たまが上下にきっちりそろうよう練習してみましょう。

1〜9の数字(すうじ)をよんでみよう

※答えは 142、143 ページ

PART 2

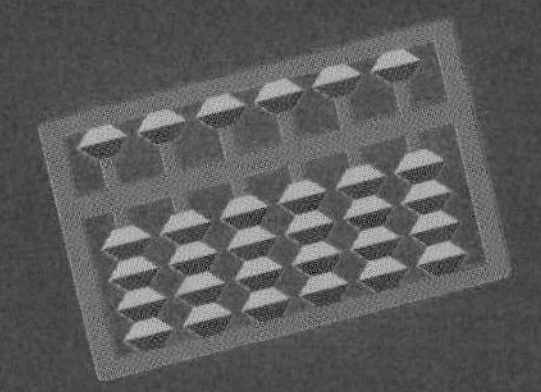

たしざん・ひきざんの きほん

1だまを上下させてみよう

① 1+1+1+1のけいさん

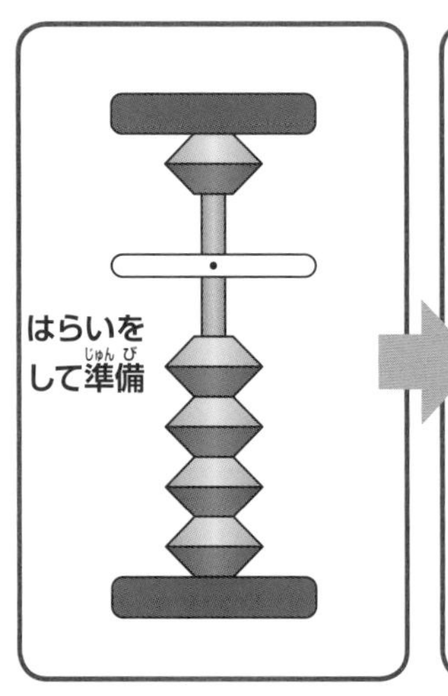

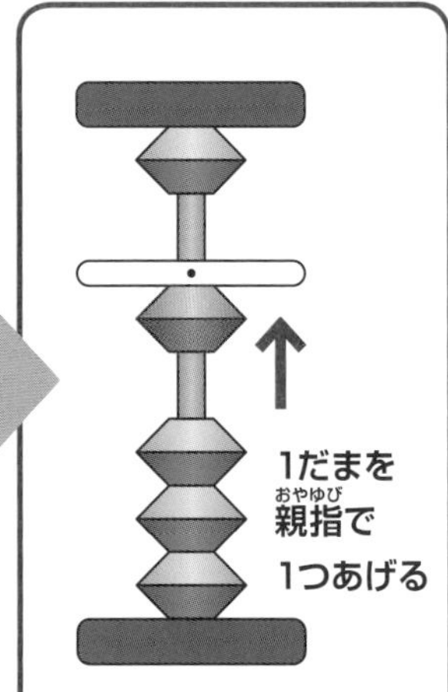

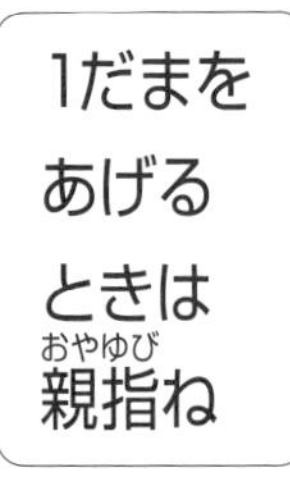

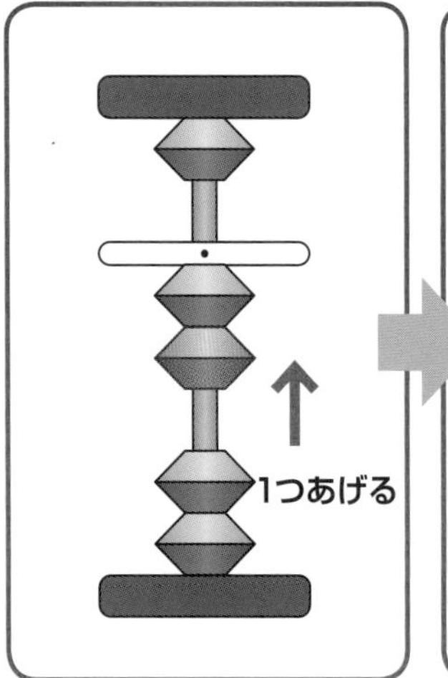

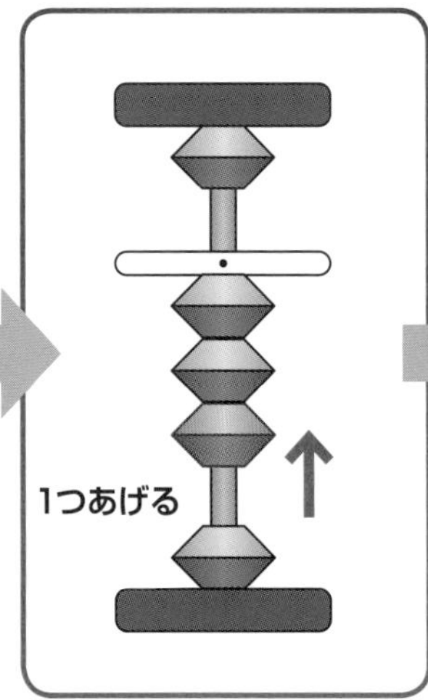

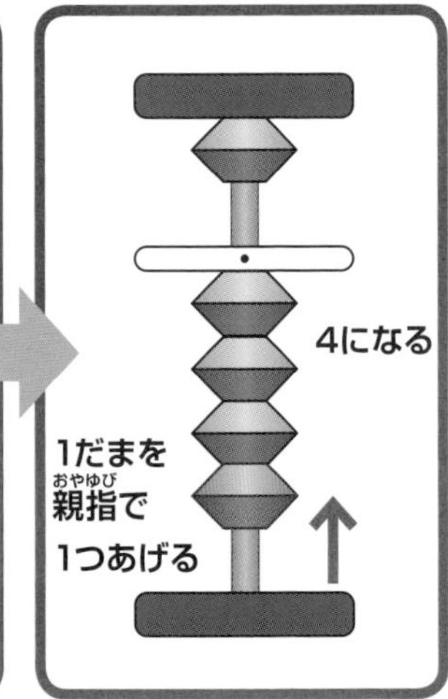

親指と人さし指で1だまを動かす

そろばんの「数の表し方」を理解したら、簡単なたしざん・ひきざんを使って1だまを動かしてみましょう。1だまをあげるときは「親指」、さげるときは「人さし指」を使います。慣れてきたら複数のたまを動かしてみましょう。

② 4−1−1−1−1のけいさん

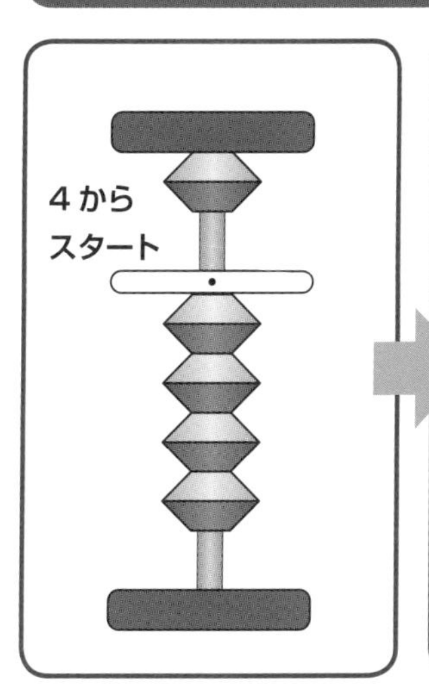

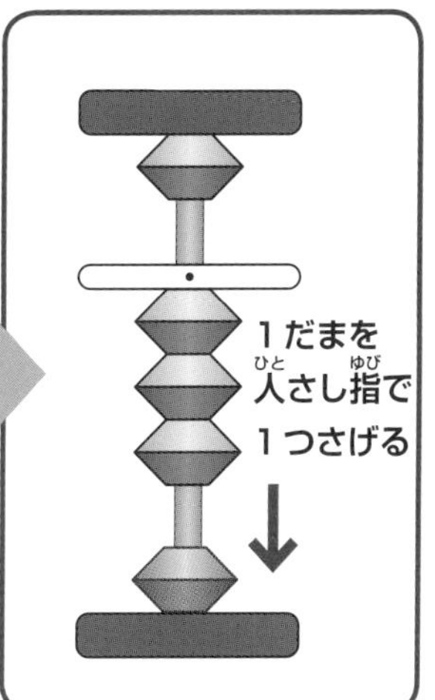

パパ・ママへアドバイス！

お子さんが、たまを正確に動かせているかみてあげましょう。たまをあげるときは親指でたまの下部分から、さげるときは人さし指で上部分から動かします。

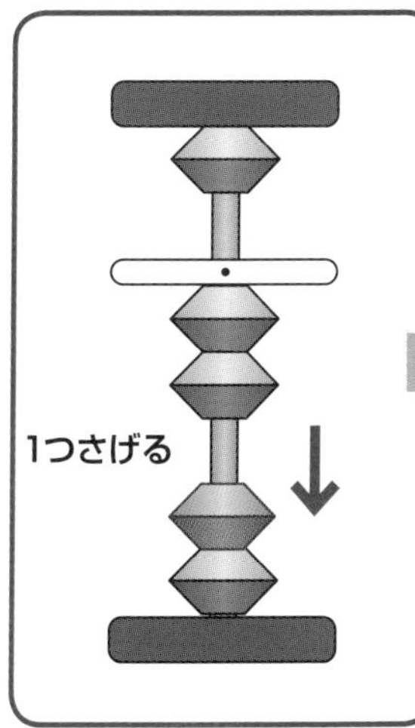

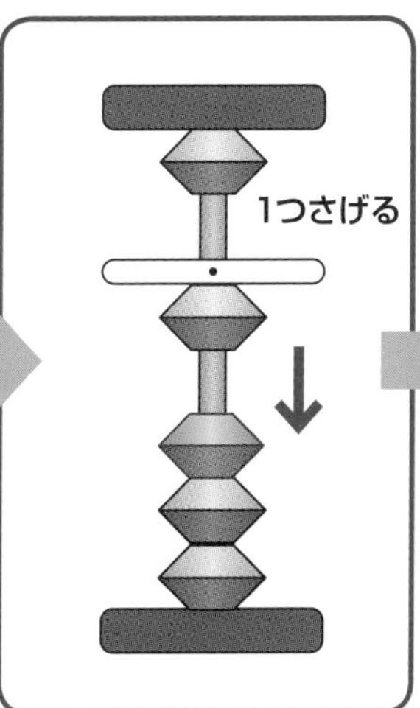

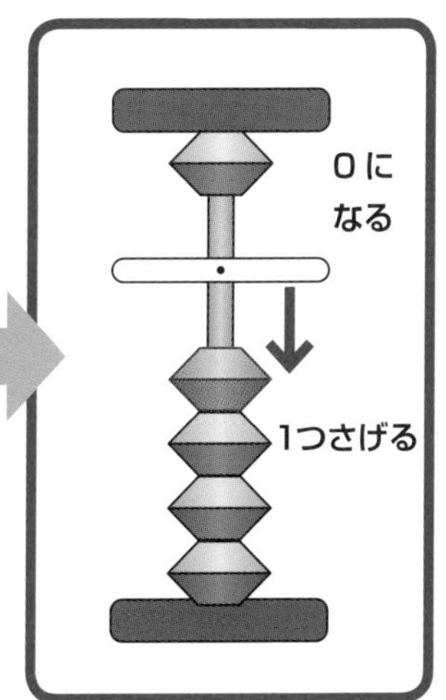

① 2−2のけいさん

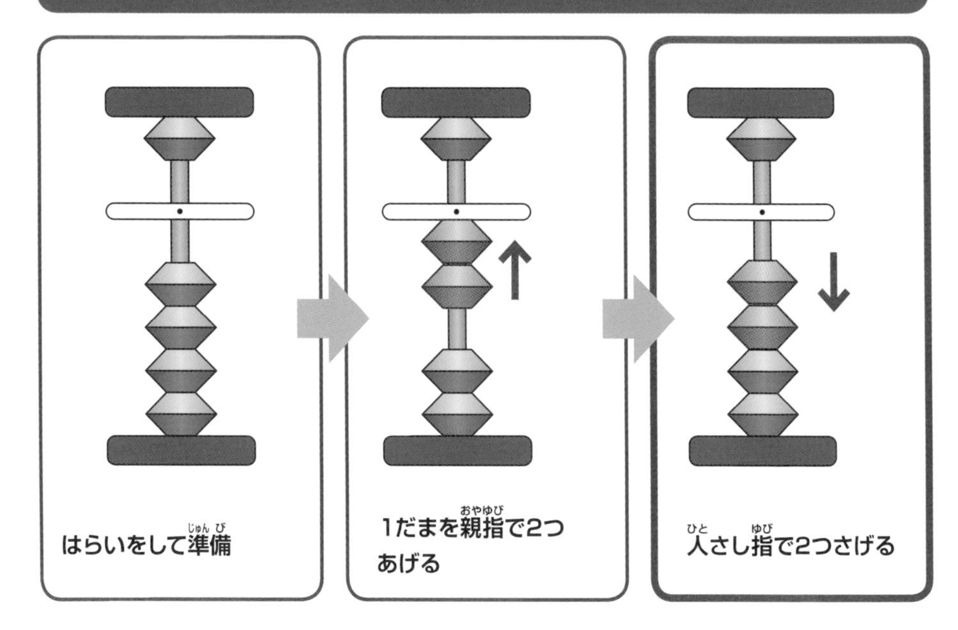

② 3−3のけいさん

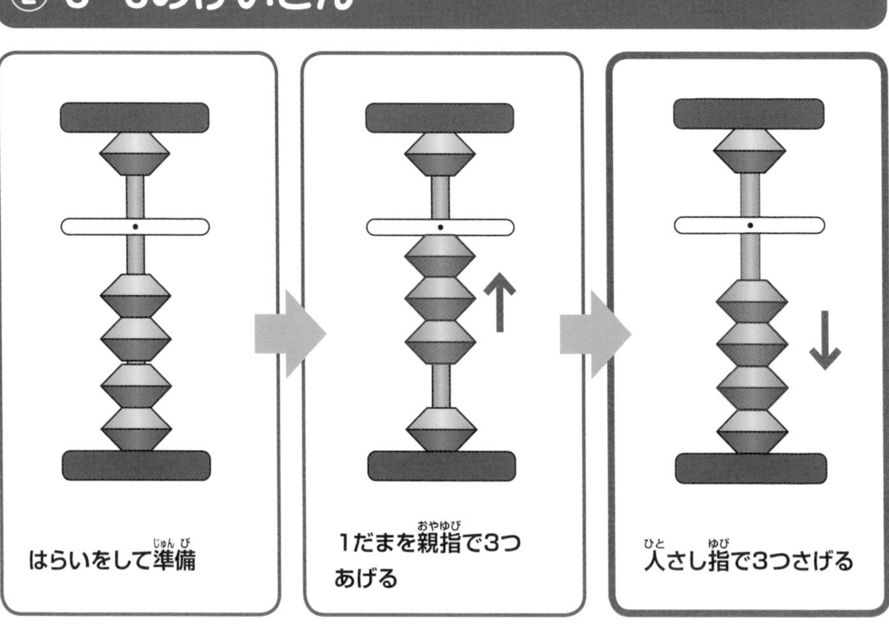

③ 4−4のけいさん

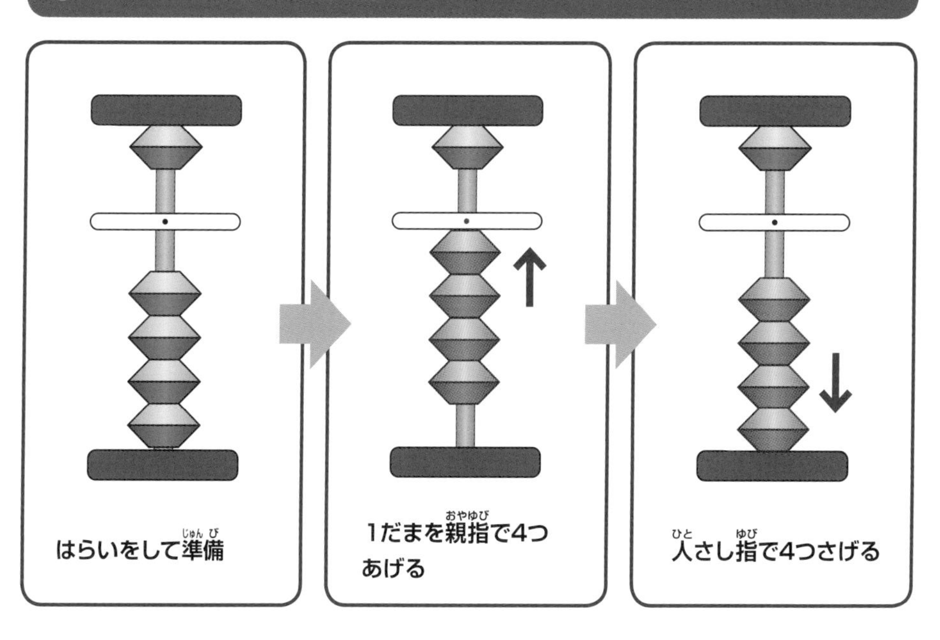

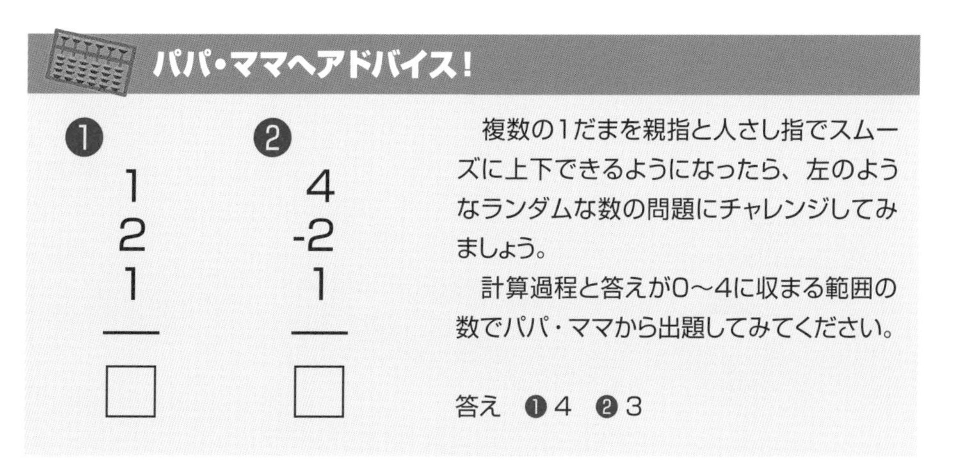

複数の1だまを親指と人さし指でスムーズに上下できるようになったら、左のようなランダムな数の問題にチャレンジしてみましょう。

計算過程と答えが0〜4に収まる範囲の数でパパ・ママから出題してみてください。

答え　❶4　❷3

5だまを上下させてみよう

① 5−5のけいさん

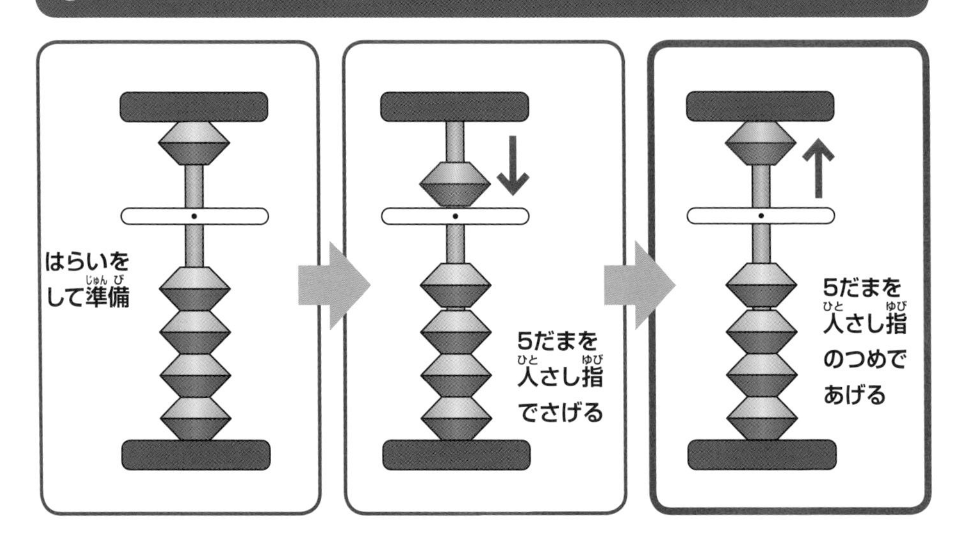

パパ・ママへ　アドバイス！

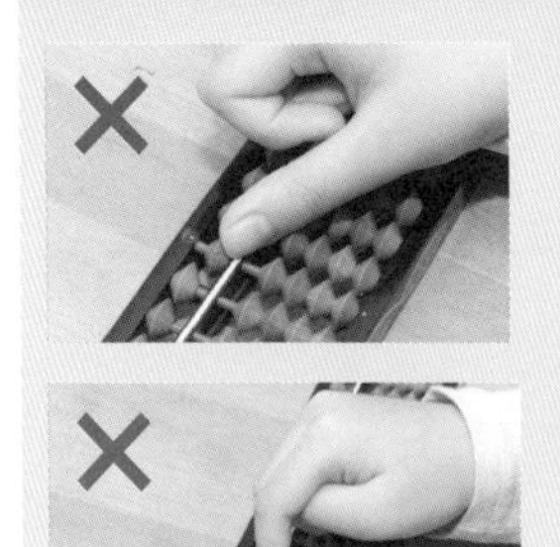

5だまは1だまのときとは違い、たすときもひくときも人さし指を使うことを理解させましょう。ここではけいさんよりも、正しい指づかいを意識することが大切。

親指で5だまを上に動かしていたり、人さし指のつめ部分で1だまを動かしていないかなど、すべての指づかいに気をつけてアドバイスしてください。

5だまと1だまがスムーズに動かせるようになったら、次のステップに進み、けいさん問題にチャレンジしましょう。

人(ひと)さし指(ゆび)で5だまを動(うご)かす

1から4のたしざんとひきざんに慣(な)れてきたら、5だまを使(つか)ってたしざん・ひきざんをしてみましょう。5にするときは、人(ひと)さし指(ゆび)で5だまをさげます。5をひくときは、人(ひと)さし指(ゆび)のつめで5だまを上(うえ)にあげます。

② 1+5+2−5−3のけいさん

こたえ 0

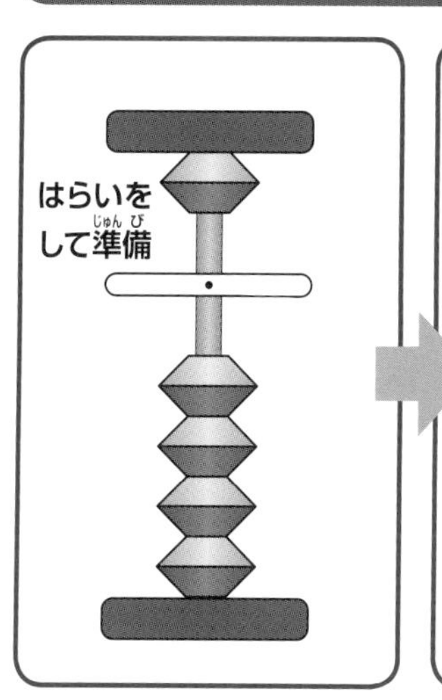

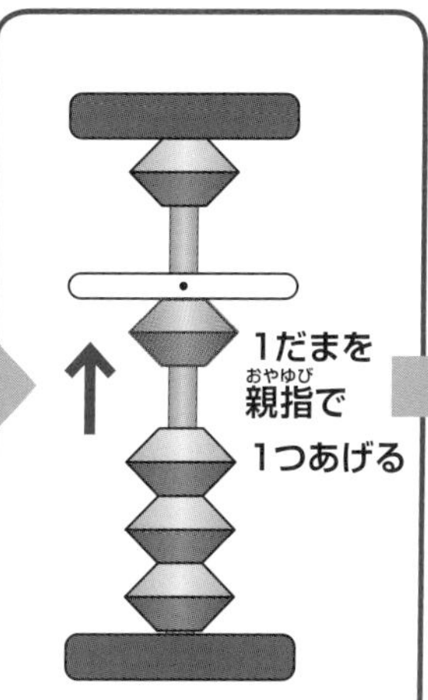

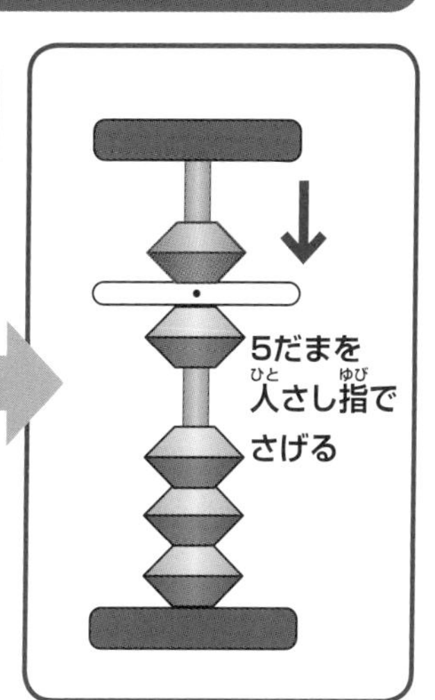

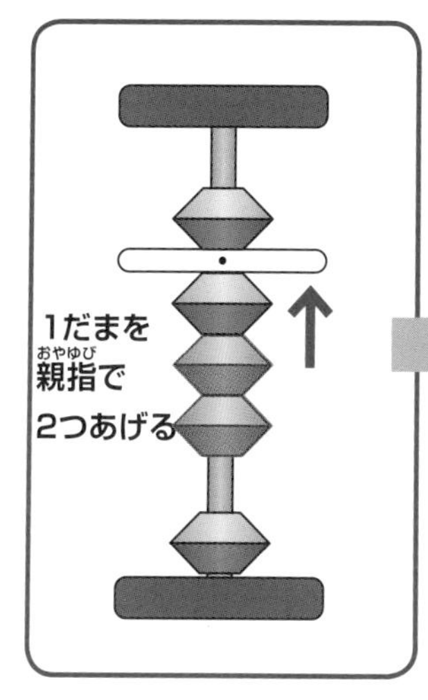

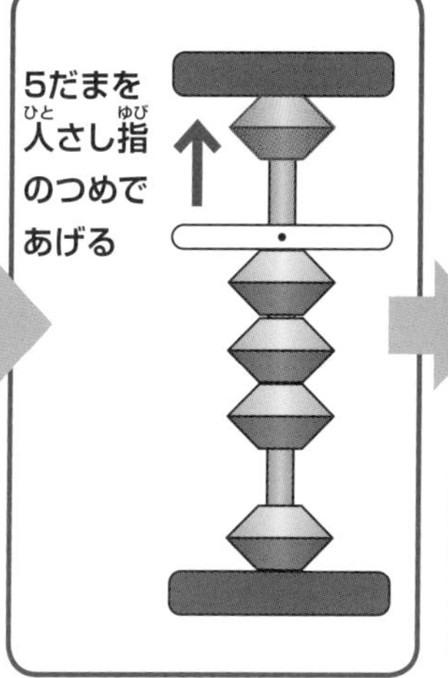

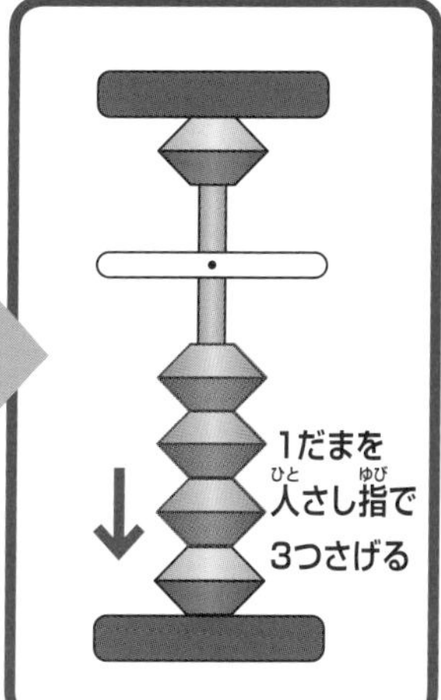

2本の指で同時にたまを動かす

① 6のおきかた

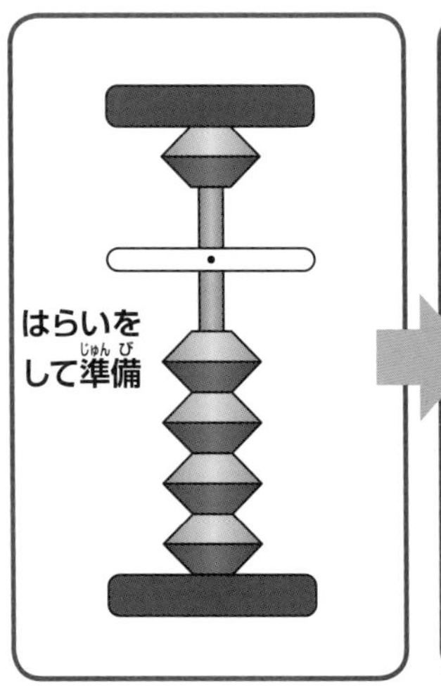

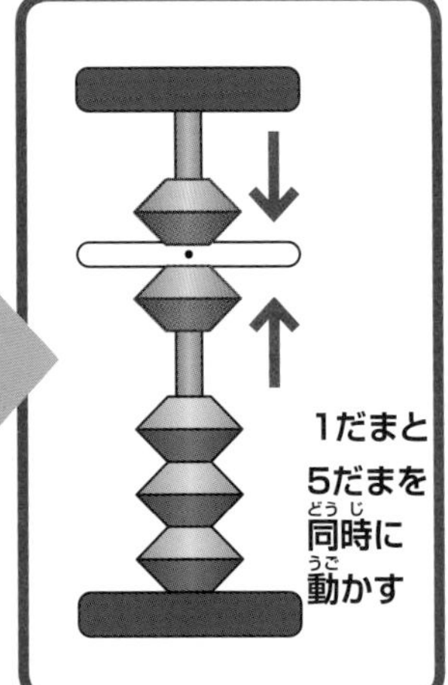

6から9の数は、親指と人さし指でつまむのね！

パパ・ママへアドバイス！

6の数をおくときは、親指と人さし指を別々に動かしてしまわないように気をつけましょう。2本の指を同時に動かす指づかいを練習しましょう。

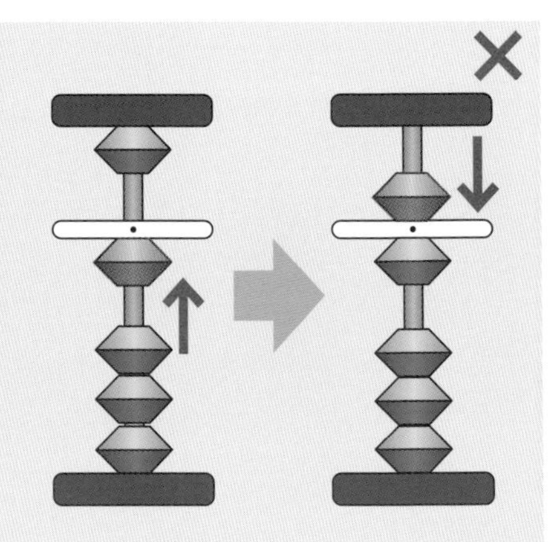

親指と人さし指を同時に動かす

6から9の数をつくるとき、親指で1だまをあげ、人さし指で5だまをさげる動きを同時に行います。0にするときは先に人さし指で1だまをさげ、次に人さし指のつめで5だまをあげるように順番に指を動かします。

② 6−6のけいさん

こたえ 0

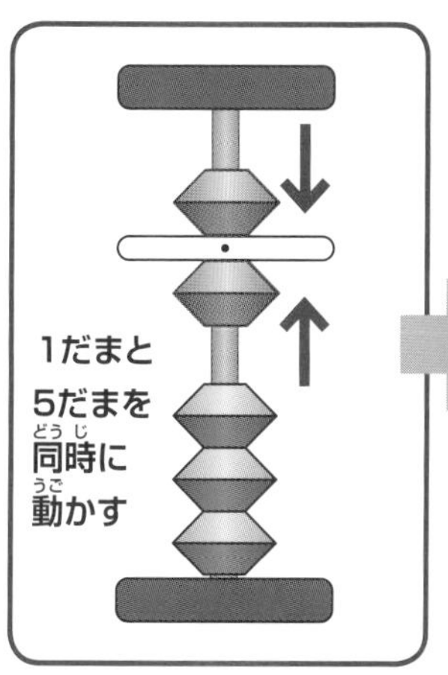

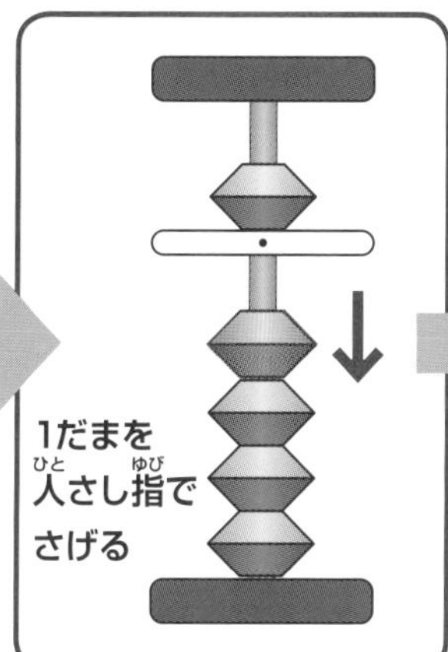

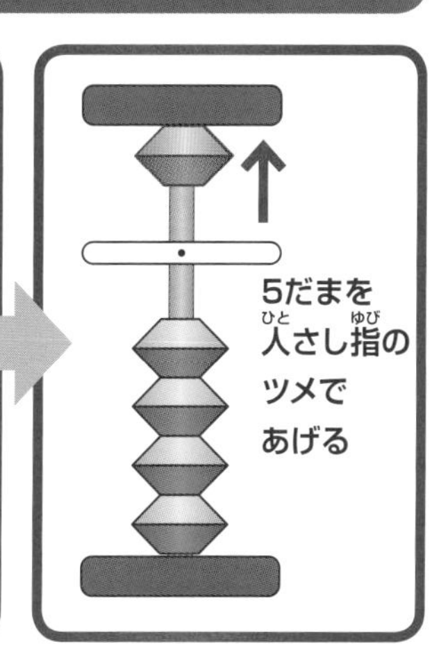

③ 7−7のけいさん

こたえ 0

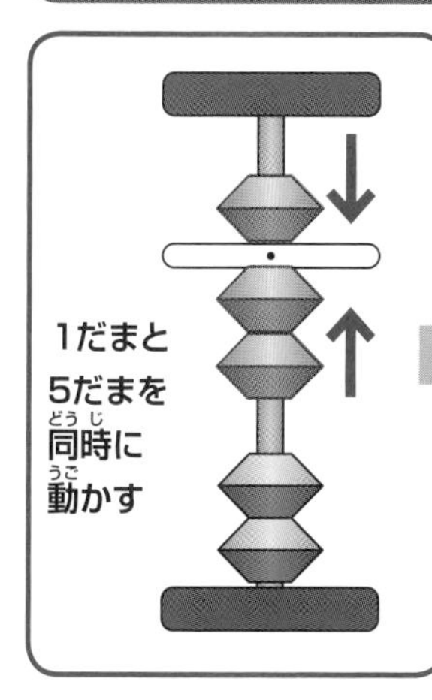

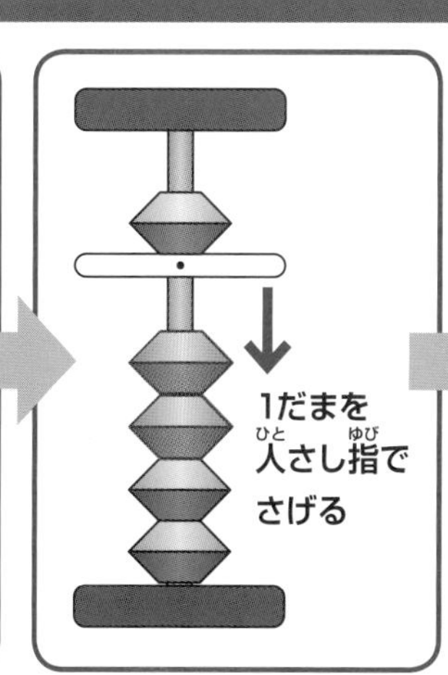

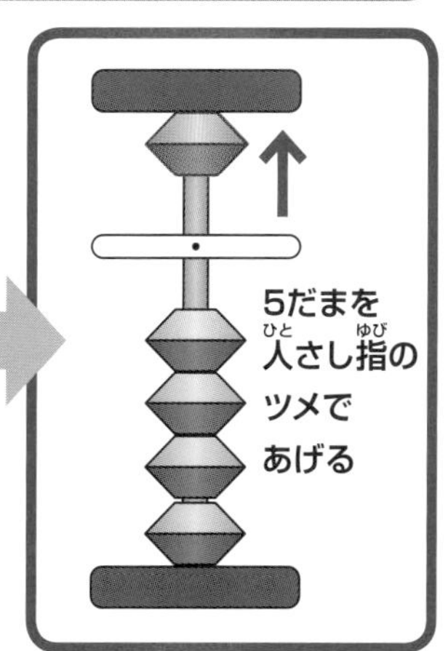

④ 8−8のけいさん

こたえ　0

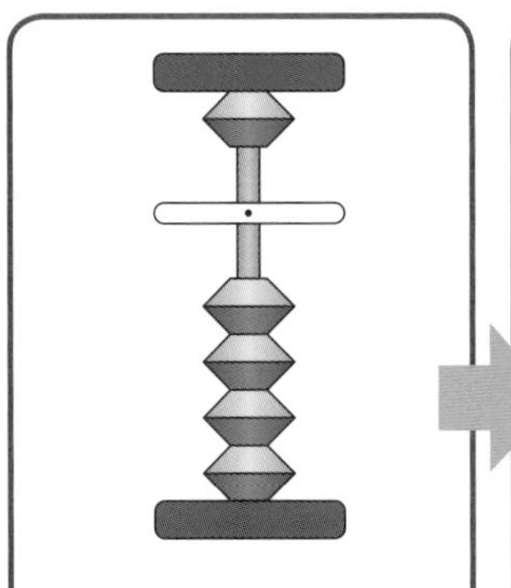

はらいをして準備

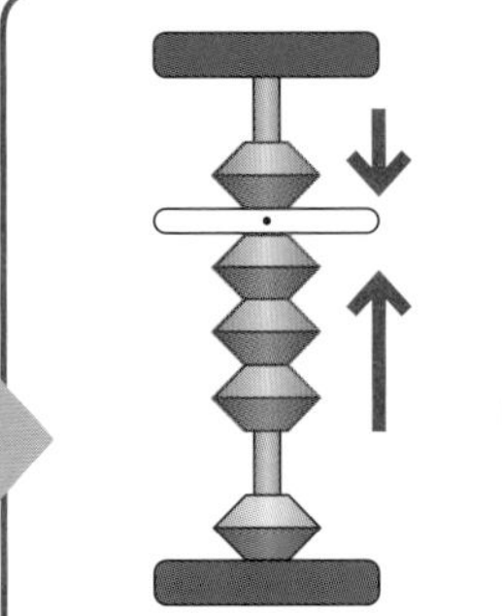

1だま3つと5だまを同時に動かす

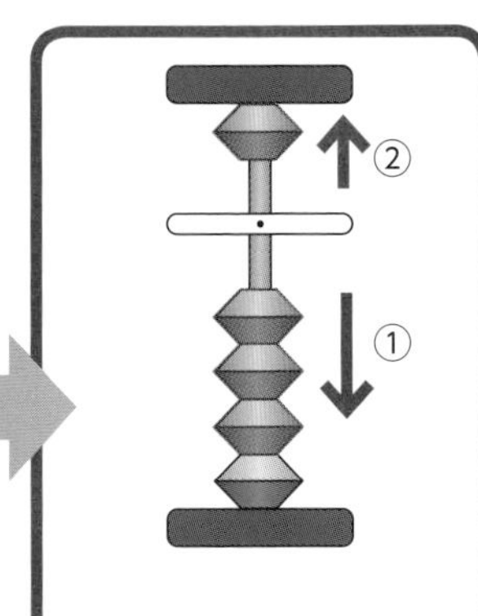

1だま3つを先にさげ、5だまをあげる

⑤ 9−9のけいさん

こたえ　0

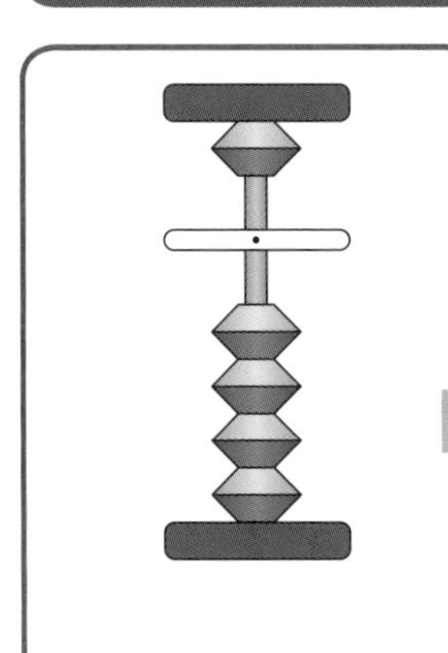

はらいをして準備

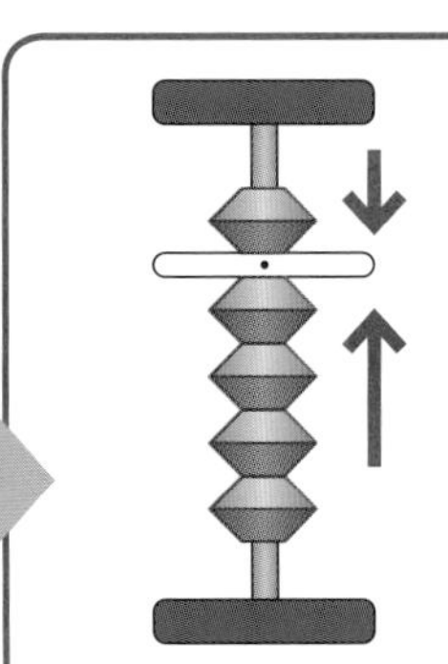

1だま4つと5だまを同時に動かす

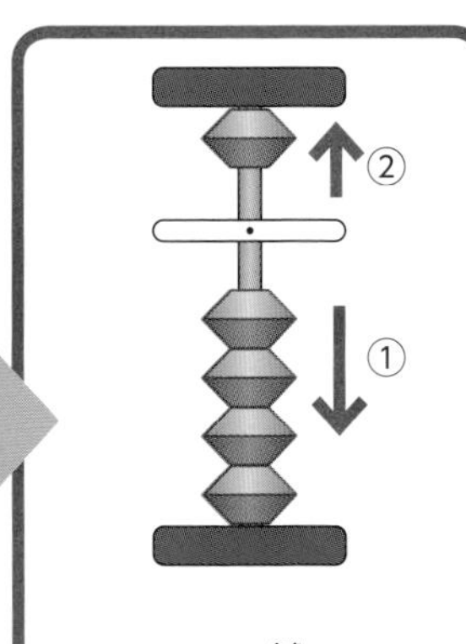

1だま4つを先にさげ、5だまをあげる

パパ・ママへアドバイス！

9から9をひくときは、人さし指の力加減に気をつけます。1だまが途中で止まったり、5だまがはねかえったりしないように。ゆっくりで良いので、正確な指づかいをマスターできるよう練習しましょう。

⑥ 1+6−6のけいさん

こたえ　1

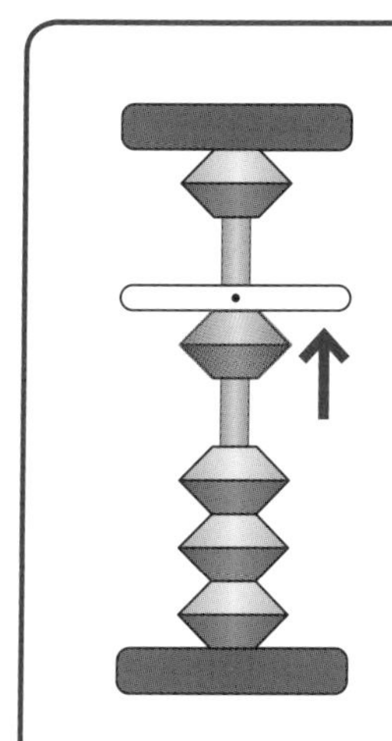

1だまを1つあげる

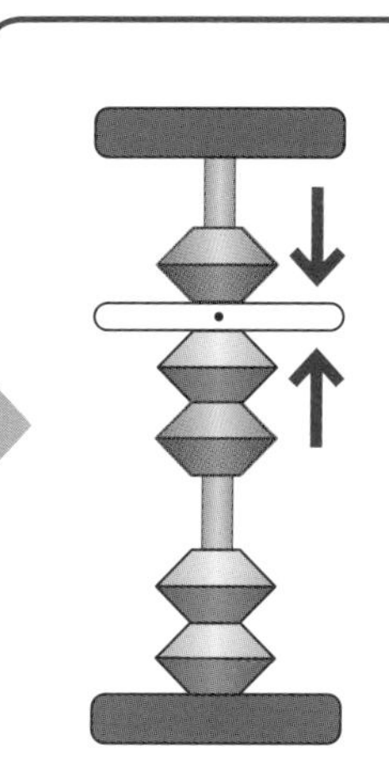

1だま1つと5だまを同時(どうじ)に動(うご)かす

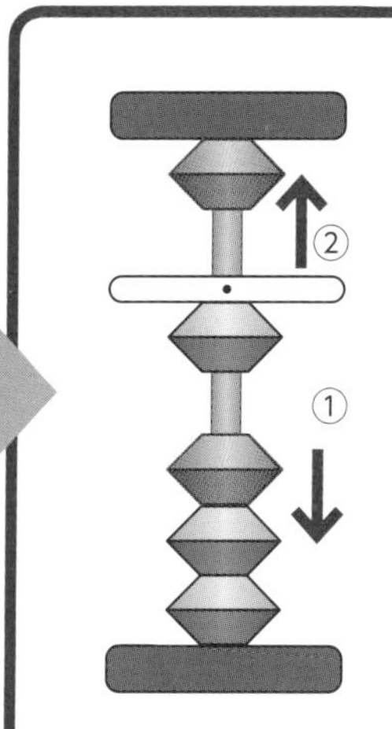

1だま1つを先(さき)にさげ、次(つぎ)に5だまをあげる

⑦ 2+7−8のけいさん

こたえ　1

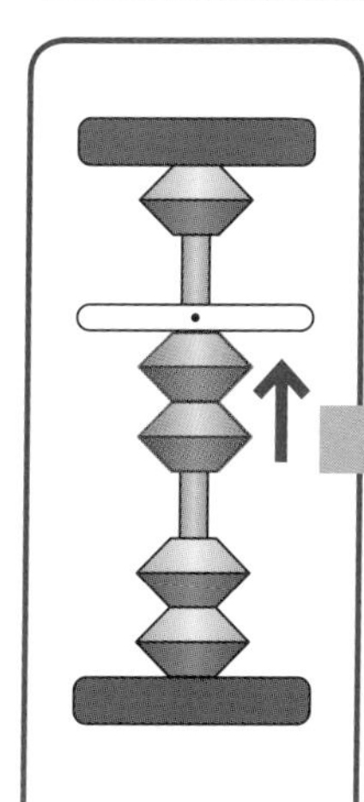

1だまを2つあげる

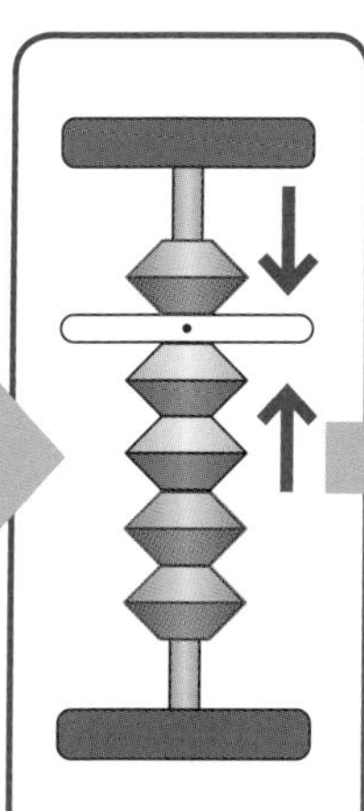

1だま2つと5だまを同時(どうじ)に動(うご)かす

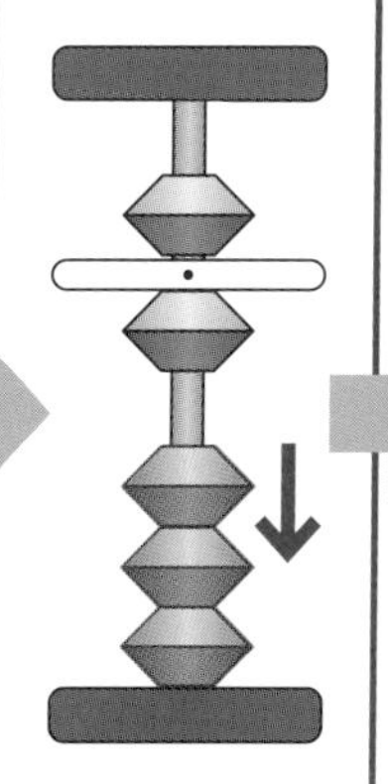

1だま3つを先(さき)にさげる

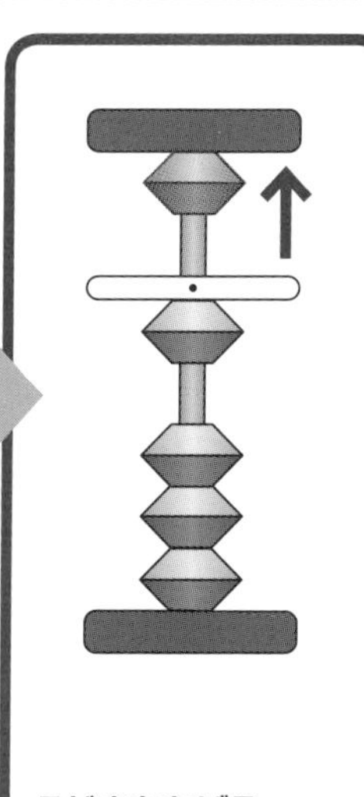

5だまをあげる

5だまを足してから1だまをひく

パパ・ママへアドバイス！

そろばんでは「4+1 =」の場合、5をたしてから1の補数である4を引くと考えますが、5だまの分解は難しいものです。そのためここでは「4+1=5」と考えてからたまの形を動かす方法を紹介しています。

① 1+4のけいさん

こたえ　5

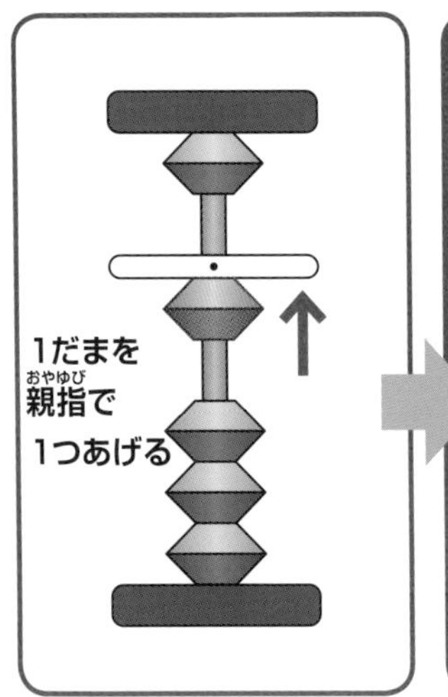

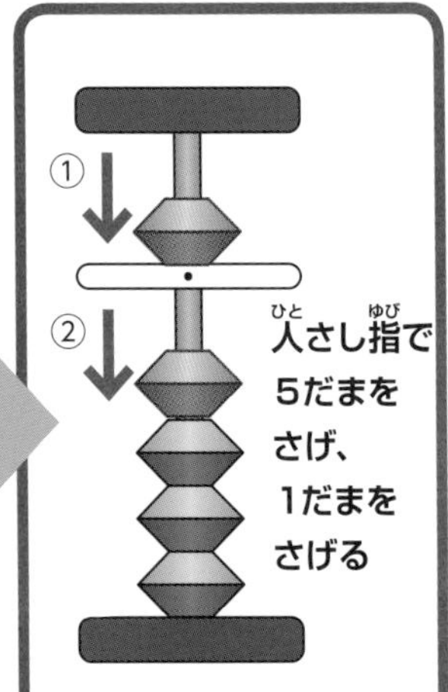

1+4 = 5
頭のなかで
考えて
5だま、1だまの
順番でさげる

頭のなかで考えてから人さし指で動かす

けいさんするときは、頭のなかで考えてからたまを動かすことが大切です。5だまを使う4のたしざんの場合は、4を足して5だまをさげた後、余分な1だまをさげる順番で指を動かします。人さし指をスムーズに動かしましょう。

② 2+4のけいさん　こたえ 6

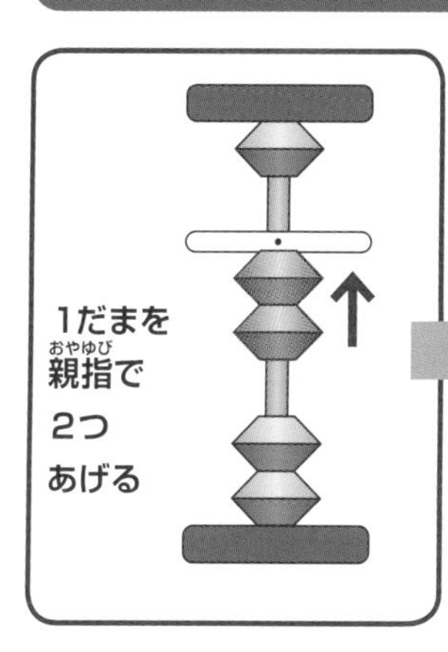

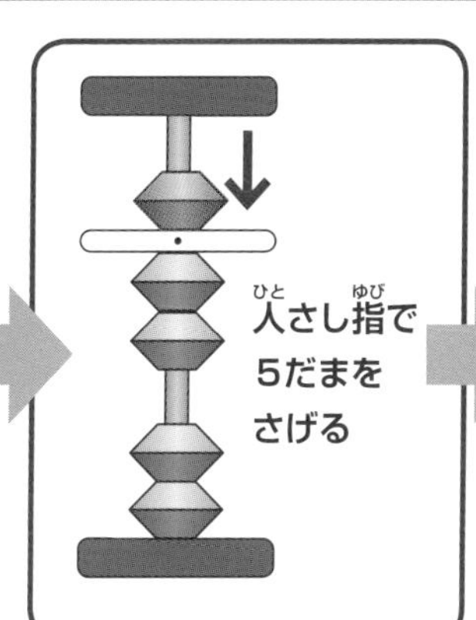

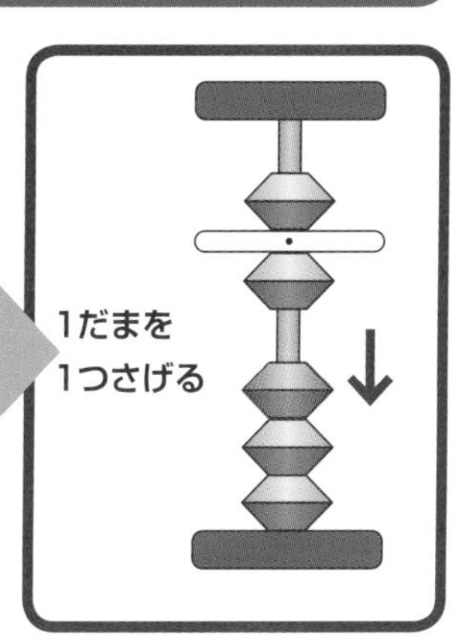

③ 3+4のけいさん　こたえ 7

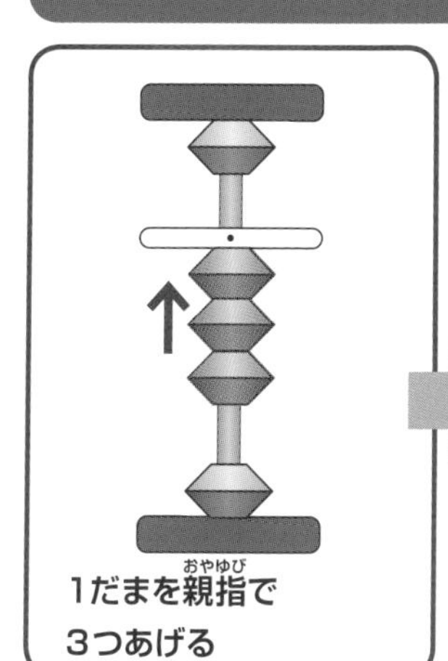

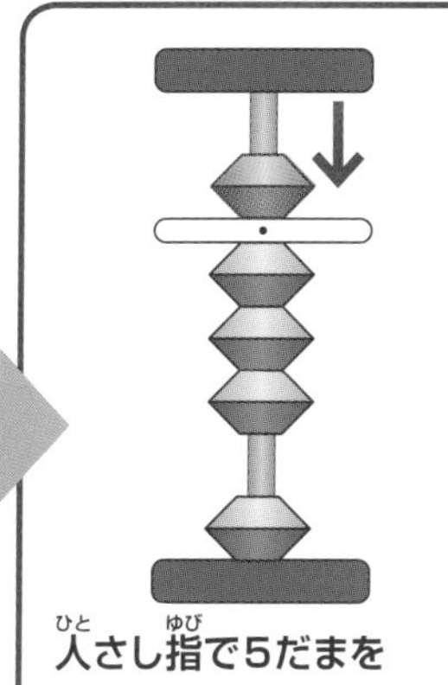

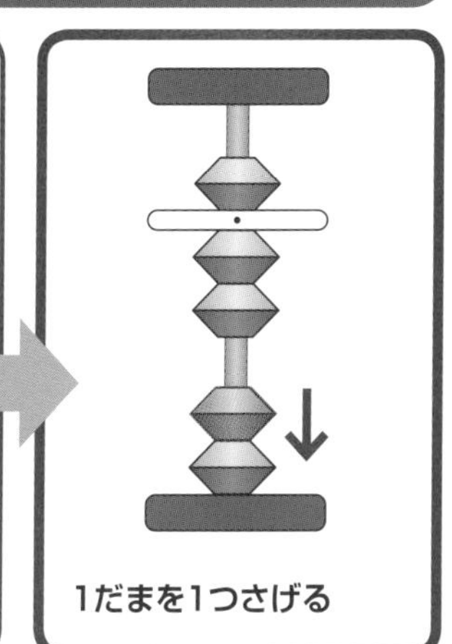

頭のなかでけいさんをする習慣をつける

① そろばんを使わないけいさん

2+3 ＝ □

3+3 ＝ □

4+3 ＝ □

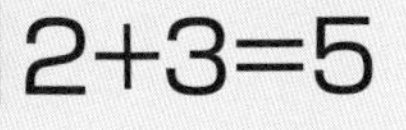

けいさんでは頭のなかで考えてから、たまを動かす習慣をつけましょう。5だまを動かしてから考えたり、迷ってしまうとミスにつながります。

慣れないうちは、答えの数を声に出してから、たまを動かす方法がおすすめです。

5！

② 2+3のけいさん

こたえ　5

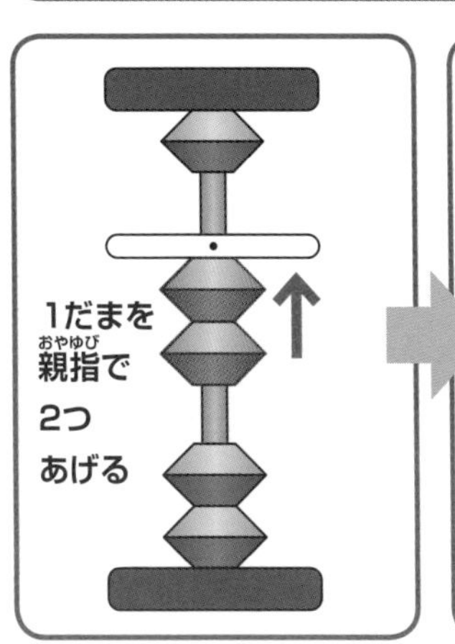

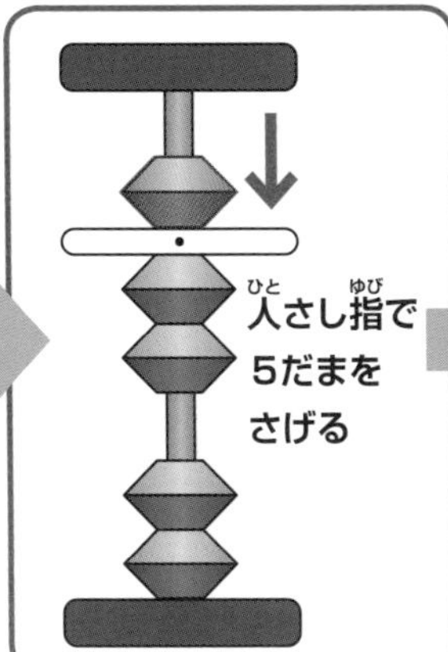

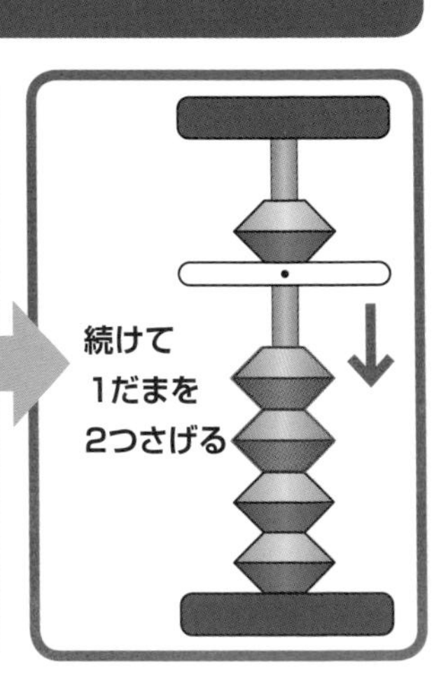

頭のなかでけいさんすることに慣れよう

まずは、そろばんを使わないで頭のなかでけいさんする練習をします。考えてこたえを出しから指を動かします。この習慣をみにつけましょう。5以上のこたえになる場合は、1だまをさげる前に5だまを先にさげます。

③ 3+3のけいさん　こたえ 6

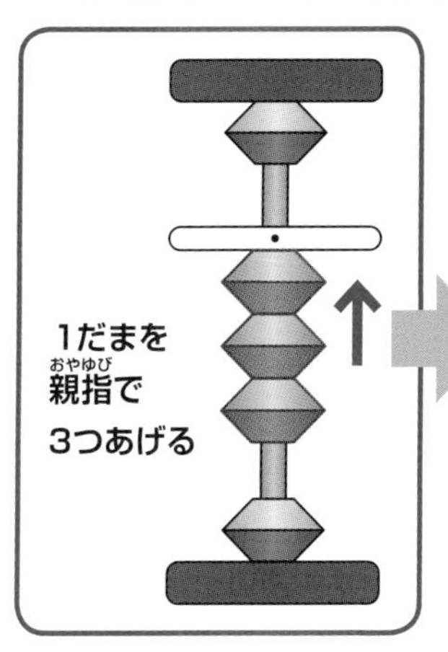

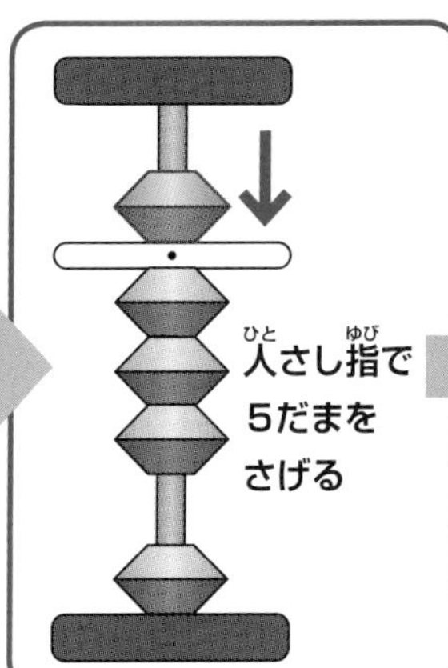

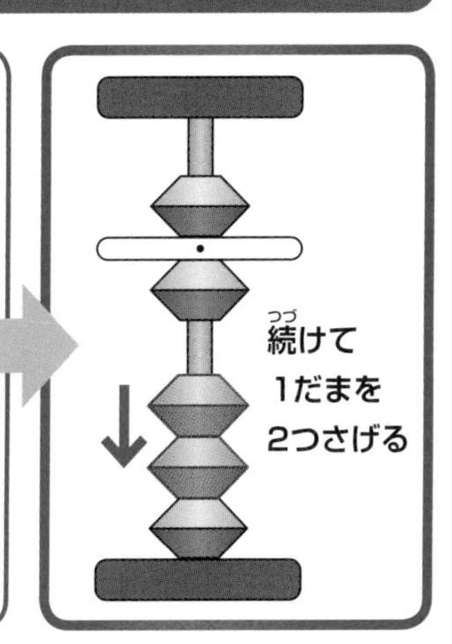

④ 4+3のけいさん　こたえ 7

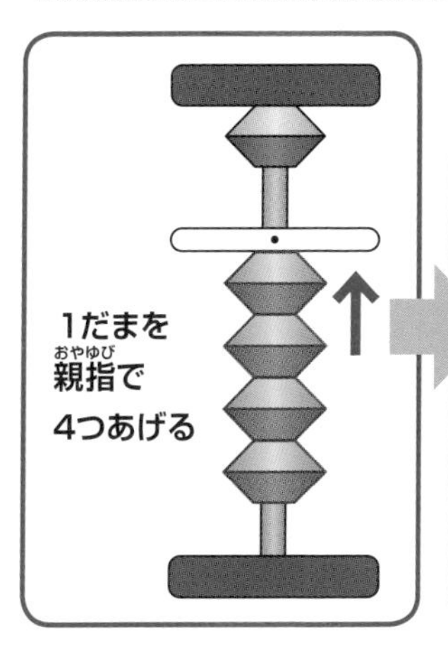

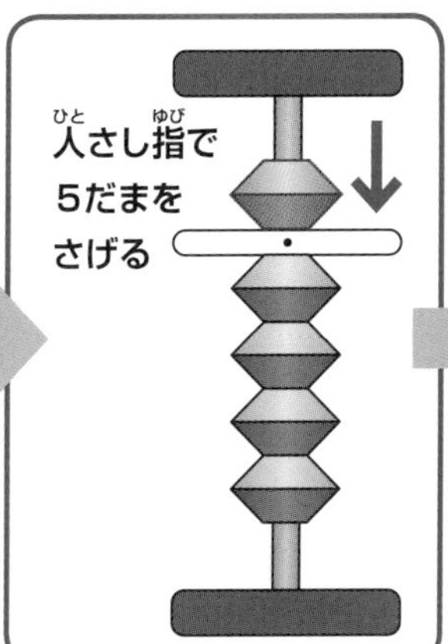

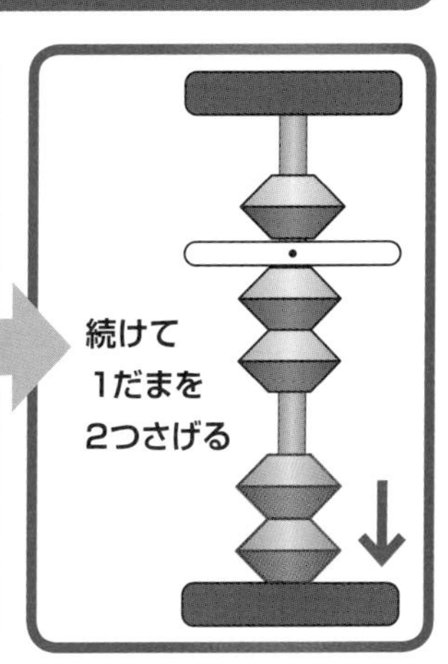

簡単なけいさんで指の動かし方に慣れる

① そろばんを使わないけいさん

3+2 ＝ □

4+2 ＝ □

4+1 ＝ □

② 3+2のけいさん

こたえ　5

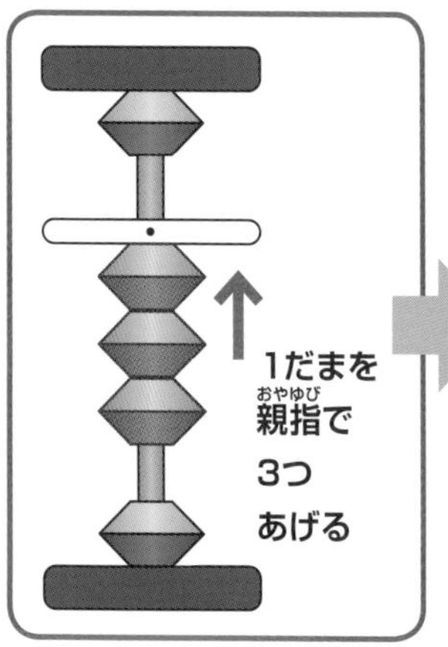

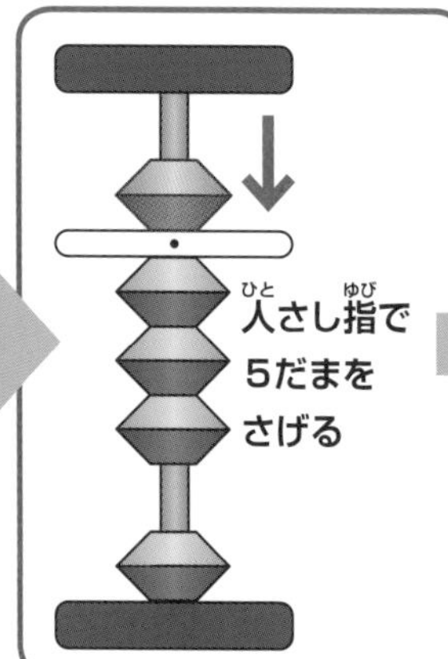

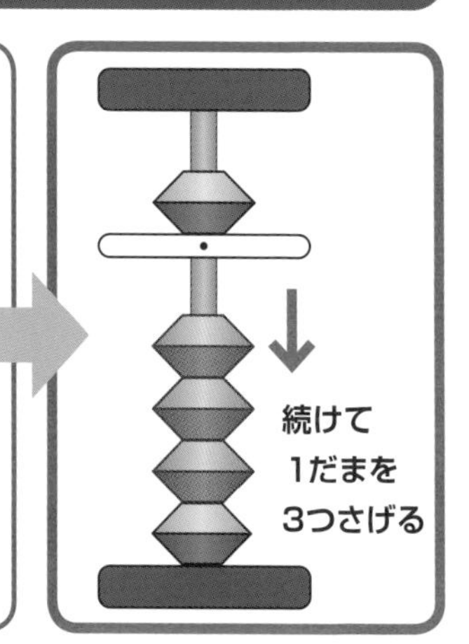

簡単な暗算で指の動かし方を確認する

頭のなかで考えるけいさんが、こたえがわかりやすい 3+2 や 4+1 の場合だと、指の動かし方もスムーズになります。簡単な計算でも、これまでと同様に一度頭のなかで考えてから、たまを動かすことを確認して行きましょう。

③ 4+2のけいさん

こたえ 6

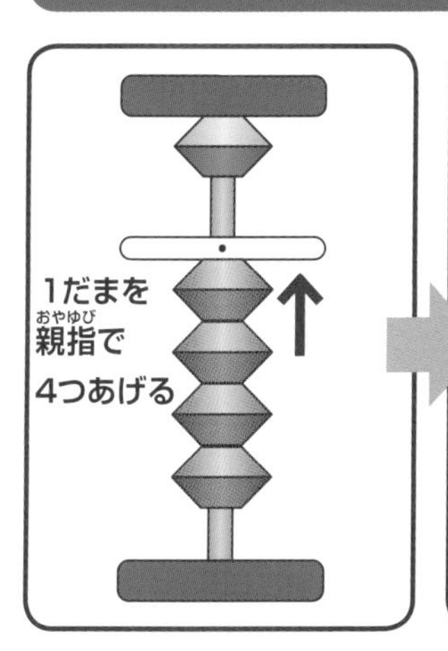

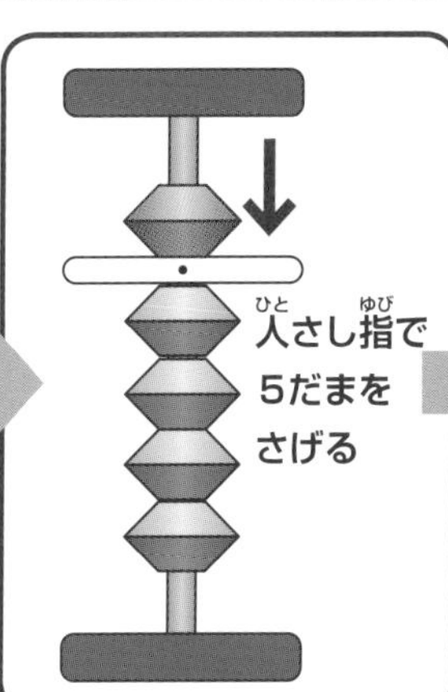

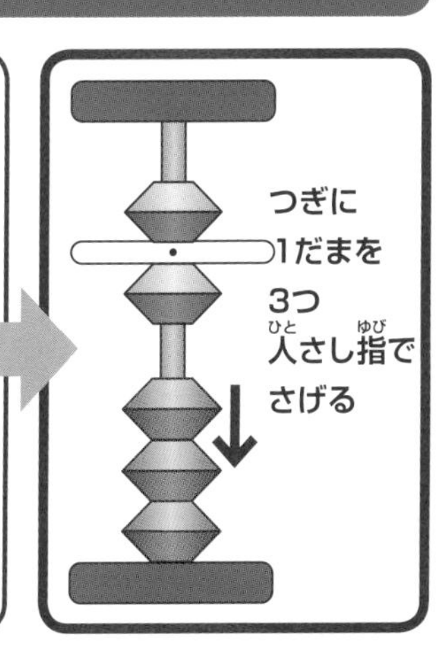

④ 4+1のけいさん

こたえ 5

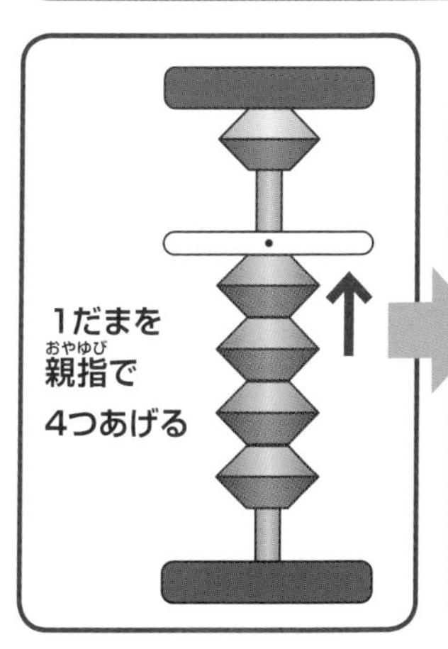

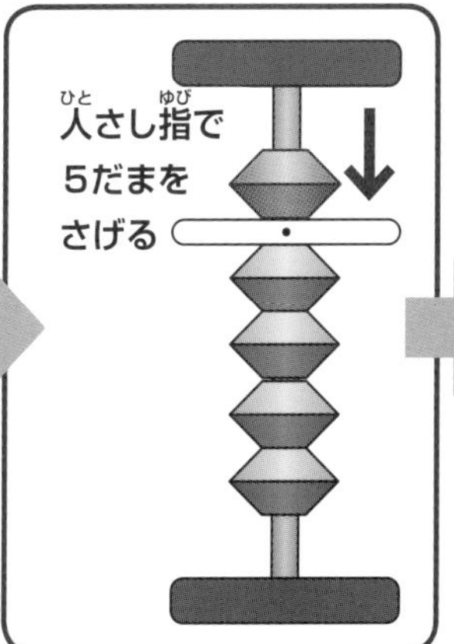

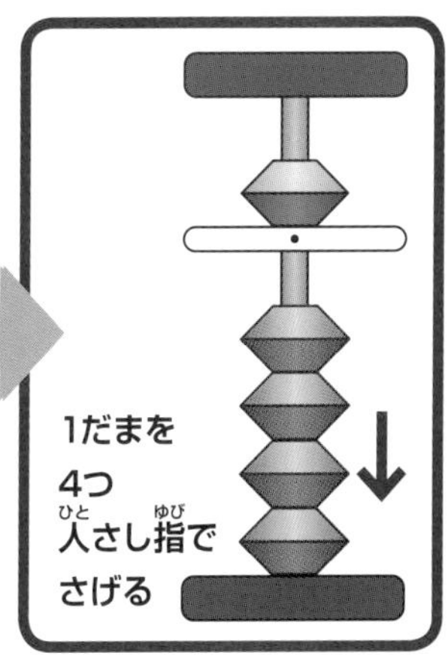

ひきざんは 1だまを先に動かす

① そろばんを使わないけいさん

5-4 = □

6-4 = □

7-4 = □

8-4 = □

たしざんと
ひきざんでは、
たまを動かす
順番がちがうのね

② 5−4のけいさん

こたえ　1

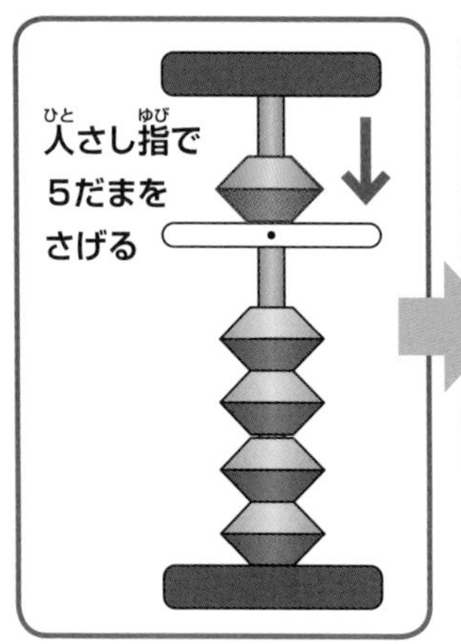

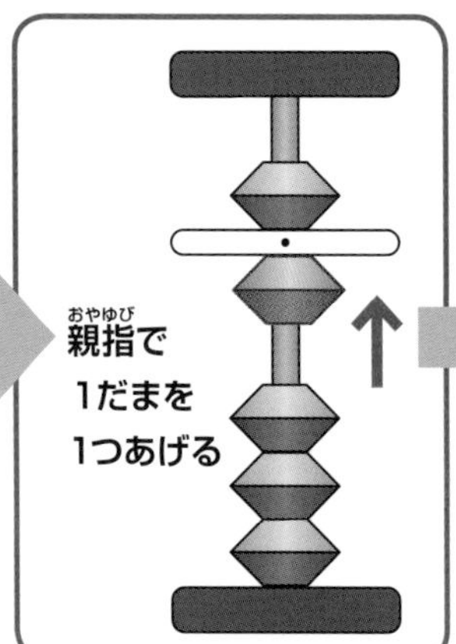

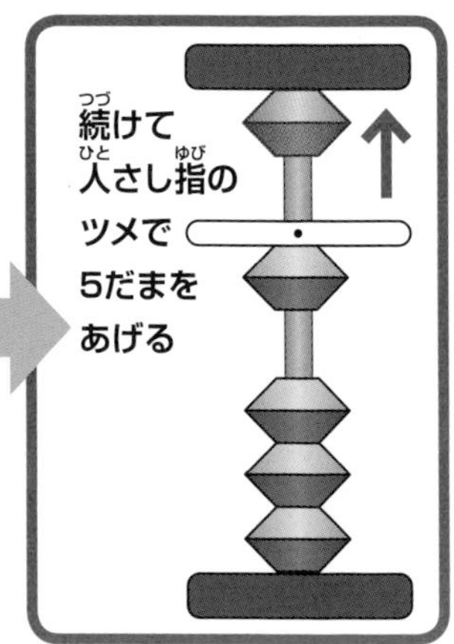

たしざんとは違う指づかいを覚える

ひきざんはたしざんと同じように、はじめはそろばんを使わないで頭の中でけいさんをします。指を使って数えても構いません。たまの動かし方は、たしざんとは反対に、１だまを先に動かしてから５だまを動かします。

③ 6−4のけいさん　こたえ 2

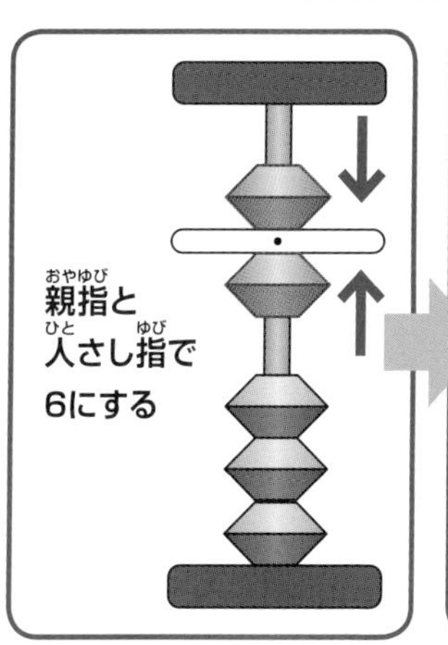

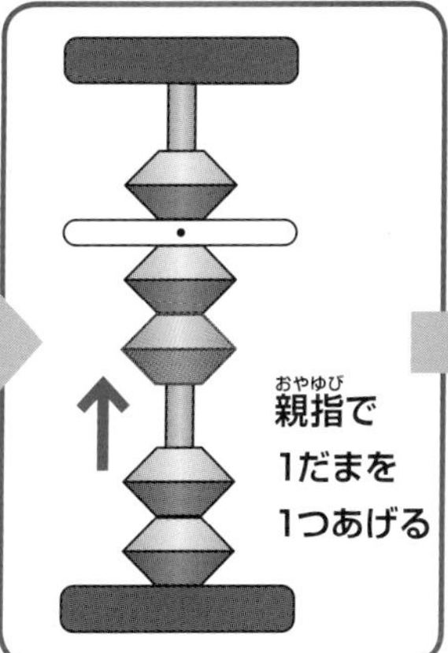

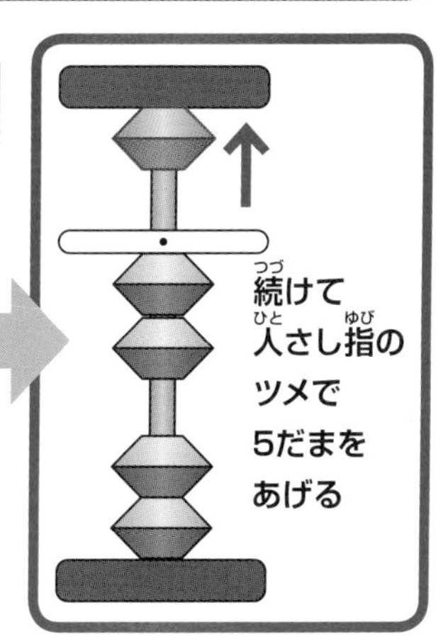

④ 7−4のけいさん　こたえ 3

7をおき、親指で1だまを1つあげてから、人さし指のツメで5だまをあげる

⑤ 8−4のけいさん　こたえ 4

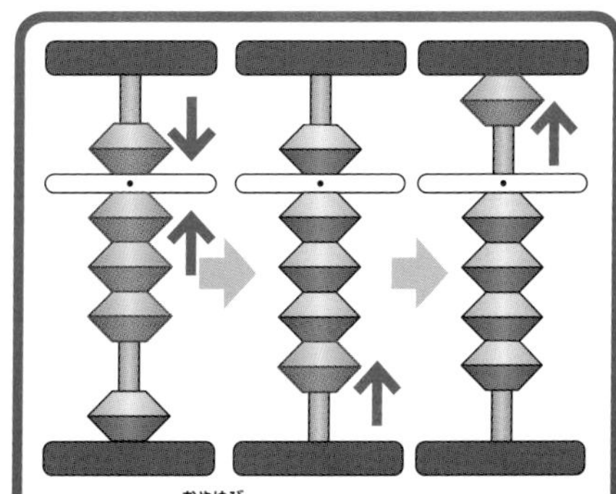

8をおき、親指で1だまを1つあげてから、人さし指のツメで5だまをあげる

こたえを考えてからたまを動かす

① そろばんを使わないけいさん

5-3 ＝□

6-3 ＝□

7-3 ＝□

こたえを
声に出して読んで
みてね！

② 5−3のけいさん

こたえ　2

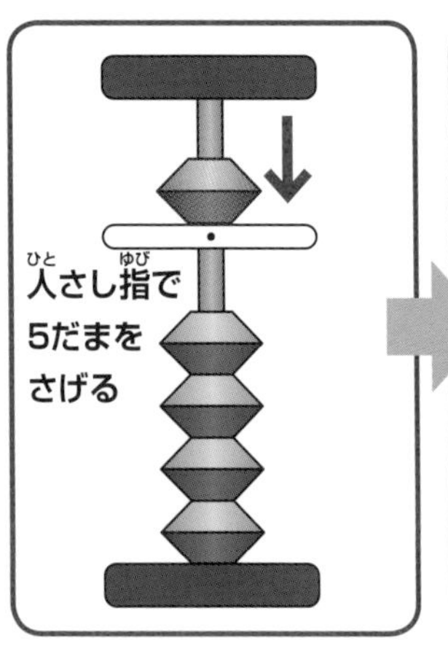

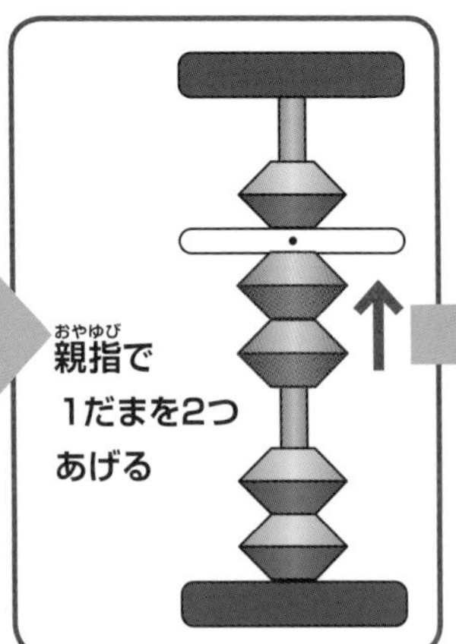

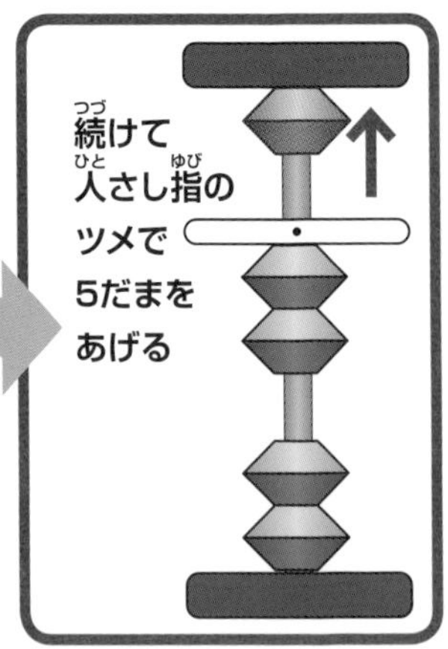

頭の中で答えを出してからたまを動かす

頭の中で考えるけいさんがはやくなると、そろばんでも答えが出しやすくなります。慣れるまではこたえの数を考え、声に出した後、正しい指づかいでたまを動かしましょう。小さい数でたくさん練習すると良いでしょう。

③ 6−3のけいさん

こたえ 3

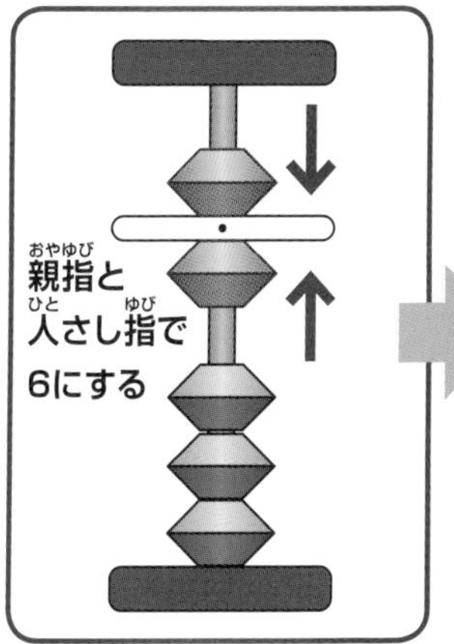

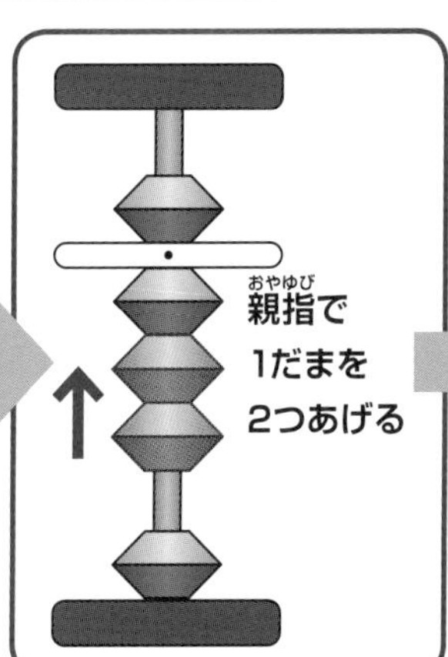

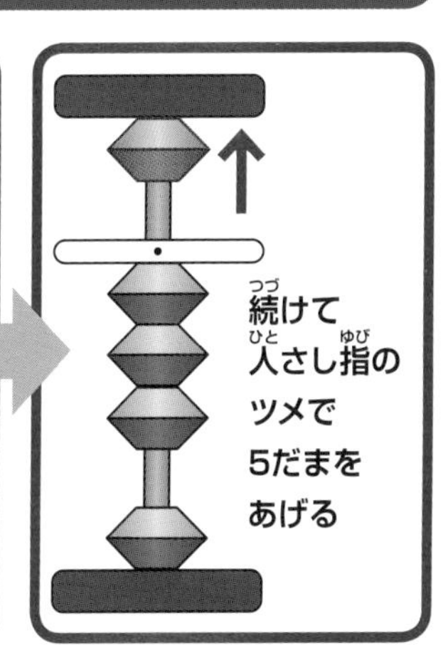

④ 7−3のけいさん

こたえ 4

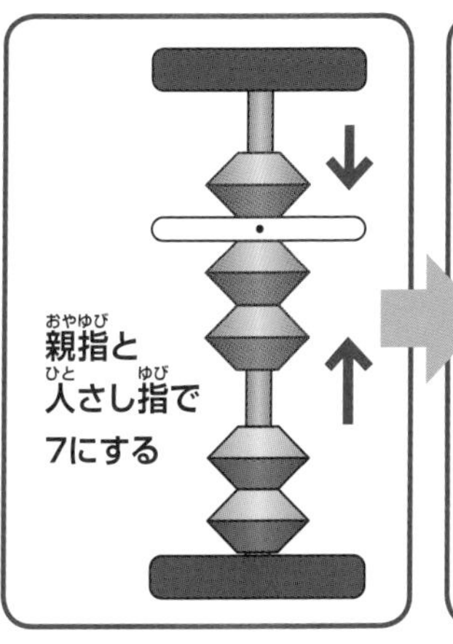

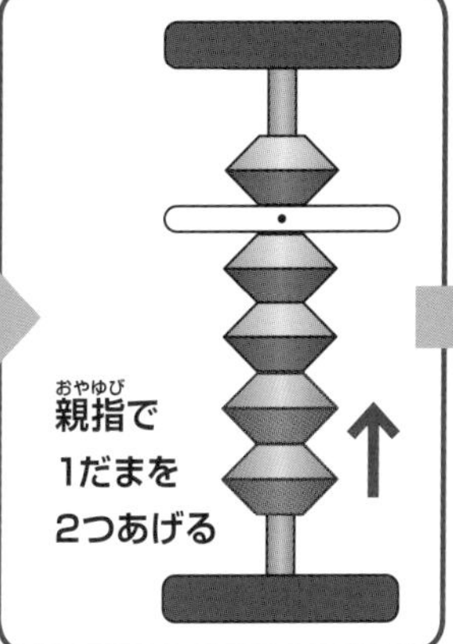

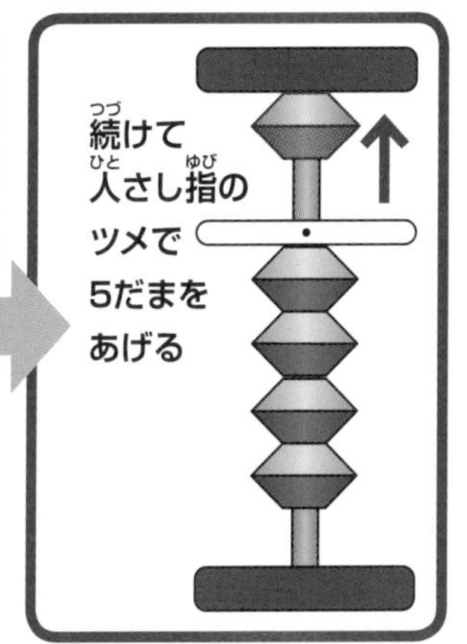

考(かんが)えたこたえを正確(せいかく)におく

① そろばんを使わないけいさん

5-2 = □

6-2 = □

5-1 = □

② 5−2のけいさん

こたえ 3

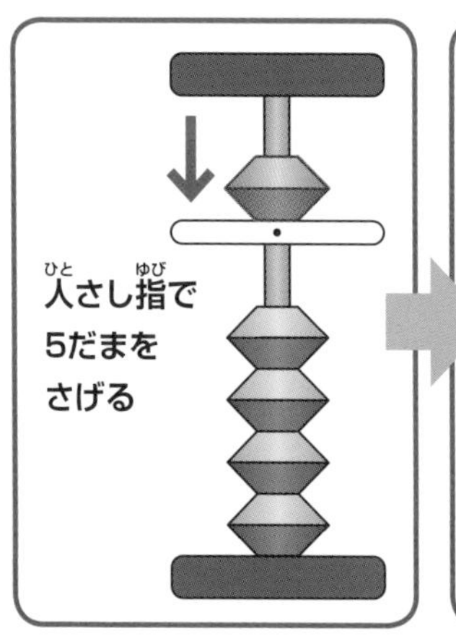

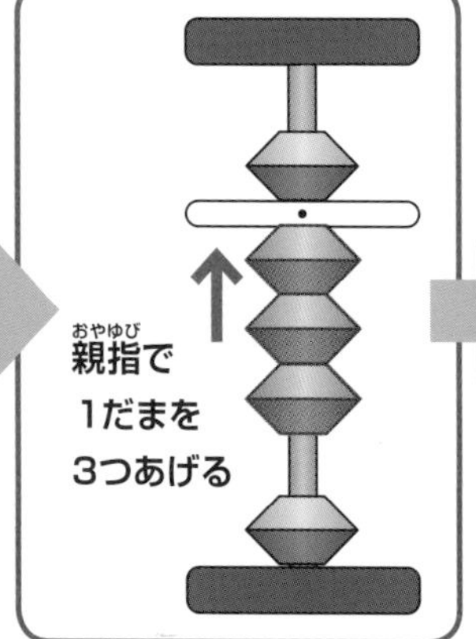

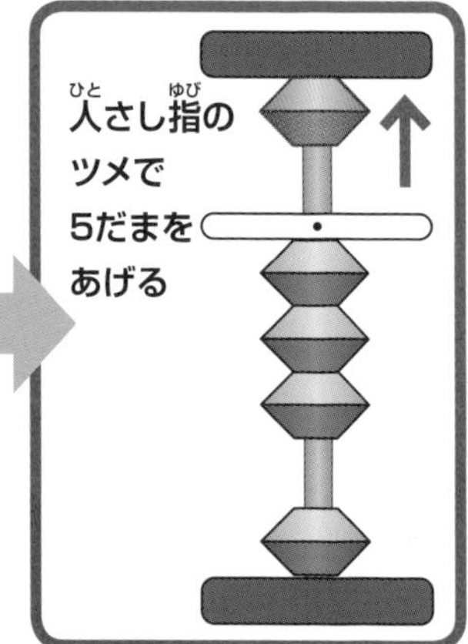

暗算からスムーズにたまを動かす

5だまから2や1をひくけいさんは、より簡単で暗算のこたえが出しやすくなります。慣れてくると式を見ただけでこたえが頭に浮かびます。頭のなかで考える習慣を身につけて、スムーズに指が動かせるよう練習しましょう。

③ 6−2のけいさん

こたえ　4

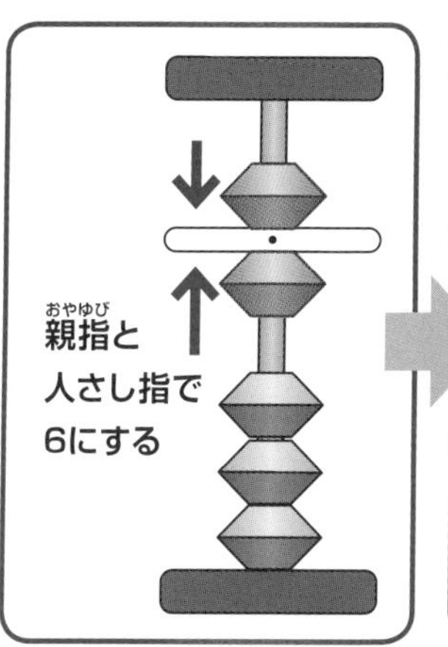

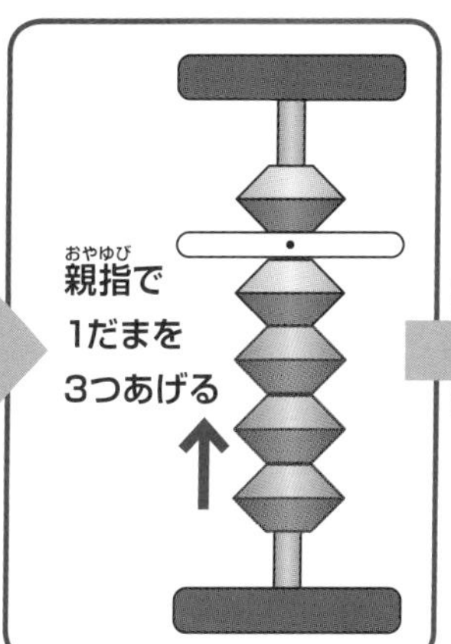

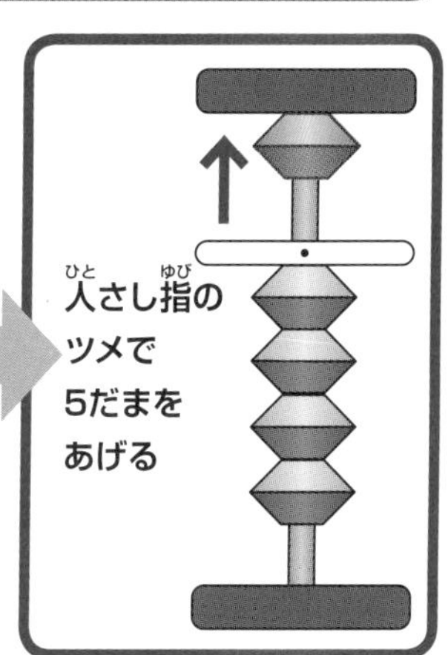

④ 5−1のけいさん

こたえ　4

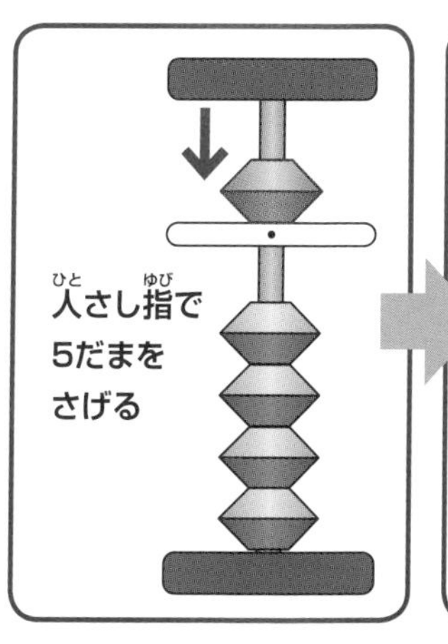

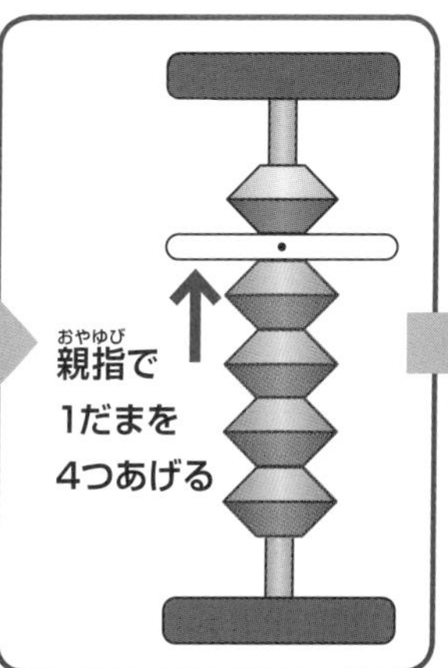

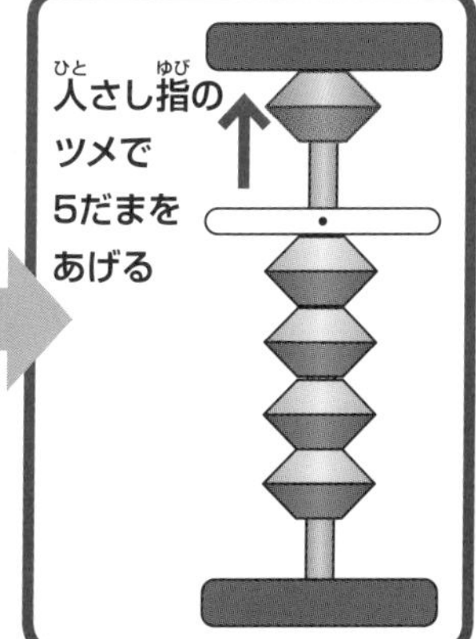

たしざん・ひきざんのきほんを復習(ふくしゅう)しよう！

①	②	③	④	⑤
1	2	4	3	4
2	-1	-4	-2	-3
-1	3	1	-1	2
□	□	□	□	□

⑥	⑦	⑧	⑨	⑩
2	4	2	3	1
1	-3	-1	-2	2
1	-1	3	1	-3
-3	2	-2	2	2
3	1	2	-3	2
□	□	□	□	□

11	12	13	14	15
5	5	1	5	5
2	1	5	4	-5
-5	1	-5	-3	3
1	-5	3	1	-3
-1	2	-2	-1	5

16	17	18	19	20
9	6	3	7	8
-3	-1	6	2	-6
2	2	-7	-6	7
-7	-7	6	5	-7
3	7	-8	-7	6

21	22	23	24	25
1	2	2	3	5
4	4	3	3	-5
2	-5	2	3	4

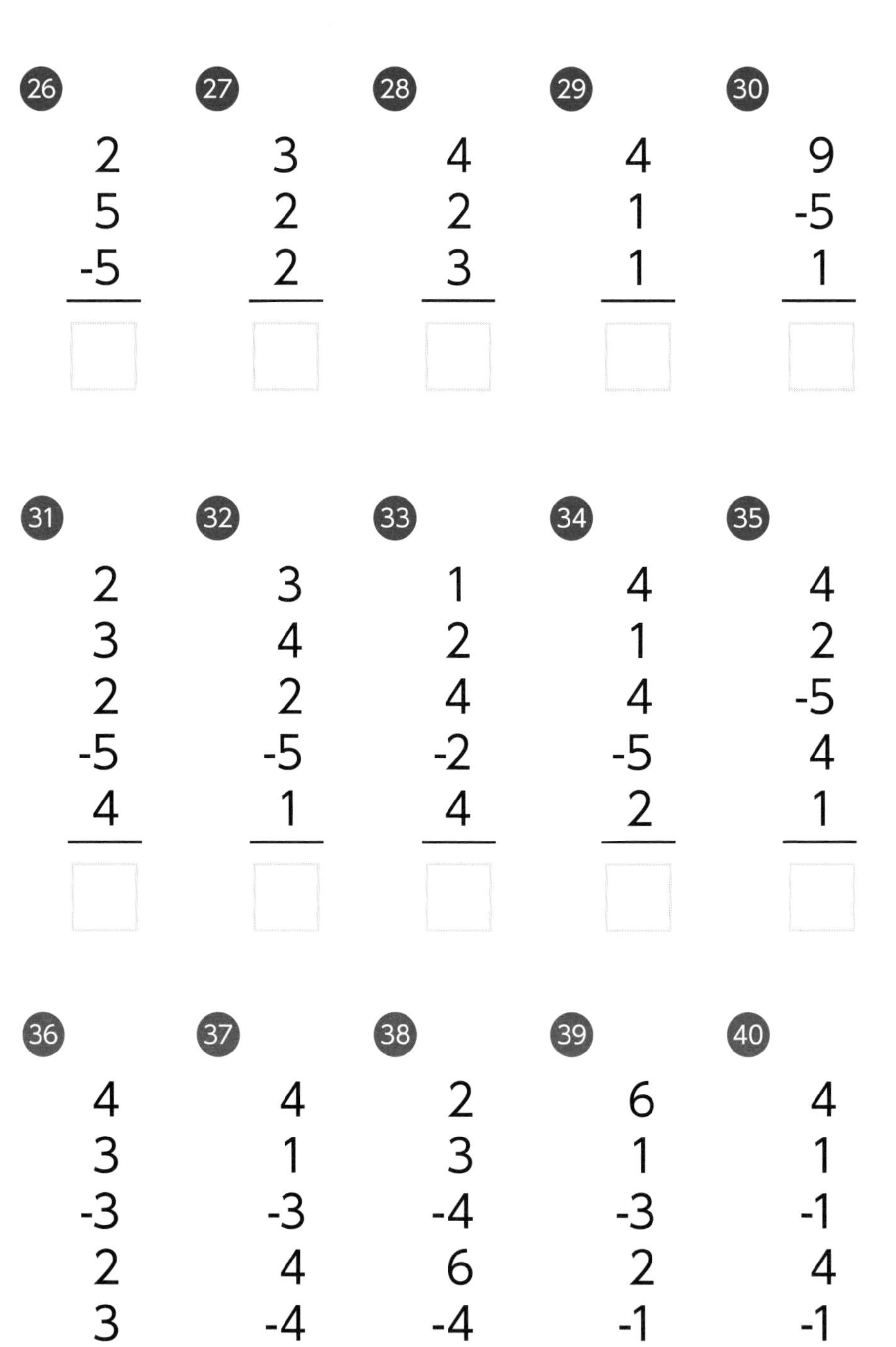

※答えは 142、143 ページ

PART 3

くりあがり・くりさがりの
けいさん

一の位(いち くらい)だけでたせないときは左(ひだり)におく

① 10、11、12、13のあらわし方

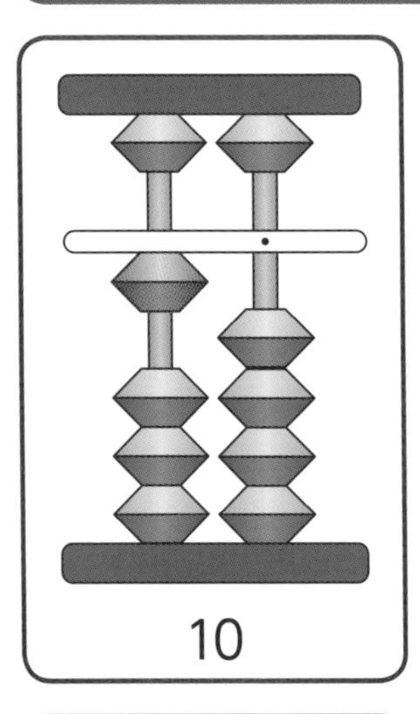

パパ・ママへアドバイス！

十の位に進むと数が大きくなり、お子さんは、そろばんが難しくなると考えがち。しかし、けたが1つ増えるだけで、基本的なたまの動かし方は変わらないと、アドバイスしましょう。

意欲的に取り組むことができるようなら、けいさん問題を使って実際にたまを動かしてみましょう。

11よりも大きい数をあらわすときは、十の位のたまを先に動かし、次に一の位のたまを動かします。順番通りの指づかいができているか確認します。

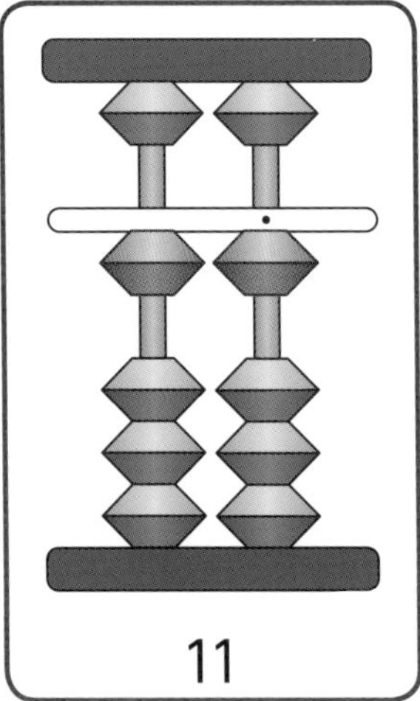

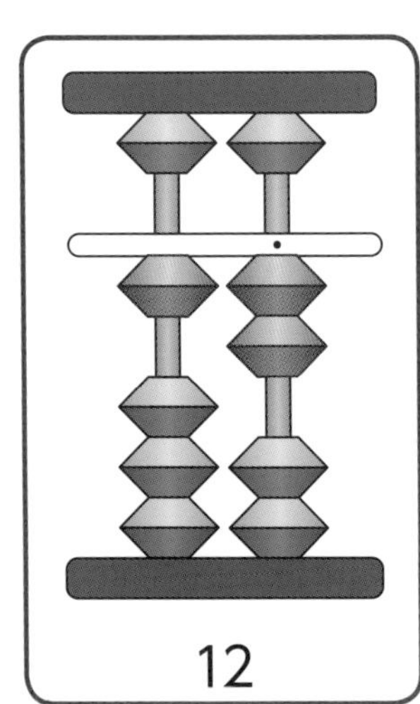

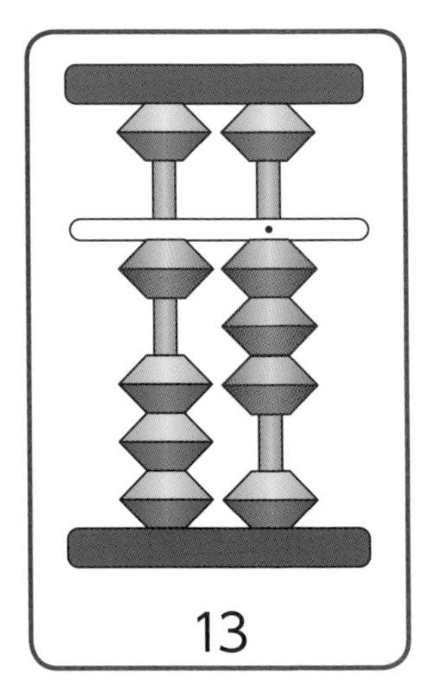

定位点の左のけたが十の位になる

ここまでの「たしざん・ひきざんのきほん」では、0から9までの数を使って勉強してきました。ここからは「けた」をひとつ増やして、十の位まで使ったけいさんをします。まずは10から19までのたまのおき方を確認しましょう。

② 14、15、16、17、18、19のあらわし方

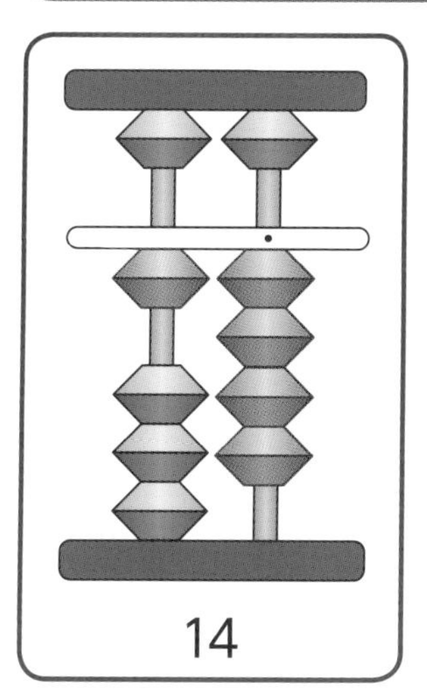

14

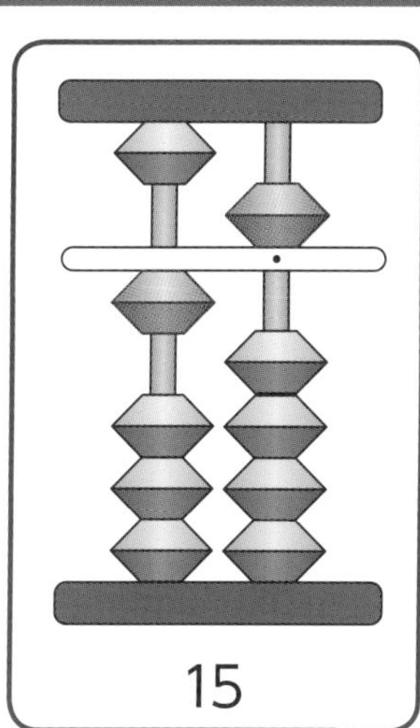

15

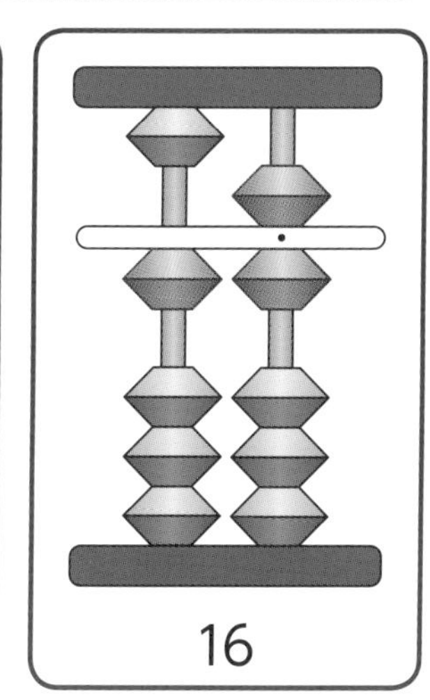

16

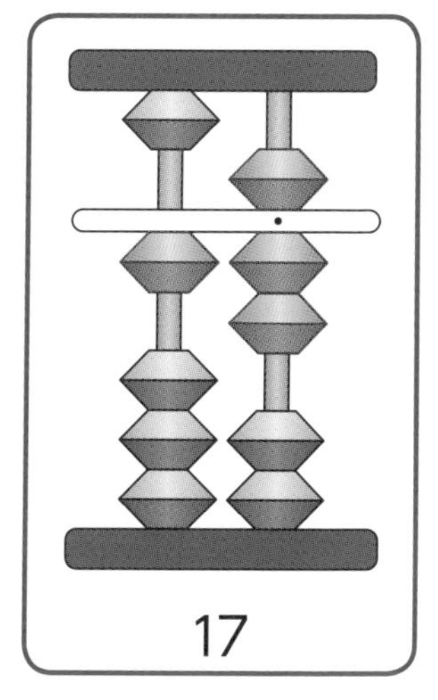

17

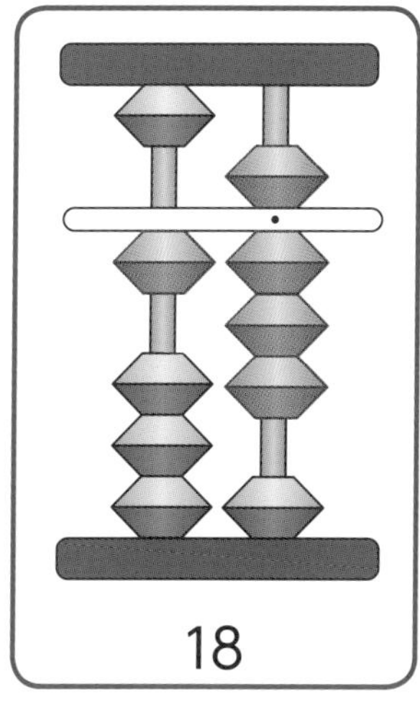

18

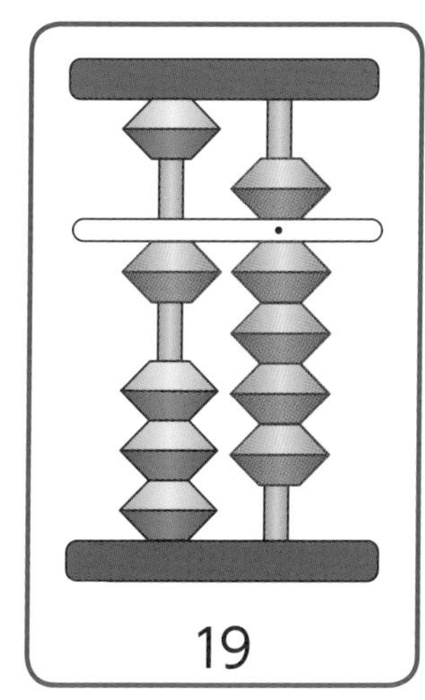

19

表を読んでから たまを動かす

① 1+9のけいさん

こたえ　10

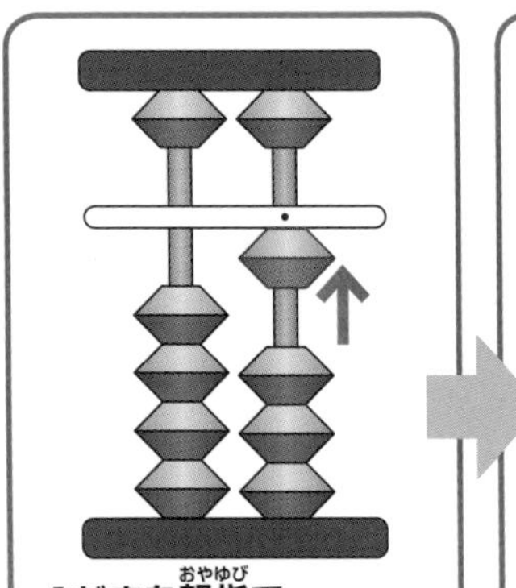

1だまを親指で
1つあげる

9たせないときは1をひいてから10をたす

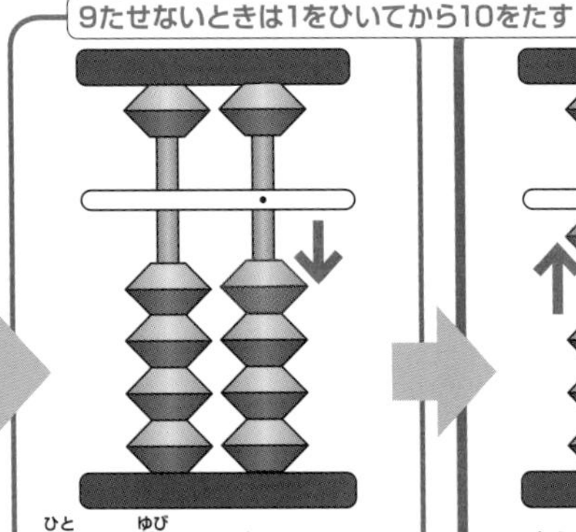

人さし指で1だまを
さげる

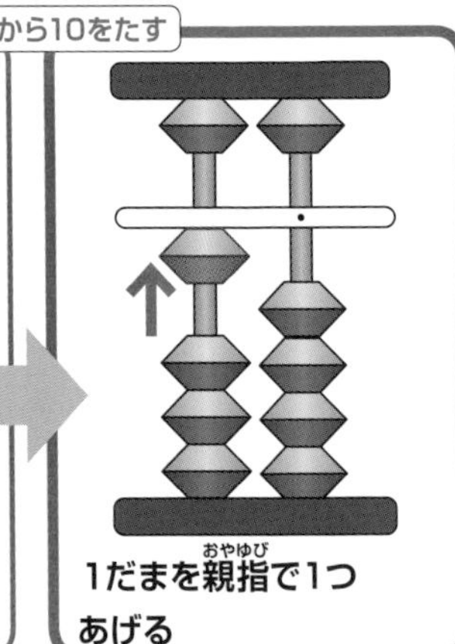

1だまを親指で1つ
あげる

② 6+4のけいさん

こたえ　10

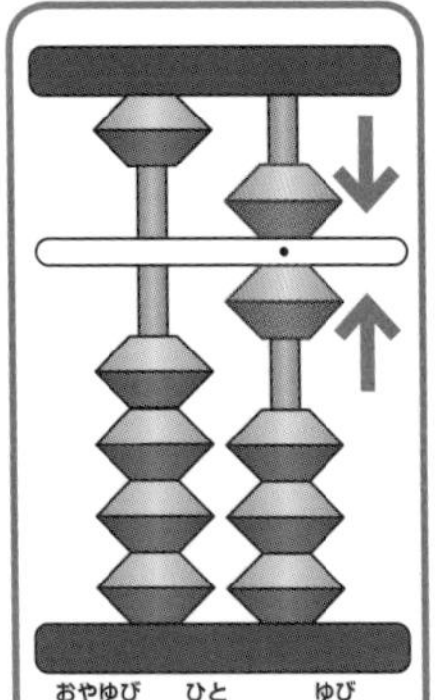

親指と人さし指で
6にする

4たせないときは6をひいてから10をたす

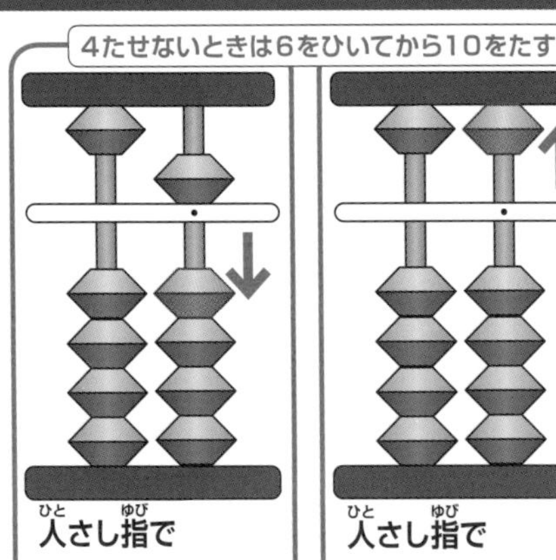

人さし指で
1だまを1つさげる

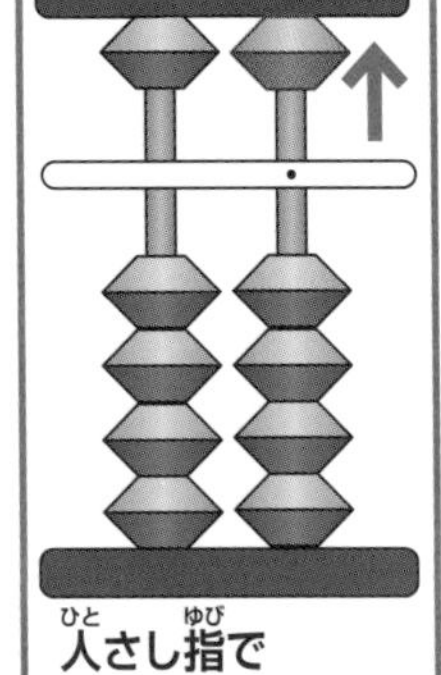

人さし指で
5だまを1つあげる

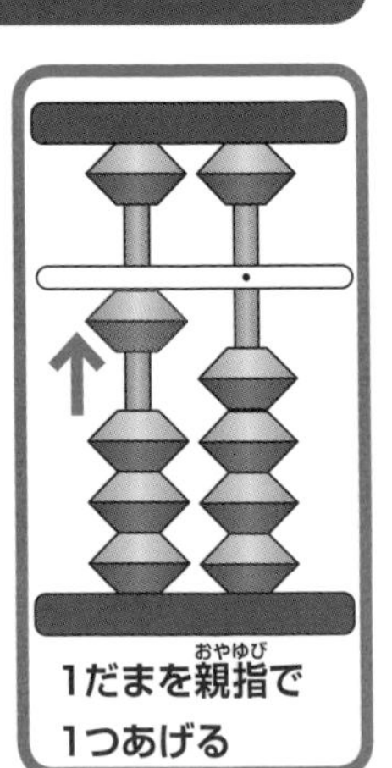

1だまを親指で
1つあげる

表を使って正しくたまを動かす

十の位を使うけいさんでは、「一の位がたせないとき・ひけないとき」の表を使います。そうすることで指で数えなくても、正しくたまを動かすことができます。かんたんなくりあがり・くりさがりからはじめましょう。

【たせないとき】の【くりあげかた】

❾	たせないときは	❶	をひいてから	10	をたす
❽	たせないときは	❷	をひいてから	10	をたす
❼	たせないときは	❸	をひいてから	10	をたす
❻	たせないときは	❹	をひいてから	10	をたす
❺	たせないときは	❺	をひいてから	10	をたす
❹	たせないときは	❻	をひいてから	10	をたす
❸	たせないときは	❼	をひいてから	10	をたす
❷	たせないときは	❽	をひいてから	10	をたす
❶	たせないときは	❾	をひいてから	10	をたす

【ひけないとき】の【くりさげかた】

❾	ひけないときは	10	をひいてから	❶	をたす
❽	ひけないときは	10	をひいてから	❷	をたす
❼	ひけないときは	10	をひいてから	❸	をたす
❻	ひけないときは	10	をひいてから	❹	をたす
❺	ひけないときは	10	をひいてから	❺	をたす
❹	ひけないときは	10	をひいてから	❻	をたす
❸	ひけないときは	10	をひいてから	❼	をたす
❷	ひけないときは	10	をひいてから	❽	をたす
❶	ひけないときは	10	をひいてから	❾	をたす

③ 3+9+8のけいさん　こたえ 20

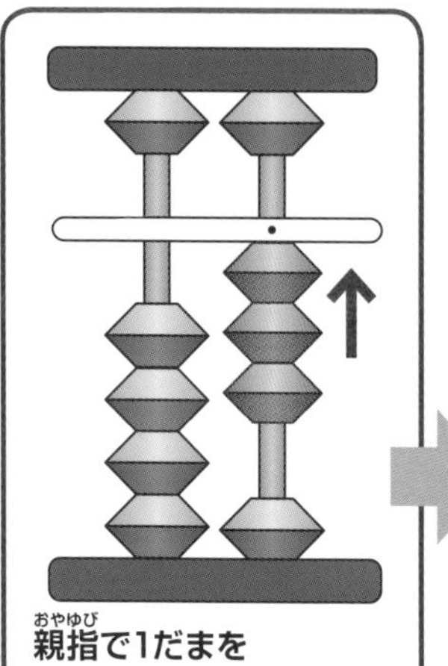

親指(おやゆび)で1だまを3つあげる

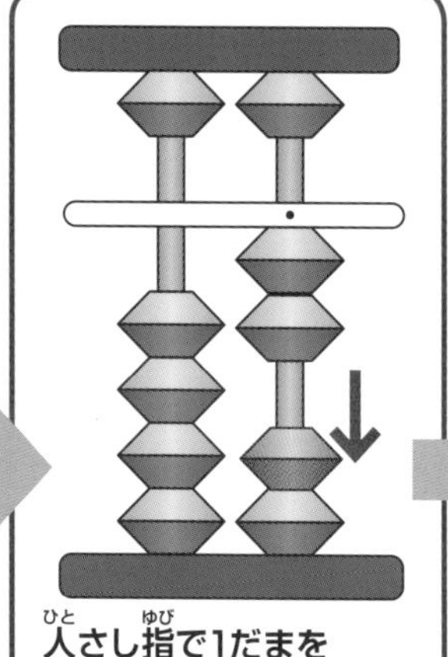

人(ひと)さし指(ゆび)で1だまを1つさげる

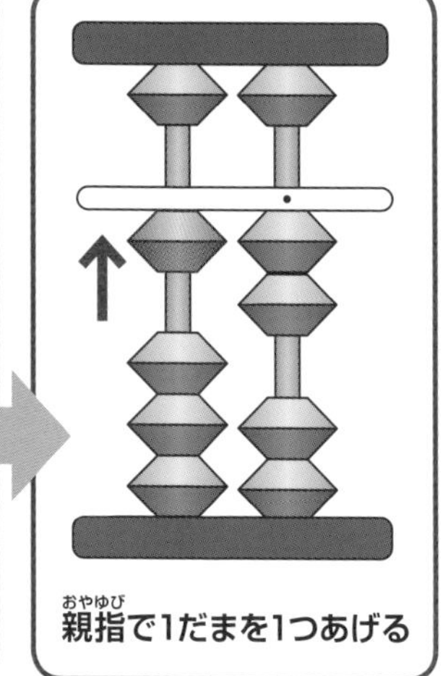

親指(おやゆび)で1だまを1つあげる

たす9は
1をひいて
10をたす

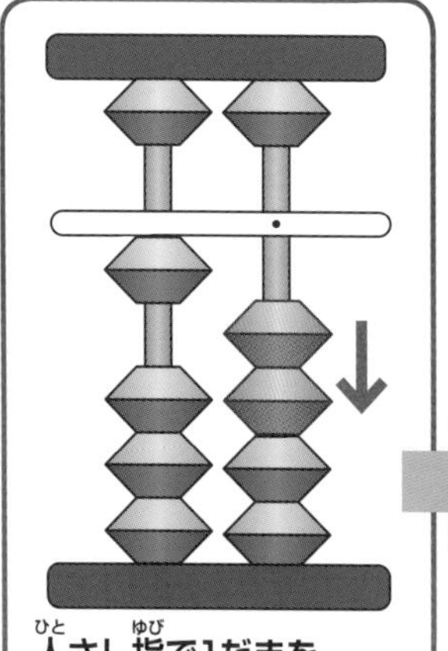

人(ひと)さし指(ゆび)で1だまを2つさげる

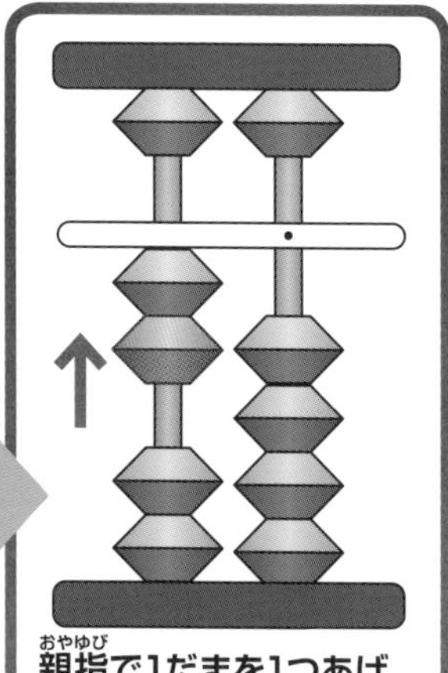

親指(おやゆび)で1だまを1つあげ20にする

たす8は2をひいて
10をたす

パパ・ママへアドバイス！

十の位の数が増える場合も、スムーズにたまが動かせているか見てあげましょう。とまどってしまうようなら、「一の位がたせないとき・ひけないとき」の表をゆっくり声に出して読み、確認しながら進めます。右ページにあるひきざんについても、同じように表を使って取り組んでみましょう。

④ 10ー2のけいさん

こたえ 8

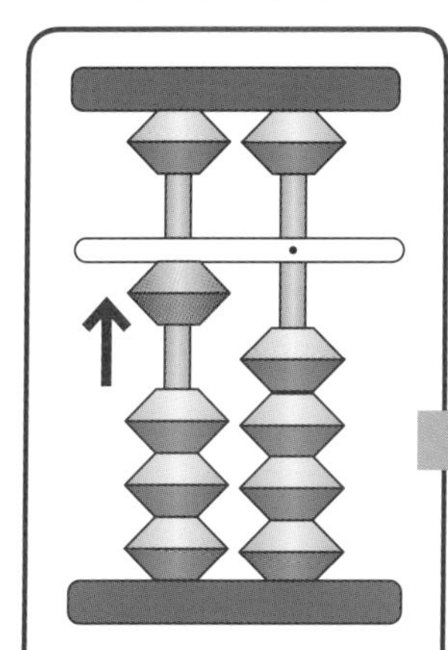

親指(おやゆび)で1だまを
1つあげる

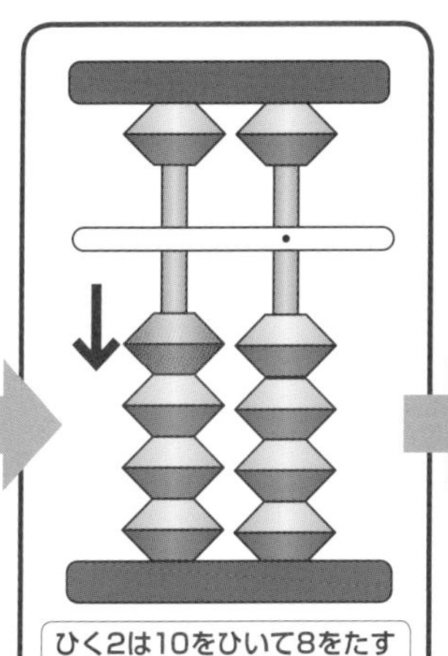

ひく2は10をひいて8をたす

人(ひと)さし指(ゆび)で1だまを1つ
さげる

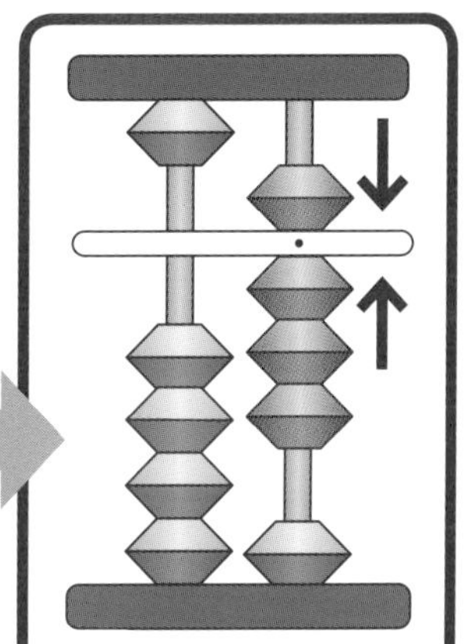

親指(おやゆび)と人(ひと)さし指(ゆび)で
8にする

⑤ 10ー3のけいさん

こたえ 7

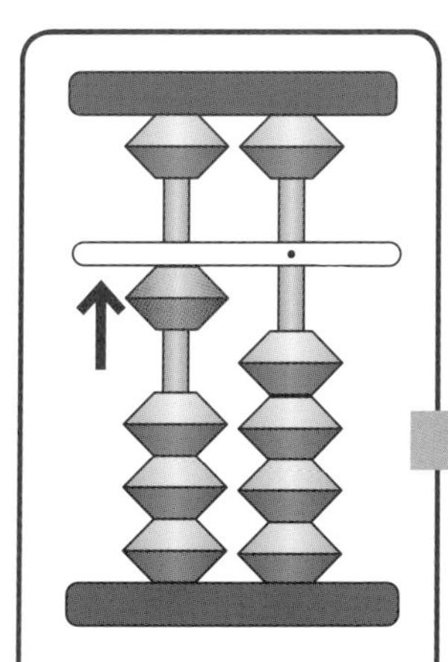

親指(おやゆび)で1だまを
1つあげる

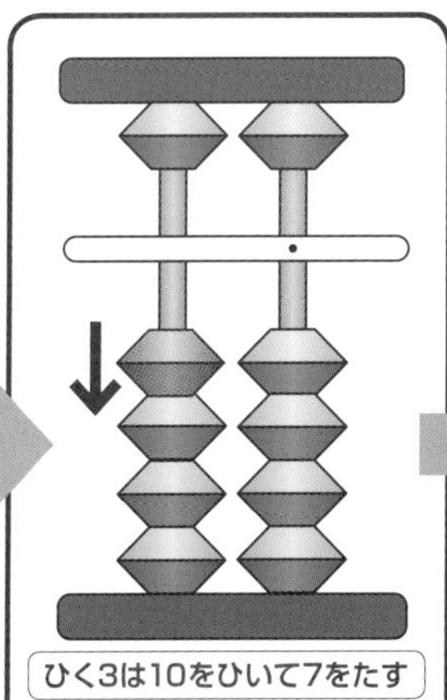

ひく3は10をひいて7をたす

人(ひと)さし指(ゆび)で1だまを
1つさげる

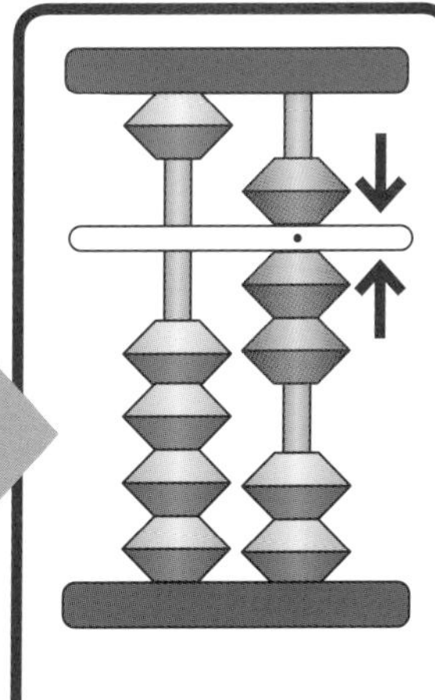

親指(おやゆび)と人(ひと)さし指(ゆび)で
7にする

⑥ 5+5−4のけいさん

こたえ 6

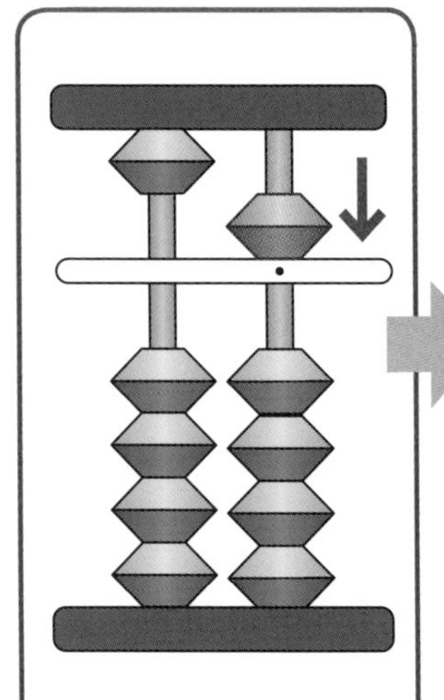

人さし指で5だまを
1つさげる

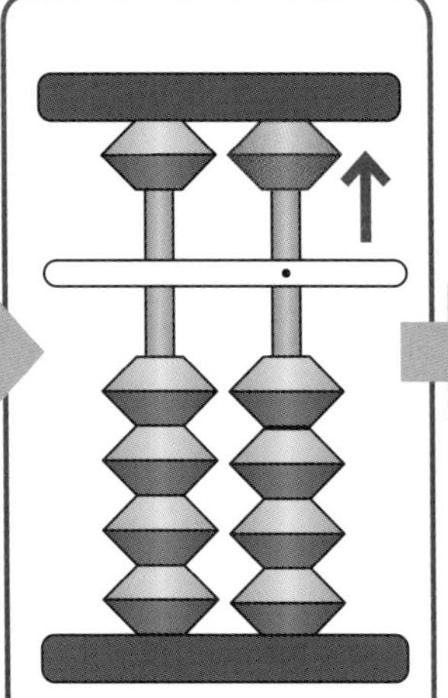

たす5は5をひいて10をたす

人さし指のつめで
5だまを1つあげる

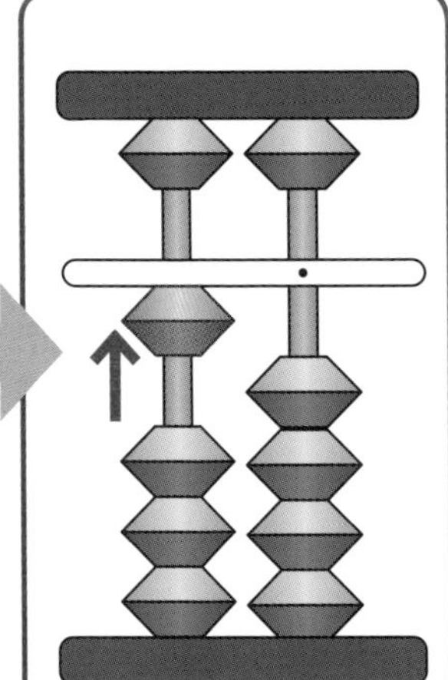

親指で1だまを
1つあげる

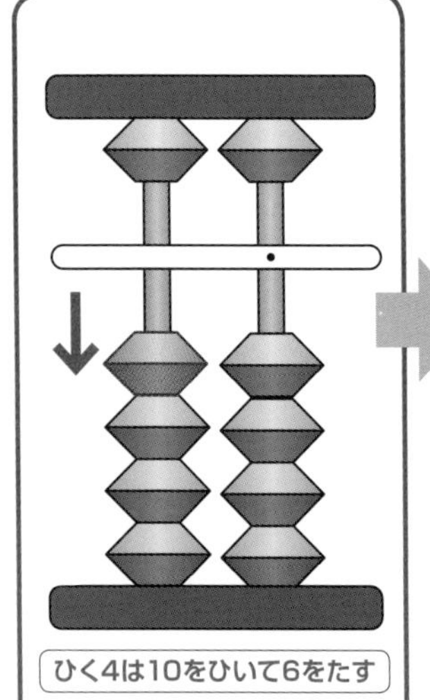

ひく4は10をひいて6をたす

人さし指で1だまを
1つさげる

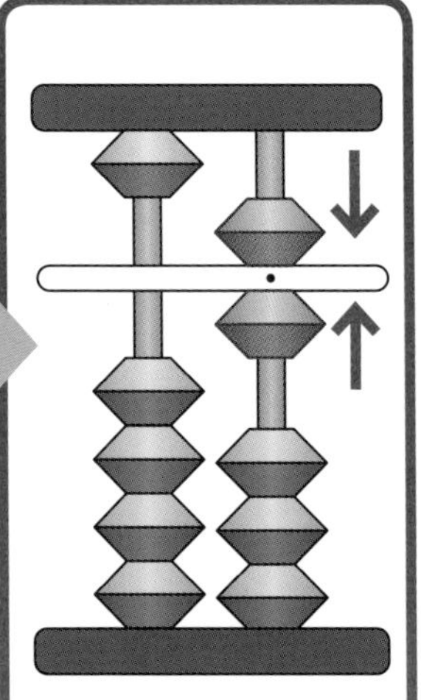

親指と人さし指で
6にする

パパ・ママへ アドバイス！

十の位を使ったけいさんに慣れてきたら、たしざんとひきざんを複合させた問題にチャレンジ。ここでは 10からのひきざんに取り組みます。

この段階で表を見なくても覚えているかどうか、確認のため声に出してみると良いでしょう。

⑦ 10−4+4のけいさん

こたえ　10

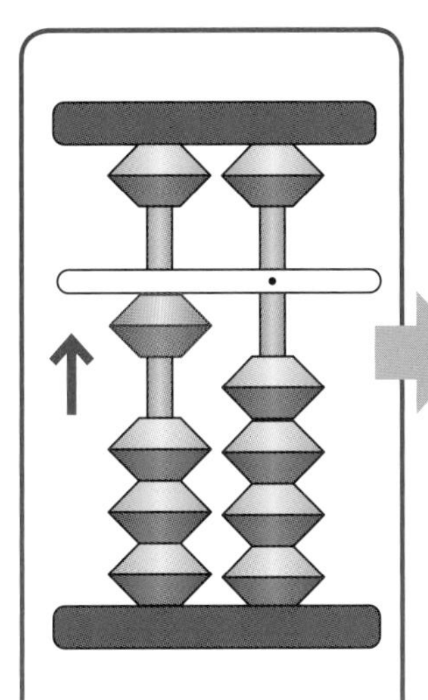

親指で1だまを
1つあげる

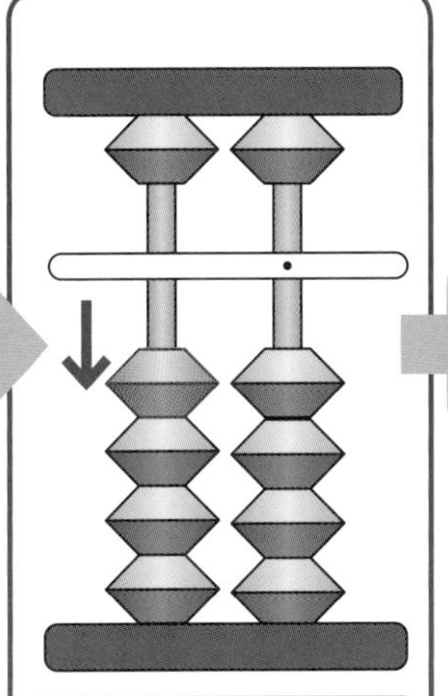

ひく4は10をひいて6をたす

人さし指で1だまを
1つさげる

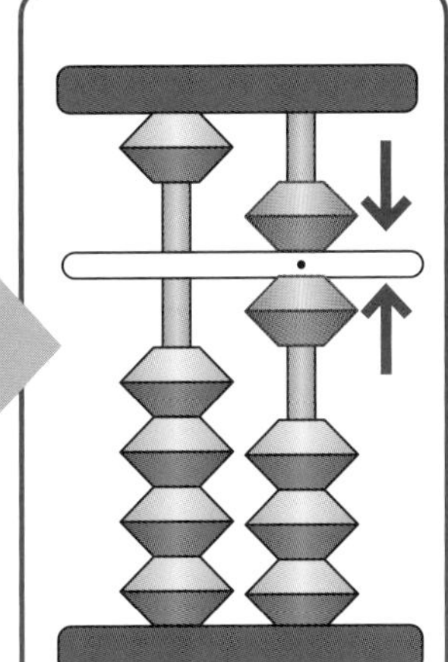

親指と人さし指で
6にする

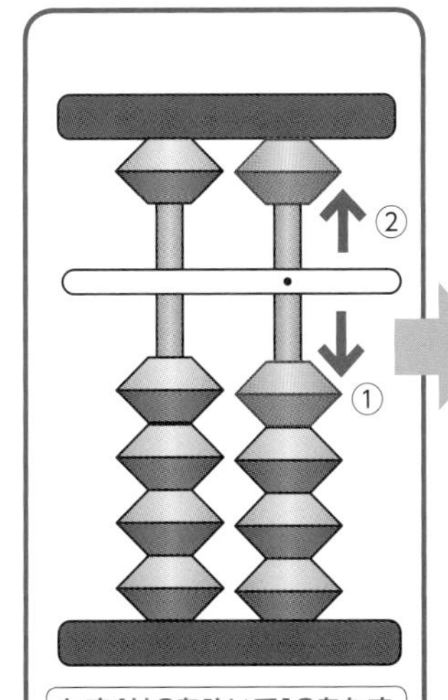

たす4は6をひいて10をたす

人さし指、人さし指の
つめで0にする

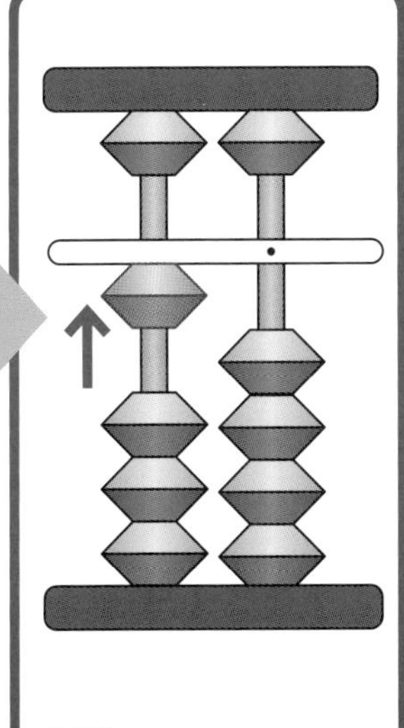

親指で1だまを
1つあげる

1をひいてから10をたす

① 5+9のけいさん

こたえ　14

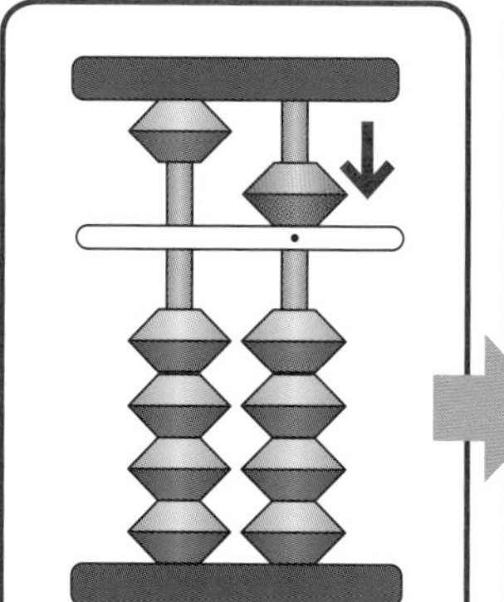

人(ひと)さし指(ゆび)で5だまをさげる

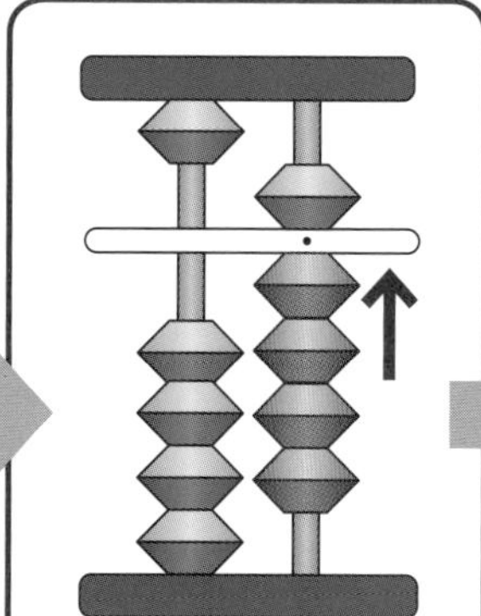

1だまを4つあげる

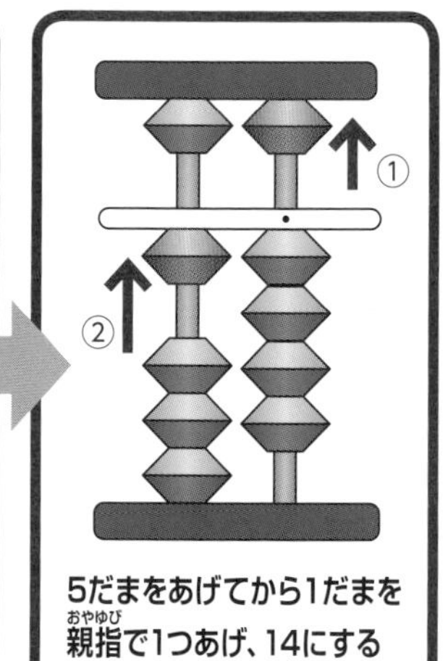

5だまをあげてから1だまを親指(おやゆび)で1つあげ、14にする

パパ・ママへアドバイス！

5+9 のけいさんでは、そのまま 9 をたすことができません。実際のそろばんにたまをおき、子どもに考えさせることが大切。この場合は表にあるように「1 をひいてから 10 をたす」たまの動かし方になります。

5 だまからは直接 1 がひけないため、「5-1=4」の 4 を一の位においてから、十の位のたまを動かす順番を理解させましょう。

たす9は1をひいて10をたす

一の位から1を引いて十の位におく

十の位へのたまのおき方を理解したら、一の位からくりあがるけいさんを順番に見ていきます。9をたす場合は、一の位においてあるたまから1をひき、続けて10をたして答えを出します。慣れないうちは表を確認しましょう。

② 3+2+9のけいさん

こたえ　14

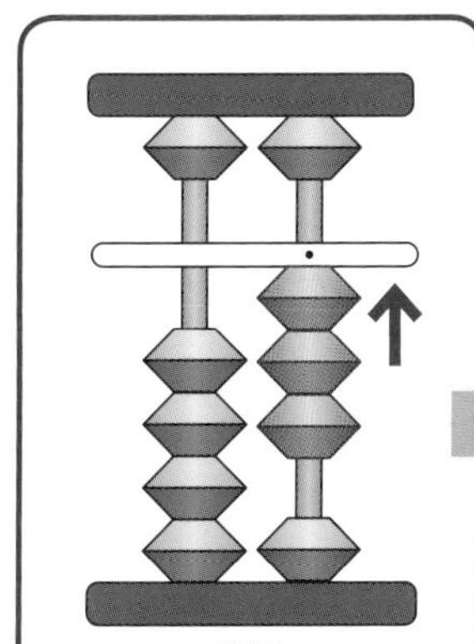

1だまを親指で
3つあげる

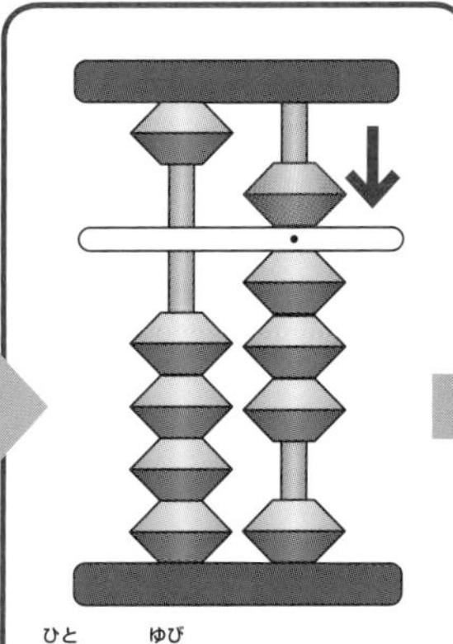

人さし指で
5だまをさげる

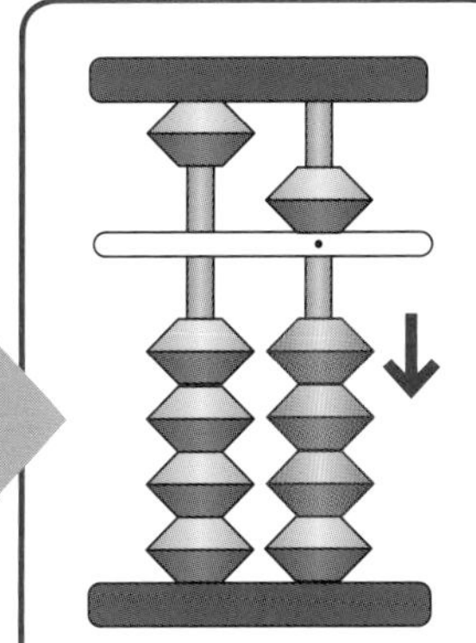

人さし指で1だまを
3つさげる

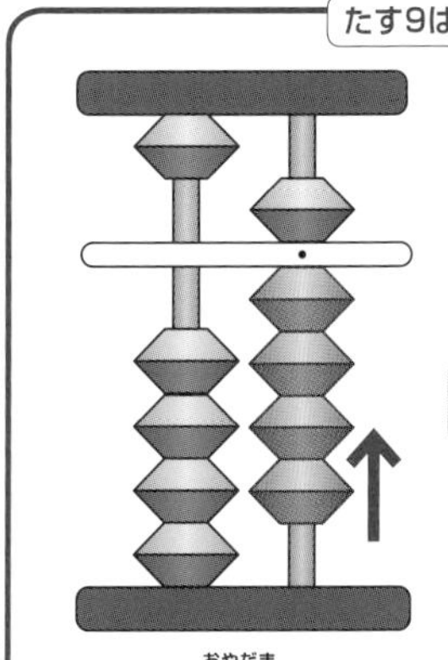

1だまを親指で
4つあげる

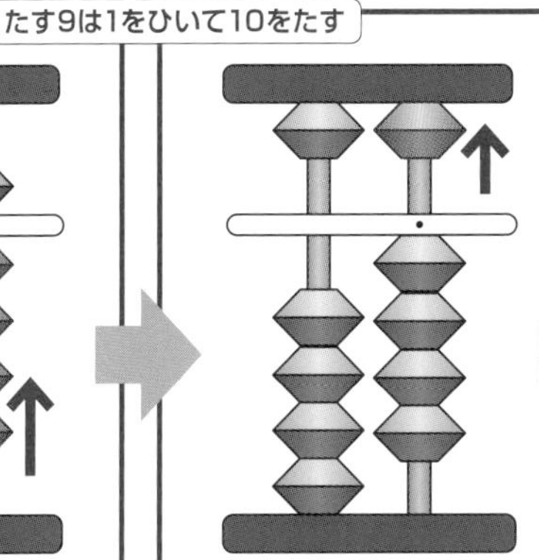

5だまを人さし指の
つめであげる

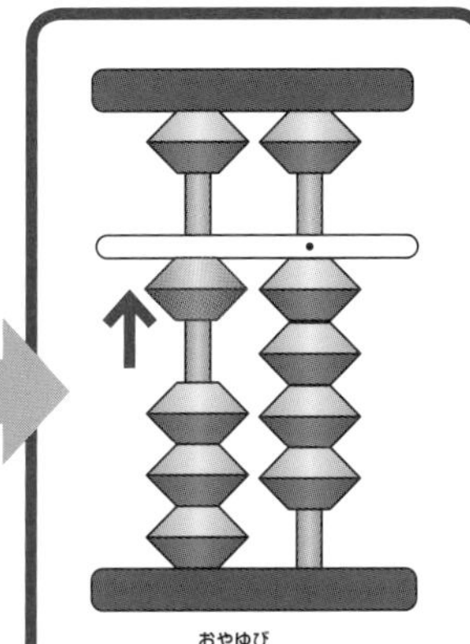

1だまを親指で
1つあげ、14にする

10をひいてから1をたす

① 14−9のけいさん　こたえ 5

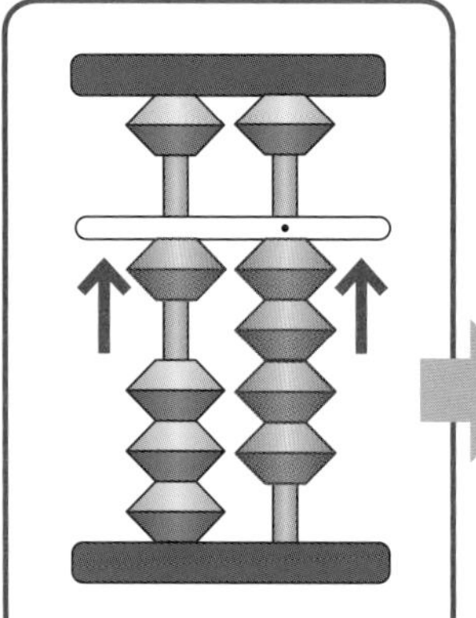

14にする

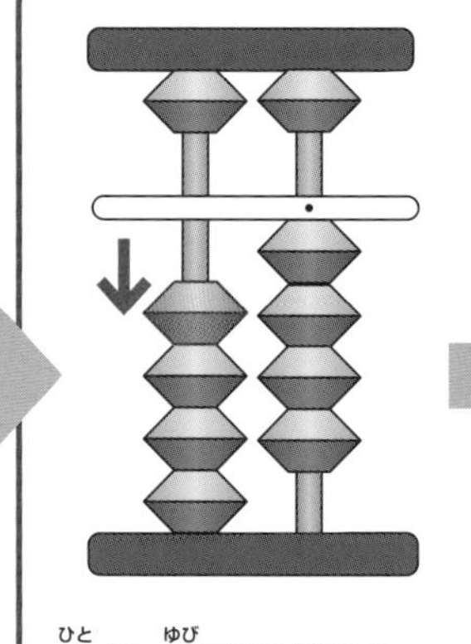

人さし指で10をひく

人さし指で
5だまをさげる

ひく9は10をひいて1をたす

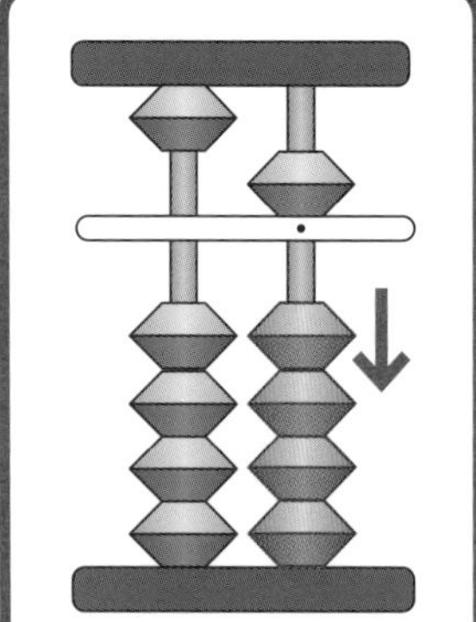

人さし指で
1だまを4つさげる

パパ・ママへアドバイス！

14－9では、まず十の位から10を引き、続いて一の位に1を足します。先に答えの5をおいてから10をひくようなたまの動かし方になっていないか確認しましょう。

たしざんは一の位のたまを動かしてから十の位におくので、順番が逆だということを理解させることがポイントです。

十の位から10をひいてから1をたす

9をひく場合は、十の位においてあるたまから10をひき、続けて1をたします。慣れないうちは表を確認して声に出しましょう。たしざんとひきざんでは十の位、一の位へのおき方の順番が違うので注意しましょう。

② 15+9−9のけいさん

こたえ　15

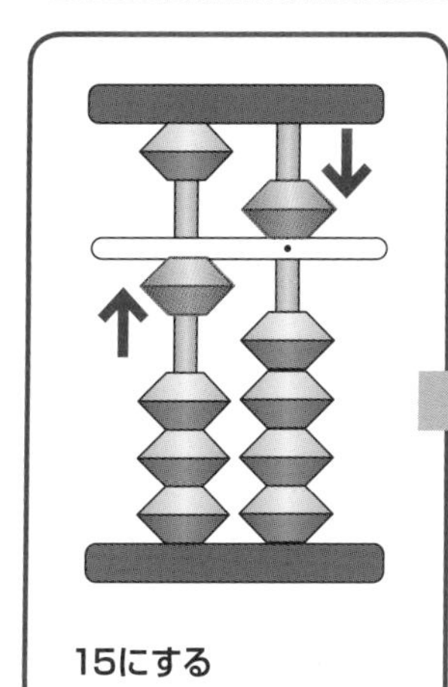

15にする

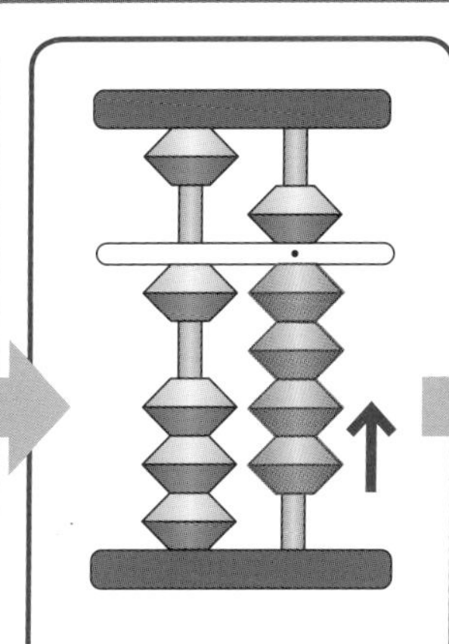

1だまを4つあげる

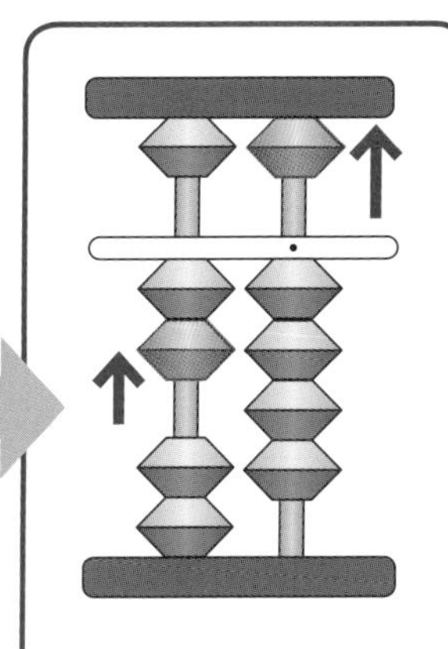

5だまをあげ10をたす

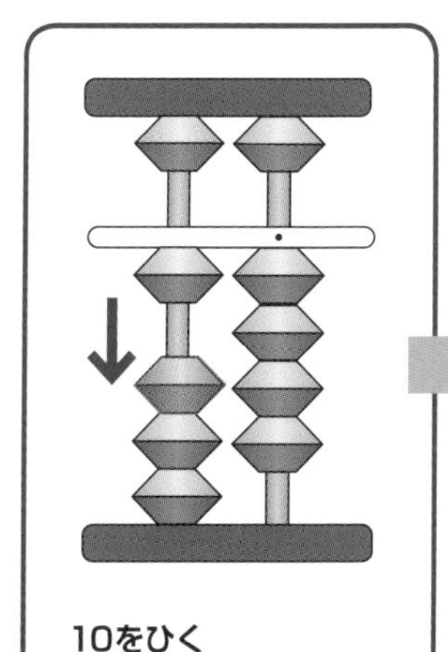

10をひく

人さし指で
5だまをさげる

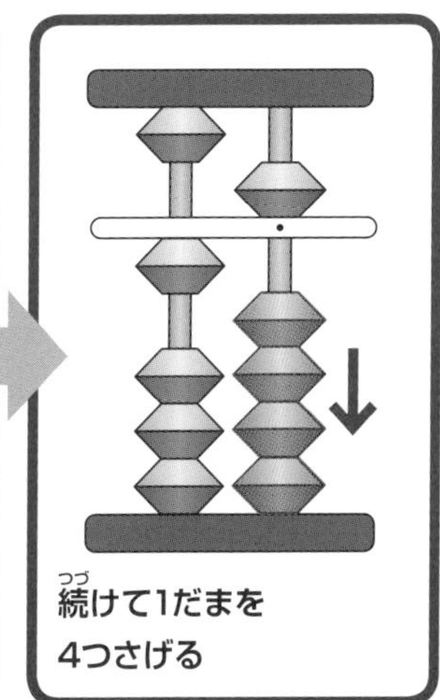

続けて1だまを
4つさげる

ひく9は10をひいて1をたす

2をひいてから10をたす

① 5+8のけいさん

こたえ　13

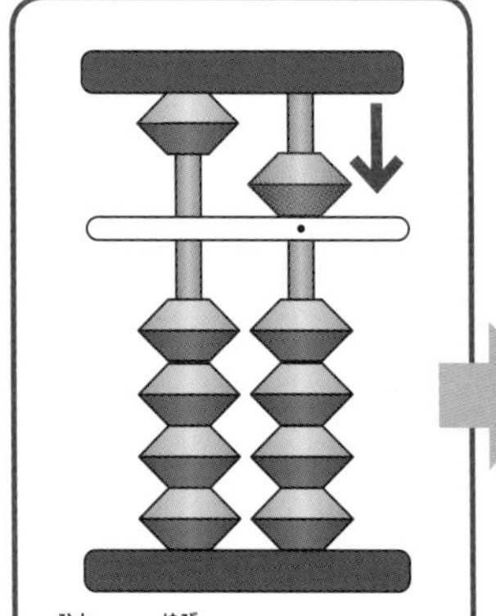

人(ひと)さし指(ゆび)で
5だまをさげる

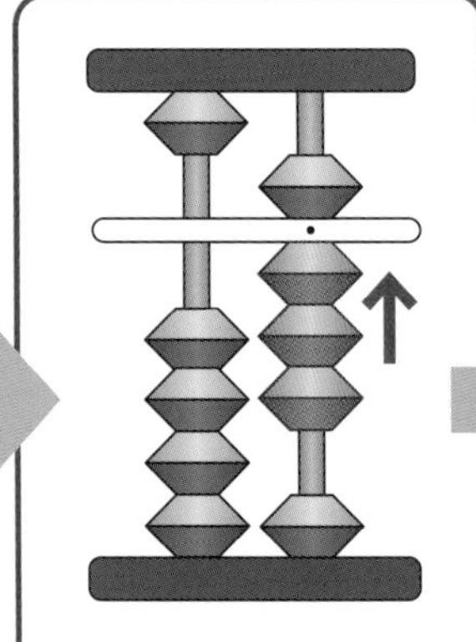

1だまを3つあげる

たす8は2をひいて10をたす

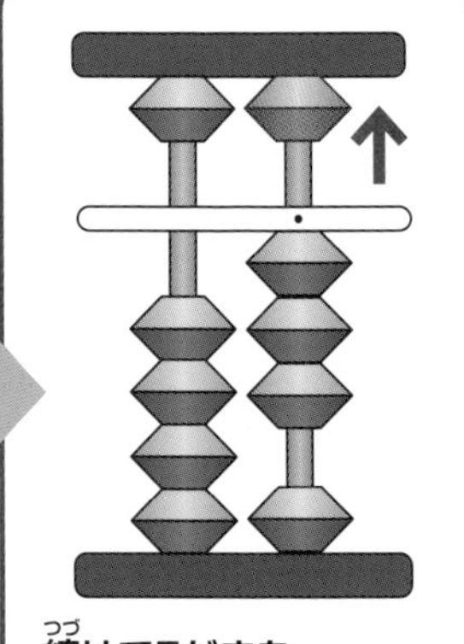

続(つづ)けて5だまを
人(ひと)さし指(ゆび)のつめであげる

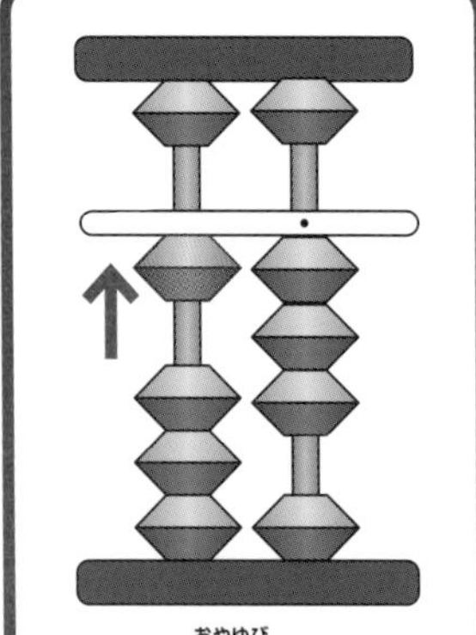

1だまを親指(おやゆび)で
1つあげ、13にする

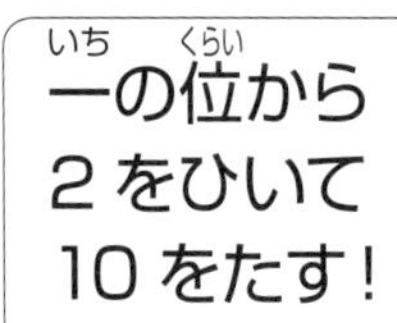

一の位から2を引いて十の位におく

慣れないうちは表を確認しながらけいさんします。8をたす場合は、一の位から2をひき、続けて10をたして答えを出します。くりあがりのたしざんでは、必ず一の位、十の位の順番でたまを動かしましょう。

② 3+2+8のけいさん

こたえ　13

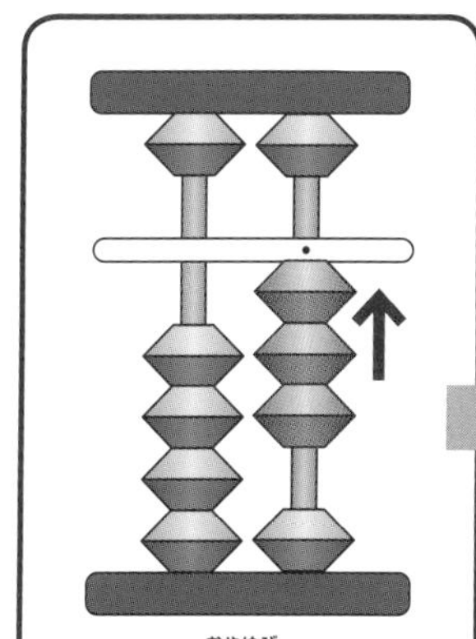

1だまを親指で
3つあげる

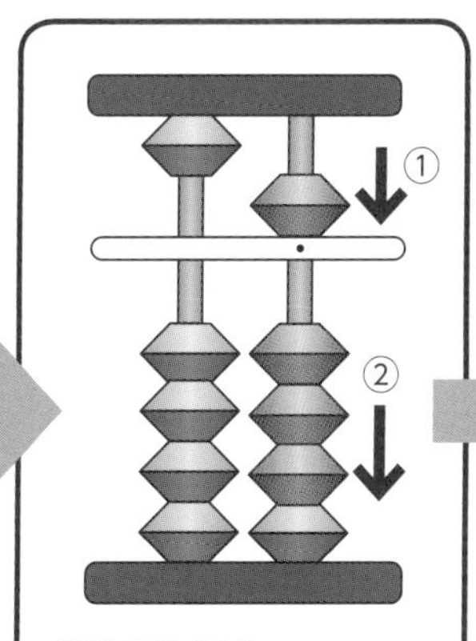

5だまをさげ、
1だまを3つさげる

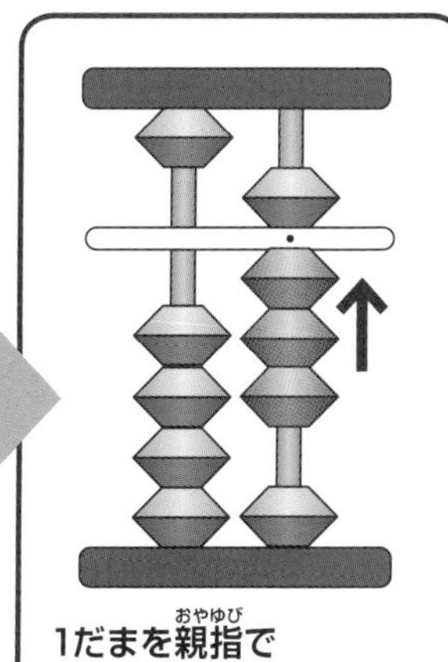

1だまを親指で
3つあげる

たす8は2をひいて10をたす

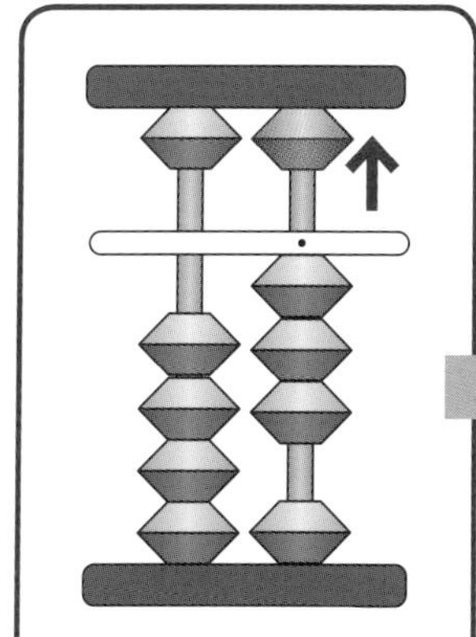

5だまを
人さし指のつめであげる

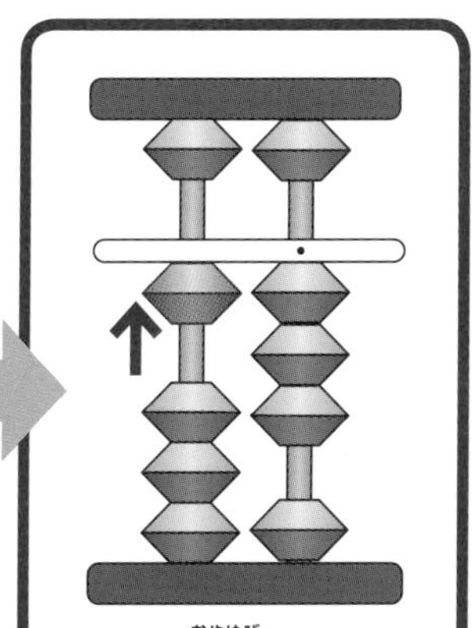

1だまを親指で
1つあげ、13にする

10をひいてから2をたす

① 13−8のけいさん　こたえ 5

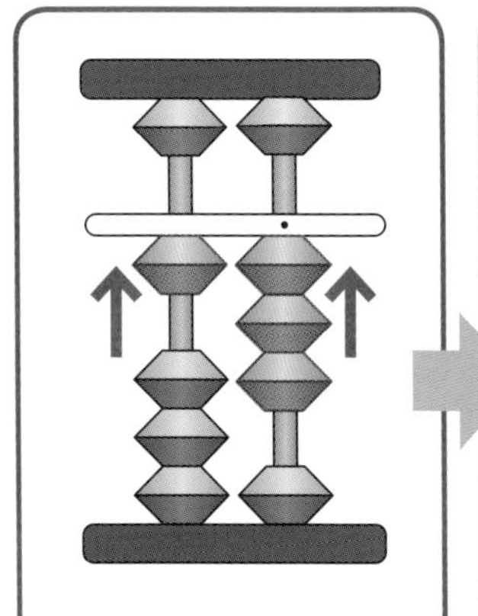

13にする

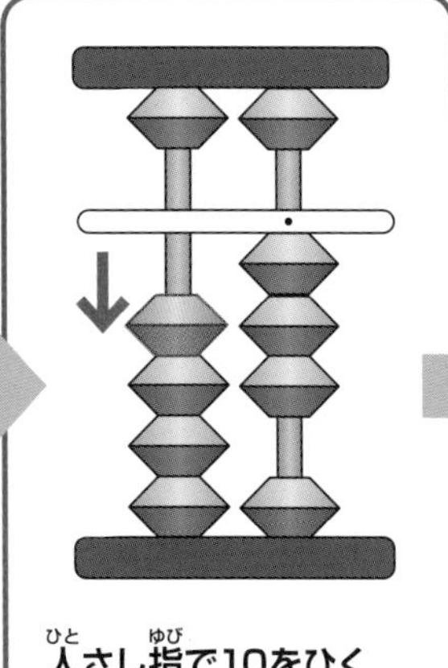

人(ひと)さし指(ゆび)で10をひく

ひく8は10をひいて2をたす

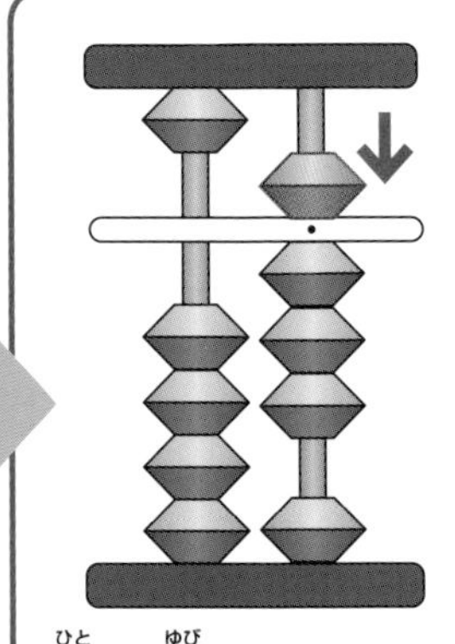

人(ひと)さし指(ゆび)で5だまをさげる

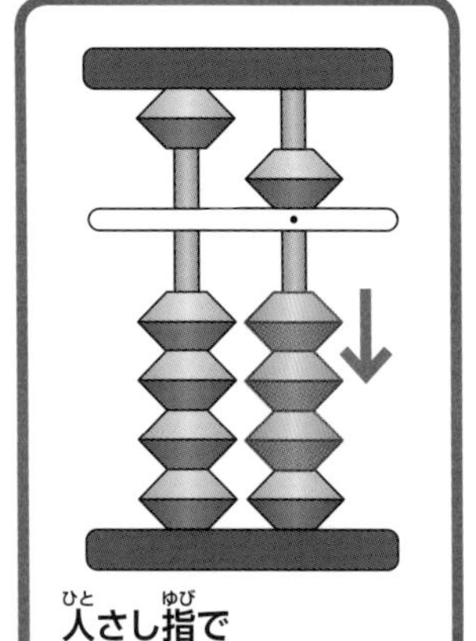

人(ひと)さし指(ゆび)で1だまを3つさげる

パパ・ママへアドバイス！

13－8では、まず十の位から10を引き、続いて一の位に2を足します。この場合、一の位に3があるので、「3+2＝5」というこたえを頭のなかで考えてから、一連の動作として指を動かすことが大切です。

表にある「10をひいてから2をたす」というフレーズと頭のなかのけいさん、指の動かし方が一致しているかどうかチェックしてあげましょう。

十の位から10をひいてから2をたす

8をひく場合は、十の位においてあるたまから10をひき、続けて2をたします。2をおくときに5だまを使うときは、けいさんミスに注意。くりあがりの表を見ながら声を出して、こたえを出すと良いでしょう。

② 16+8−8のけいさん

こたえ　16

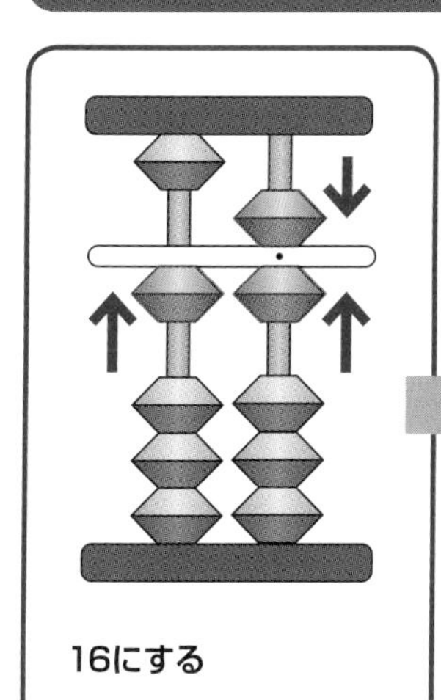

16にする

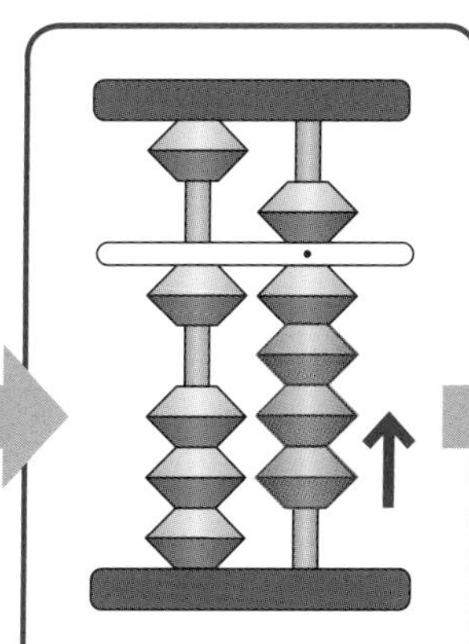

1だまを3つあげる

たす8は2をひいて10をたす

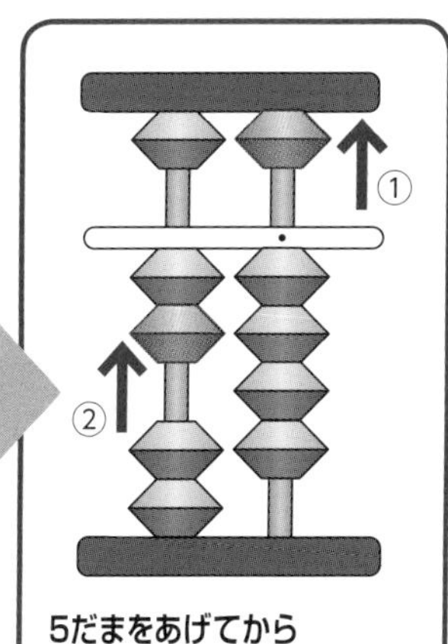

5だまをあげてから
10をたす

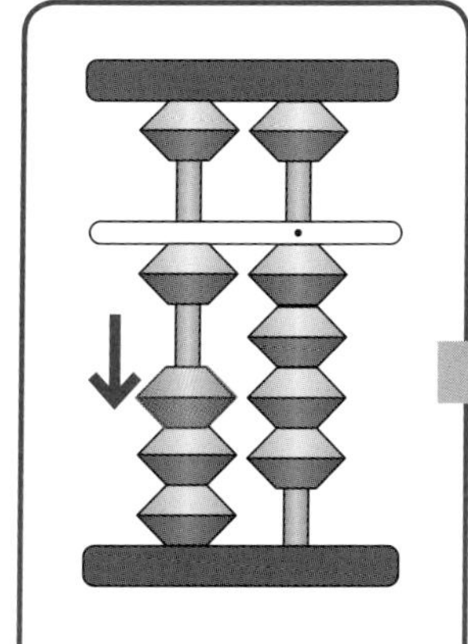

10をひく

ひく8は10をひいて2をたす

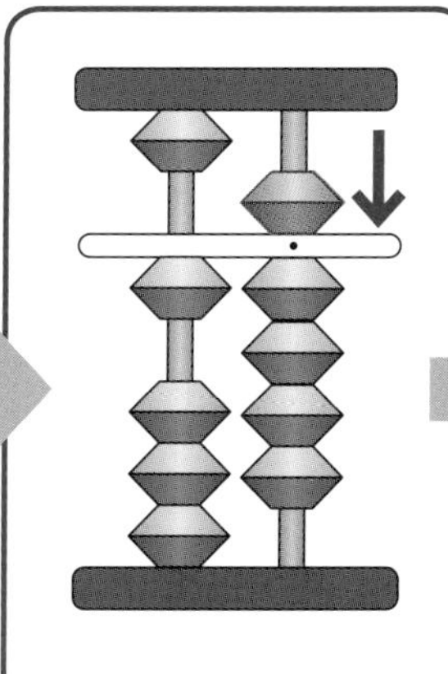

5だまをさげる

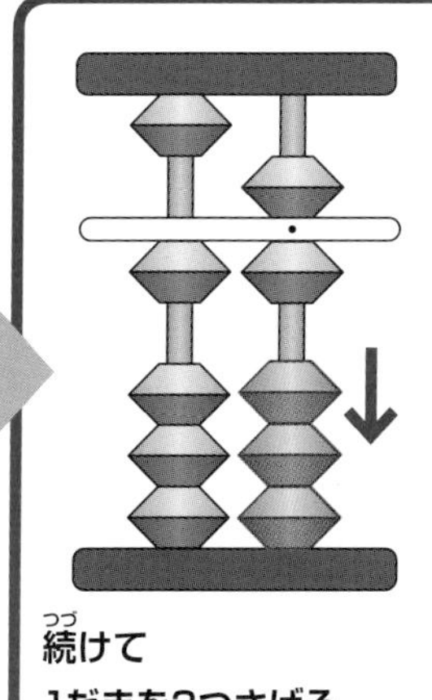

続けて
1だまを3つさげる

3をひいてから10をたす

① 5+7のけいさん　こたえ 12

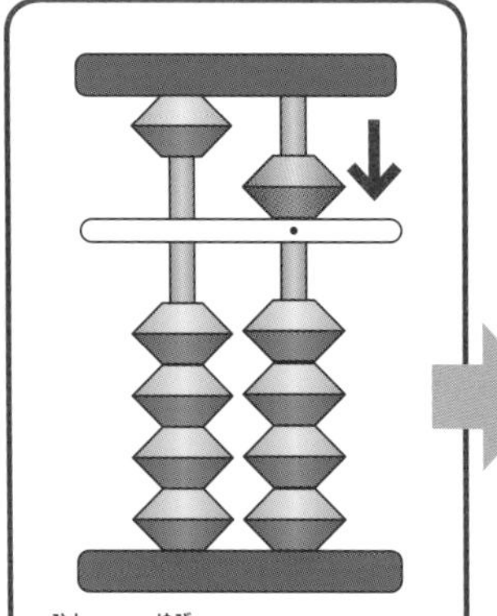

人さし指で
5だまをさげる

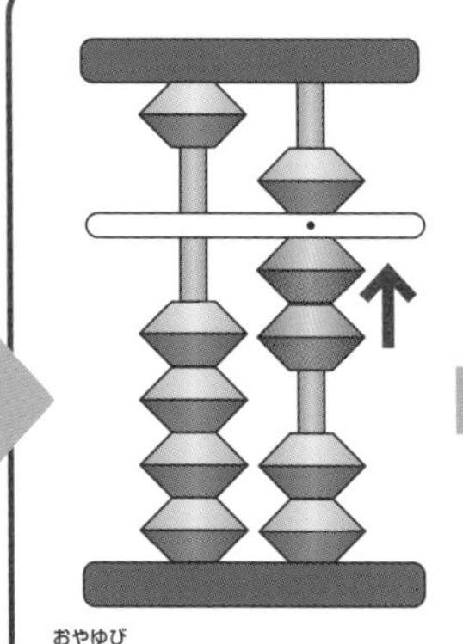

親指で1だまを
2つあげる

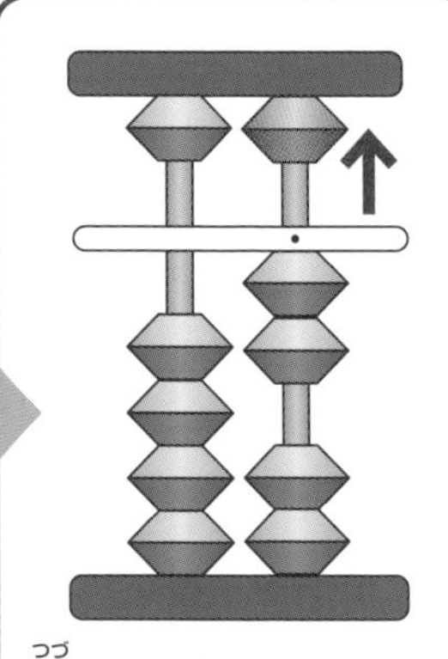

続けて5だまを
人さし指のつめであげる

たす7は3をひいて10をたす

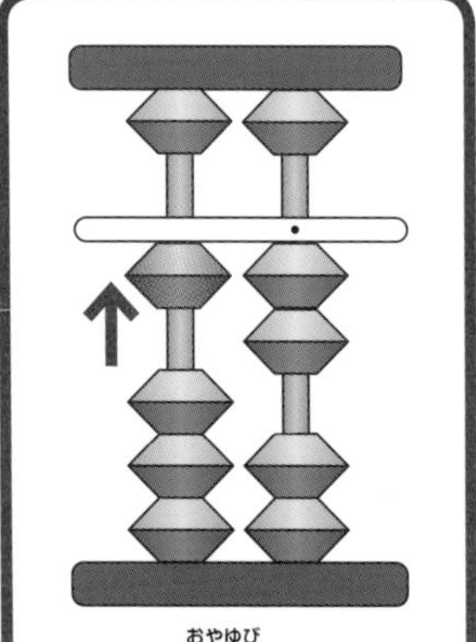

1だまを親指で
1つあげ、12にする

一の位から
3をひいて
10をたす！

5だまから
3をひくときの
けいさんを
まちがえないでね

一の位から3を引いて十の位におく

7をたす場合は、一の位から3をひき、続けて十の位に10をたして答えを出します。これまでのくりあがりのたしざんと同じように一の位、十の位の順番でたまを動かせているかチェックしましょう。

② 8+9+7のけいさん

こたえ　24

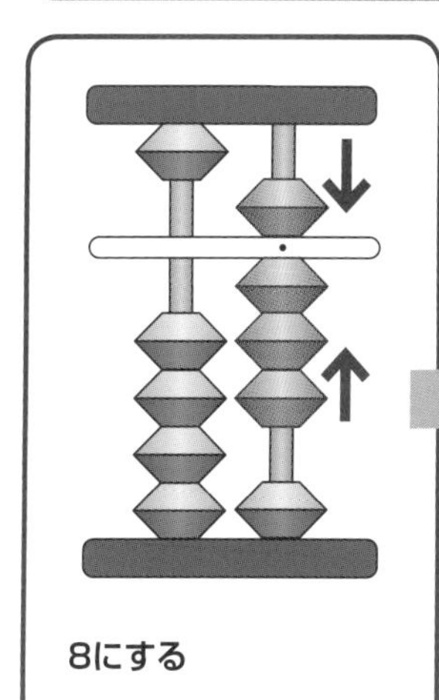

8にする

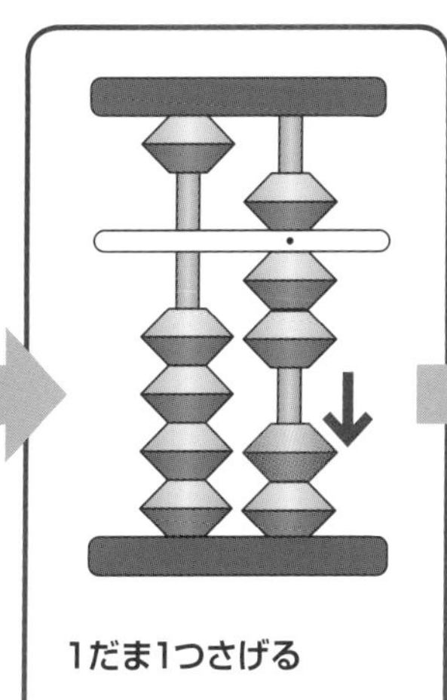

1だま1つさげる

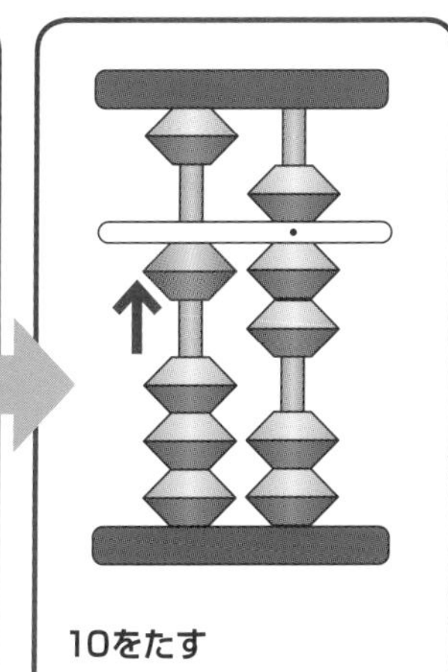

10をたす

たす9は1をひいて10をたす

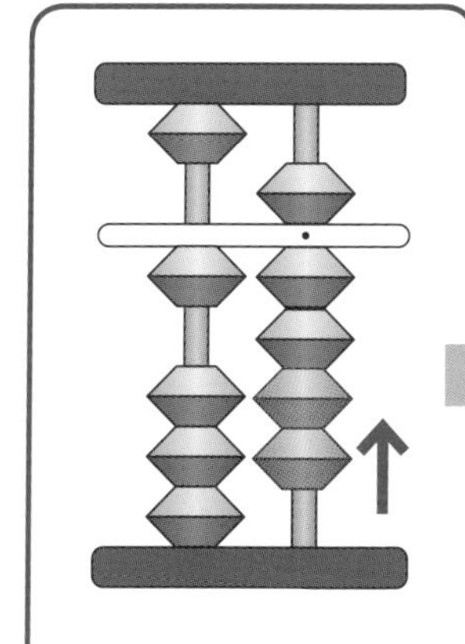

1だまを2つあげる

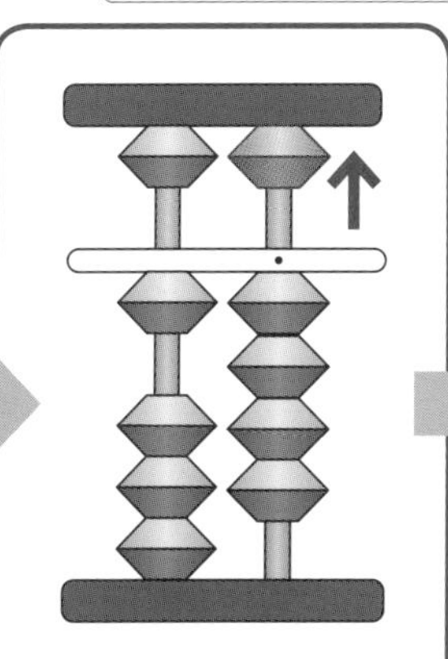

5だまをあげる

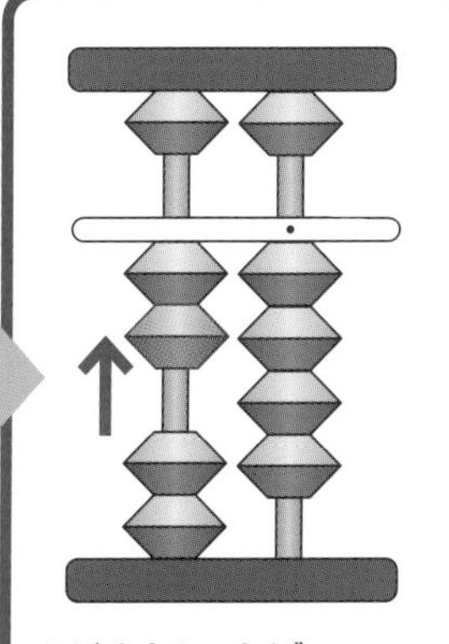

1だまを1つあげ、24にする

たす7は3をひいて10をたす

10をひいてから3をたす

① 12−7のけいさん

こたえ　5

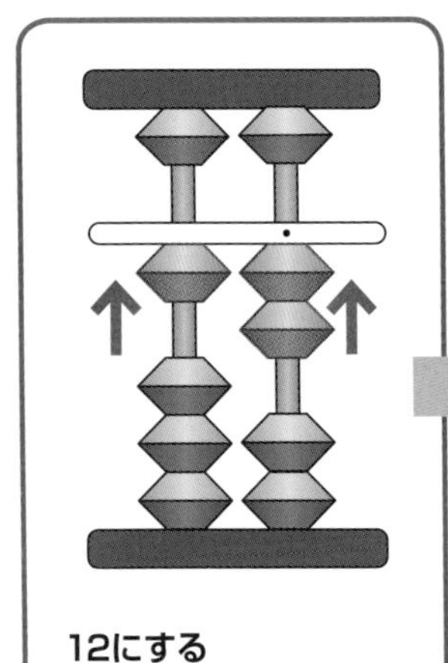

12にする

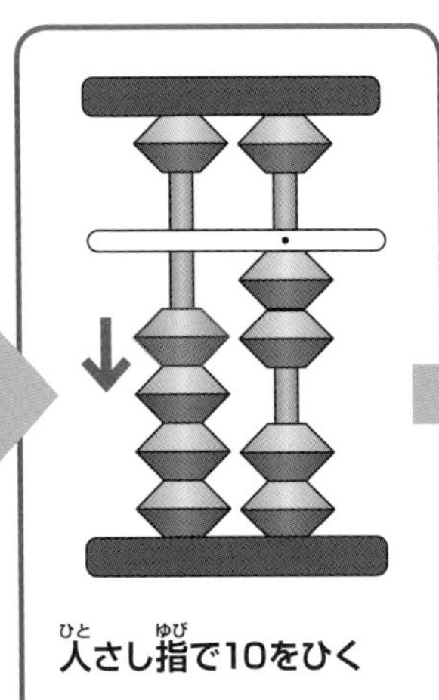

人さし指で10をひく

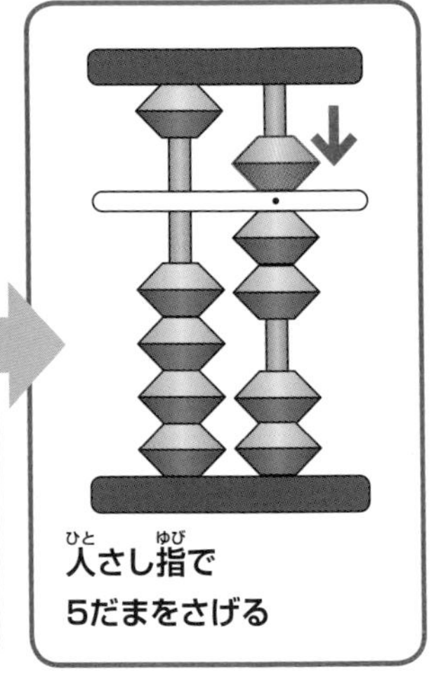

人さし指で
5だまをさげる

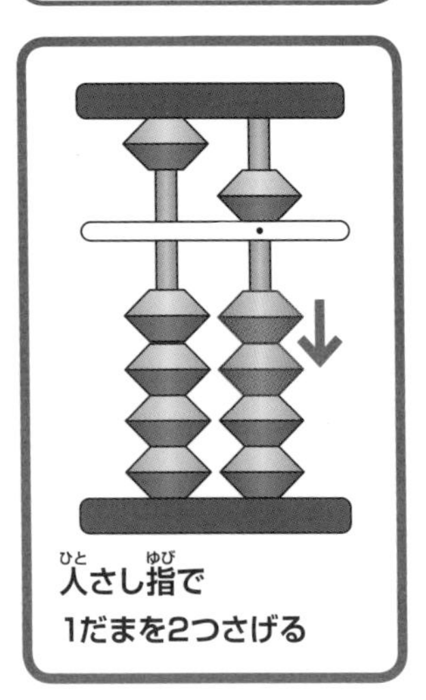

人さし指で
1だまを2つさげる

7 ひけないときは
10 を
ひいてから
3 をたす！

十の位、
一の位の
順番でたまを
動かしてね

十の位から10をひいてから3をたす

7をひく場合は、十の位においてあるたまから10をひき、続けて3をたします。くりさがりの表を見ないでたまが動かせる数でも、5だまを使うときは確認しながらけいさんしましょう。

② 6+7−7のけいさん

こたえ 6

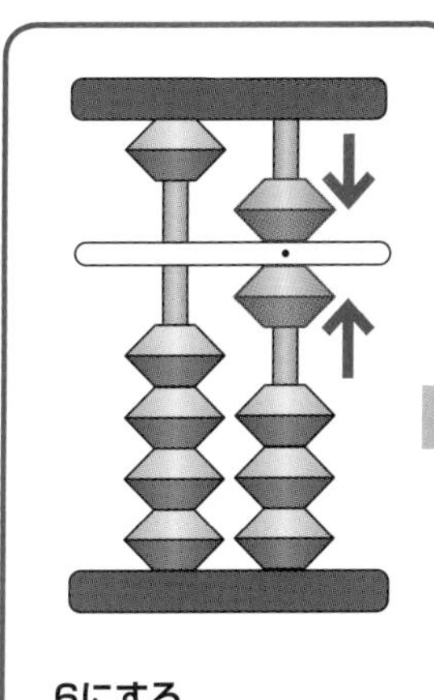

6にする

たす7は3をひいて10をたす

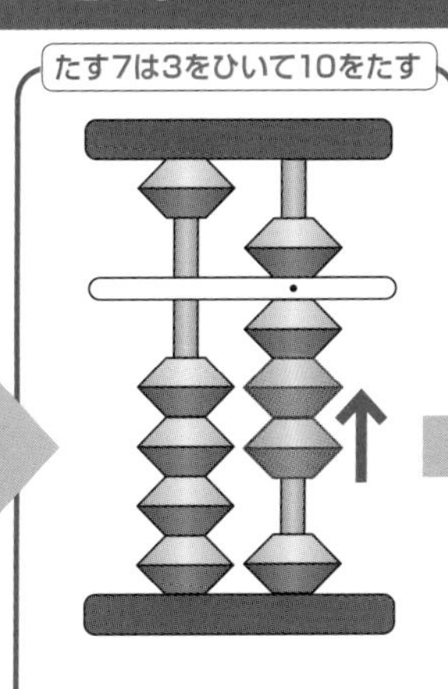

1だまを2つあげる

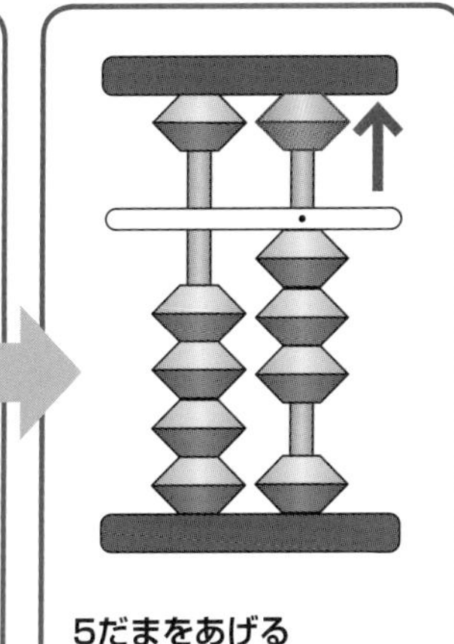

5だまをあげる

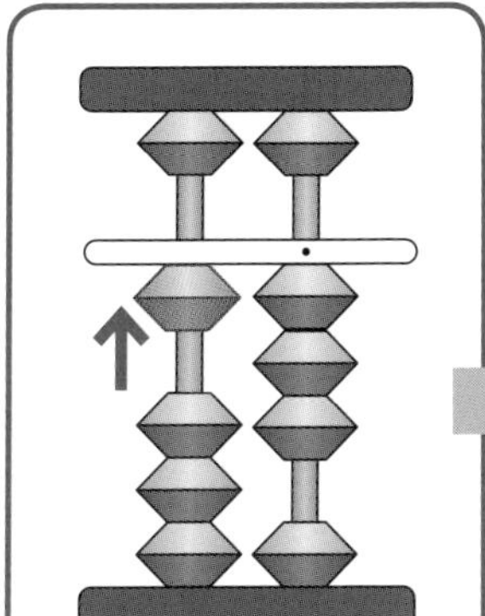

1だまを1つあげ13にする

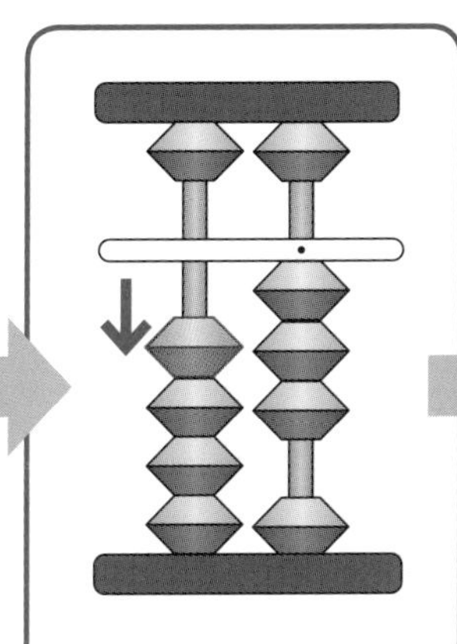

10をひく

ひく7は10をひいて3をたす

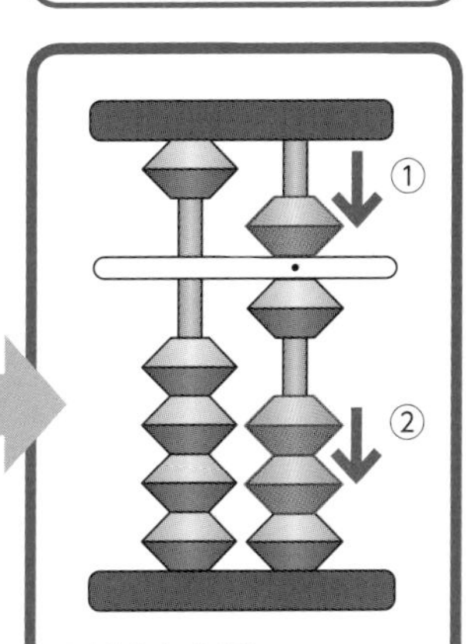

5だまをさげ、1だまを2つさげる

4をひいてから10をたす

① 5+6のけいさん

こたえ　11

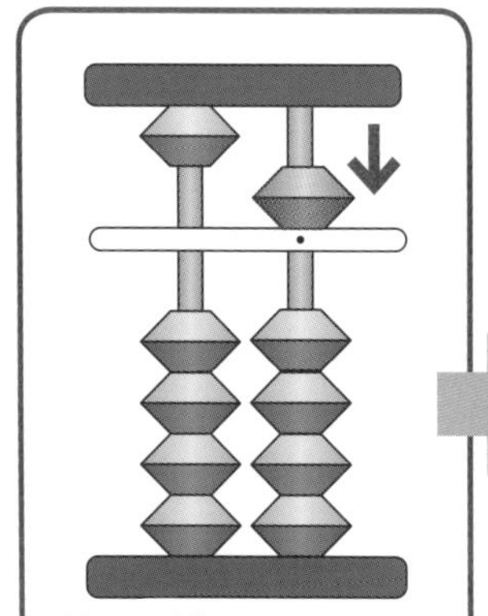

人さし指で
5だまをさげる

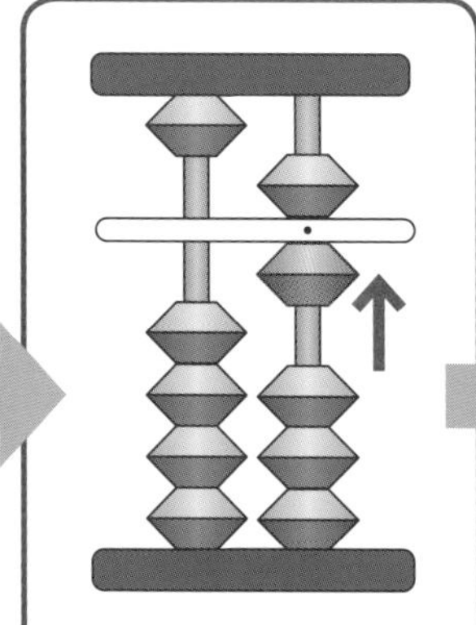

1だまを1つあげる

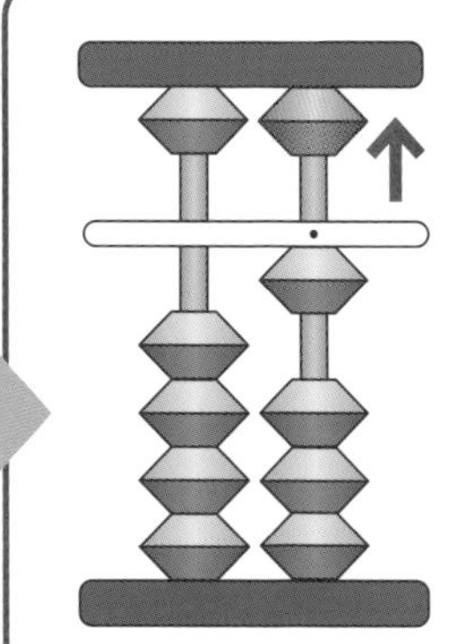

続けて5だまを
人さし指のつめであげる

たす6は4をひいて10をたす

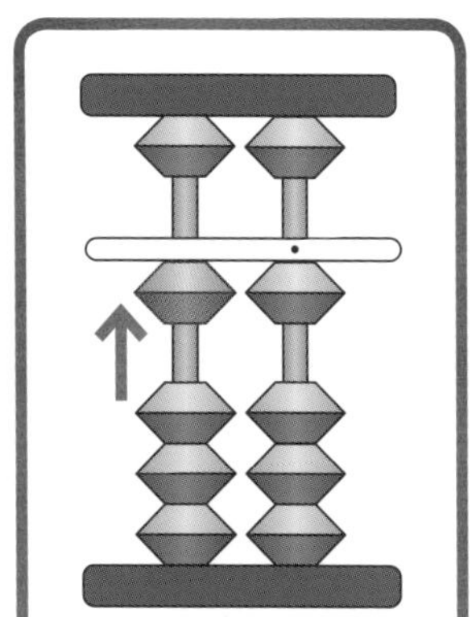

1だまを親指で
1つあげ、11にする

パパ・ママへアドバイス！

くりあがりのけいさんでは、5だまを使うときがポイント。5だまを動かすときに「5－??」のけいさんを頭で考えなければなりません。

練習問題にチャレンジする際は、5だまを使わない「9+6」のような簡単な問題も織り交ぜて、トレーニングすることで頭と指をスムーズに動かすことができるようになります。

一の位から4を引いて十の位におく

6をたす場合は、一の位のたまから4をひき、続けて十の位に10をたします。ここまでくると、たまの動かし方が自然と頭に浮かぶようになるでしょう。くりあがりのたしざんのおさらいのつもりで取り組んでみましょう。

② 6+6+4のけいさん

こたえ　16

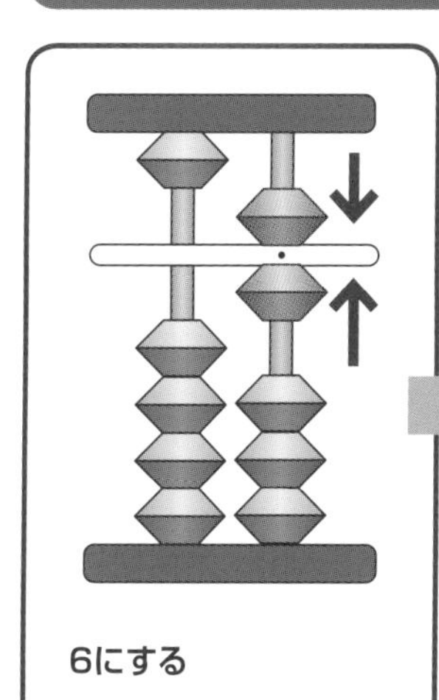

6にする

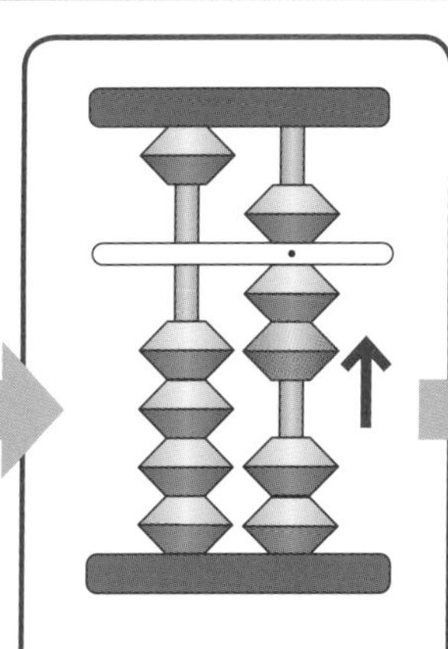

1だま1つあげる

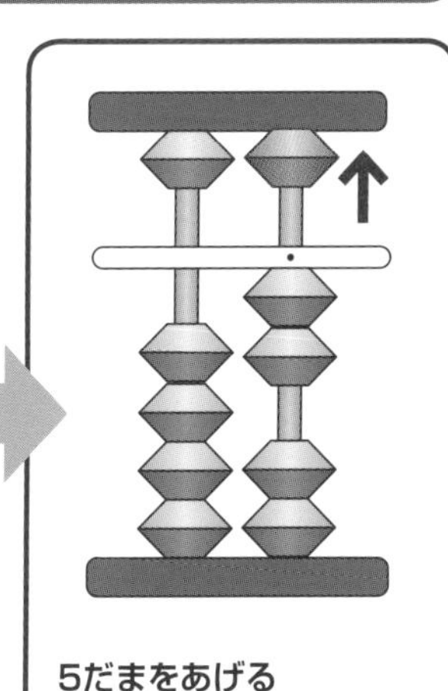

5だまをあげる

たす6は4をひいて10をたす

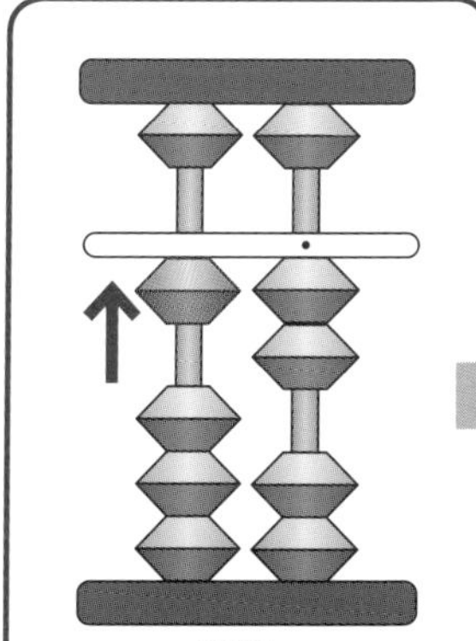

1だまを親指であげ、
12にする

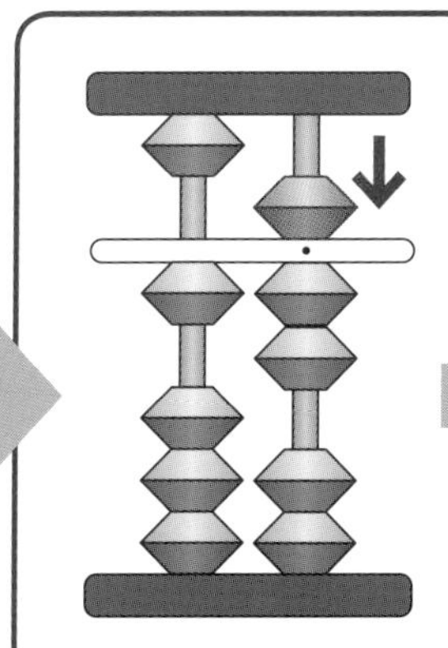

5だまをさげる

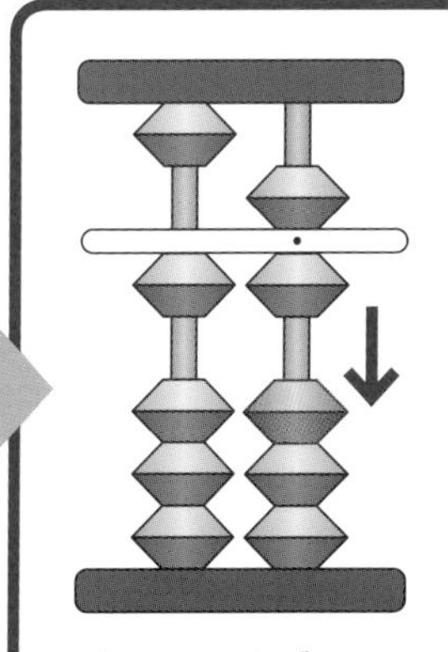

1だまを1つさげ、
16にする

10をひいてから4をたす

① 11−6のけいさん

こたえ　5

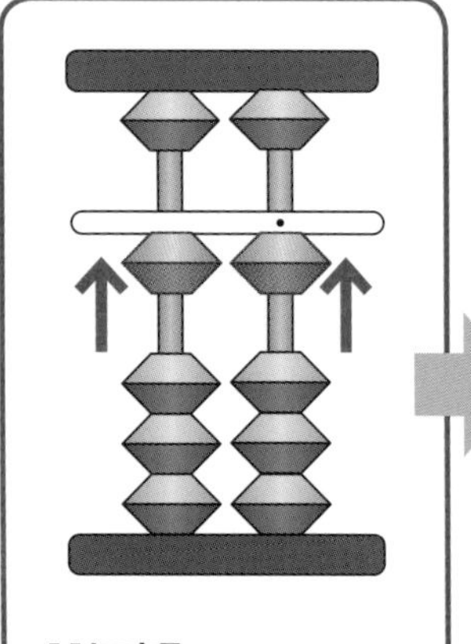

11にする

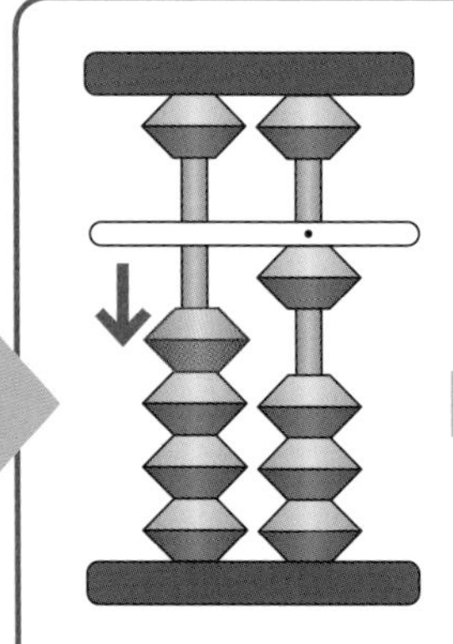

人(ひと)さし指(ゆび)で10をひく

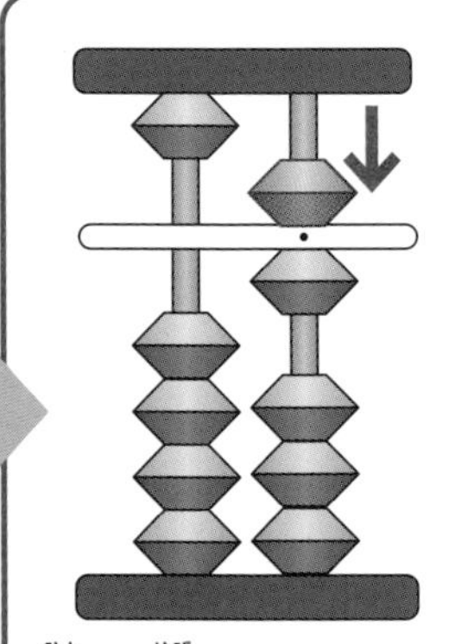

人(ひと)さし指(ゆび)で
5だまをさげる

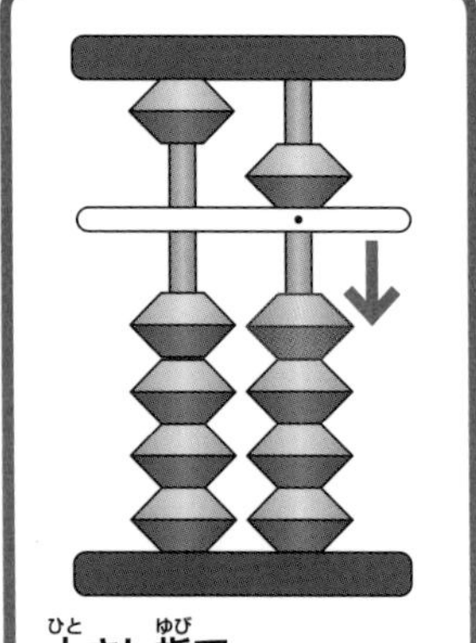

人(ひと)さし指(ゆび)で
1だまをさげる

6 ひけないときは
10 をひいてから
4 をたす！

もう表(ひょう)を
見(み)なくても、
大丈夫(だいじょうぶ)ね

十の位から10をひいてから4をたす

6をひく場合は、十の位においてあるたまから10をひき、続けて4をたします。十の位からのくりさがりのけいさんは、これで終わりです。次に進む前に頭のなかで考え、たまを正しく動かせているか確認しておきましょう。

② 4+9−6のけいさん

こたえ 7

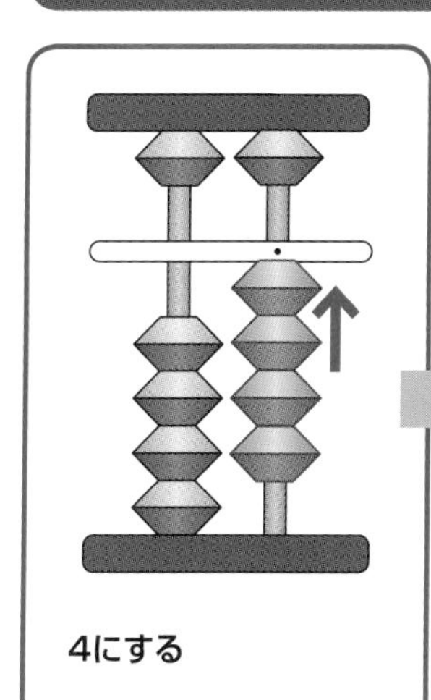

4にする

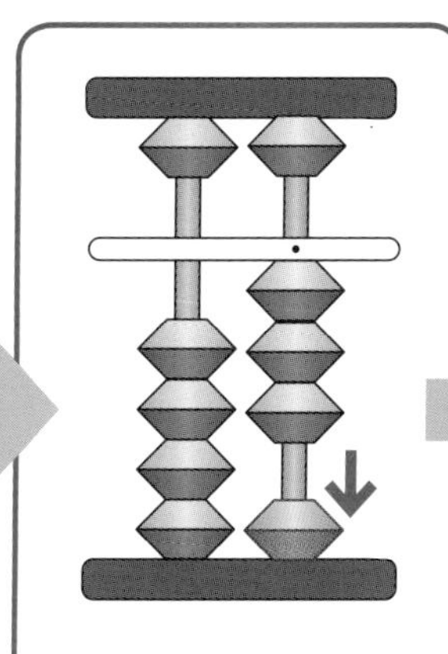

1だまを1つさげる

たす9は1をひいて10をたす

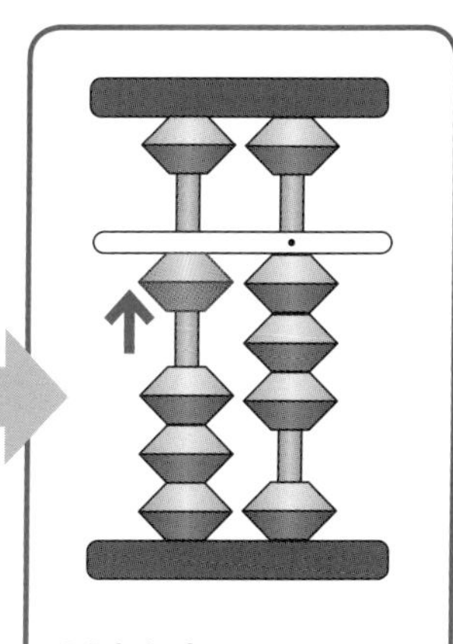

10をたす

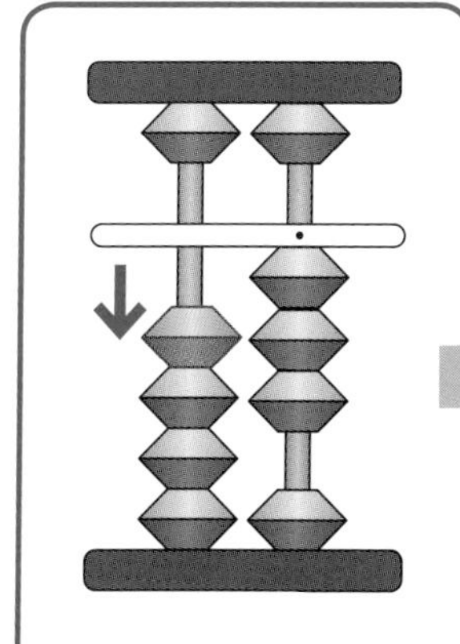

10をひく

ひく6は10をひいて4をたす

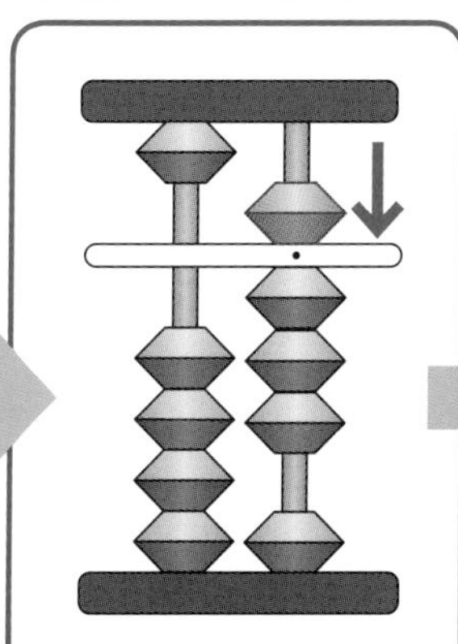

5だまをさげる

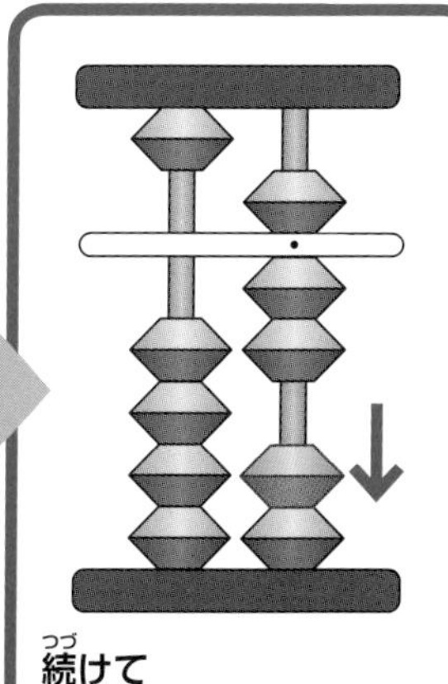

続けて
1だまを1つさげる

コツ13〜22

練習もんだい

くりあがり・くりさがりを復習(ふくしゅう)しよう!

① 4, 1, 9 = □

② 2, 3, 9 = □

③ 5, 9, 4 = □

④ 1, 4, 9, 9 = □

⑤ 1, 3, 1, 5 = □

⑥ 3, 4, 8, 9, 8 = □

⑦ 5, 9, 1, 9, 3 = □

⑧ 4, 4, 7, 9, 9 = □

⑨ 5, 9, -9 = □

⑩ 11, 3, -9 = □

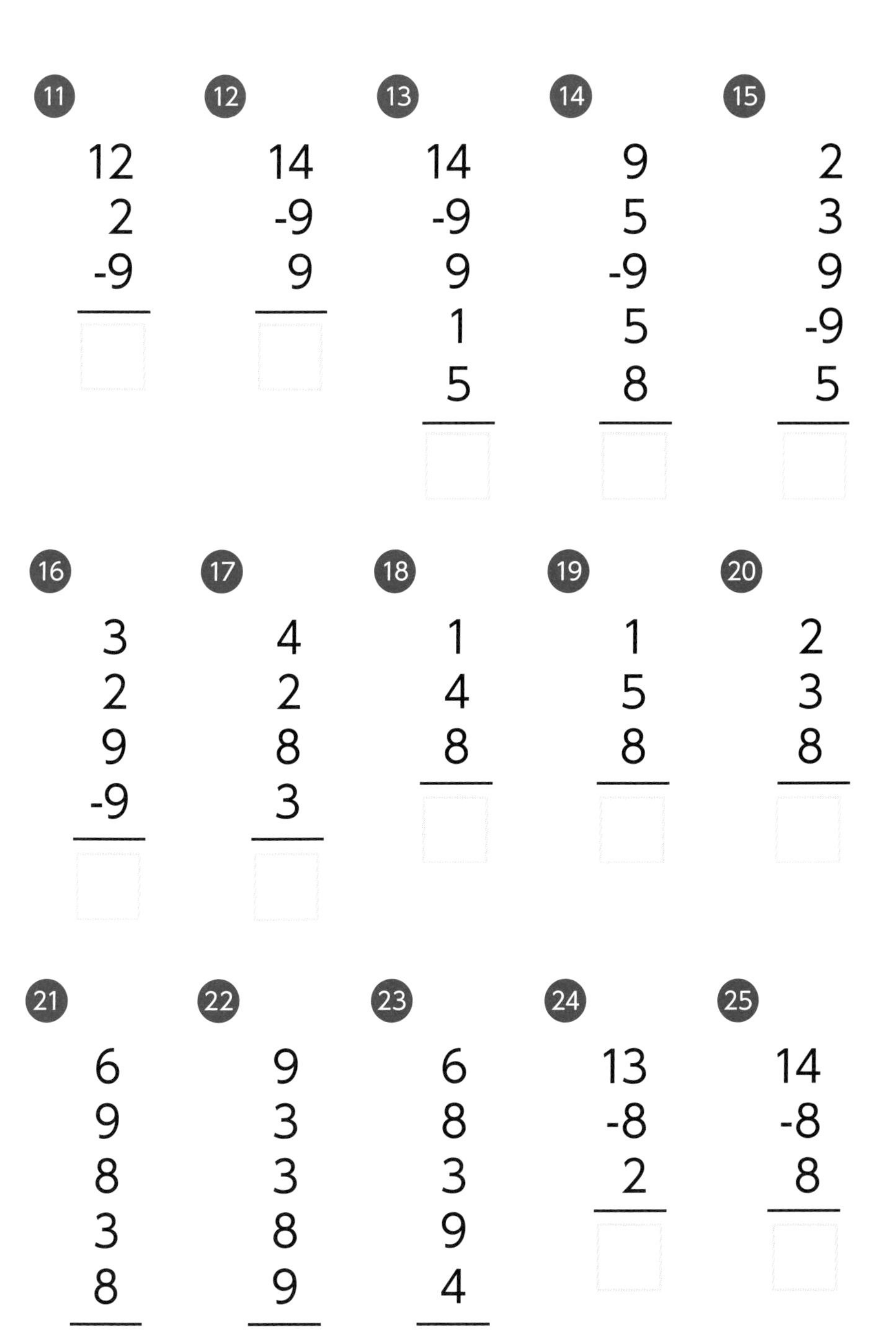

⑪
12
2
-9

⑫
14
-9
9

⑬
14
-9
9
1
5

⑭
9
5
-9
5
8

⑮
2
3
9
-9
5

⑯
3
2
9
-9

⑰
4
2
8
3

⑱
1
4
8

⑲
1
5
8

⑳
2
3
8

㉑
6
9
8
3
8

㉒
9
3
3
8
9

㉓
6
8
3
9
4

㉔
13
-8
2

㉕
14
-8
8

※答えは 142、143 ページ

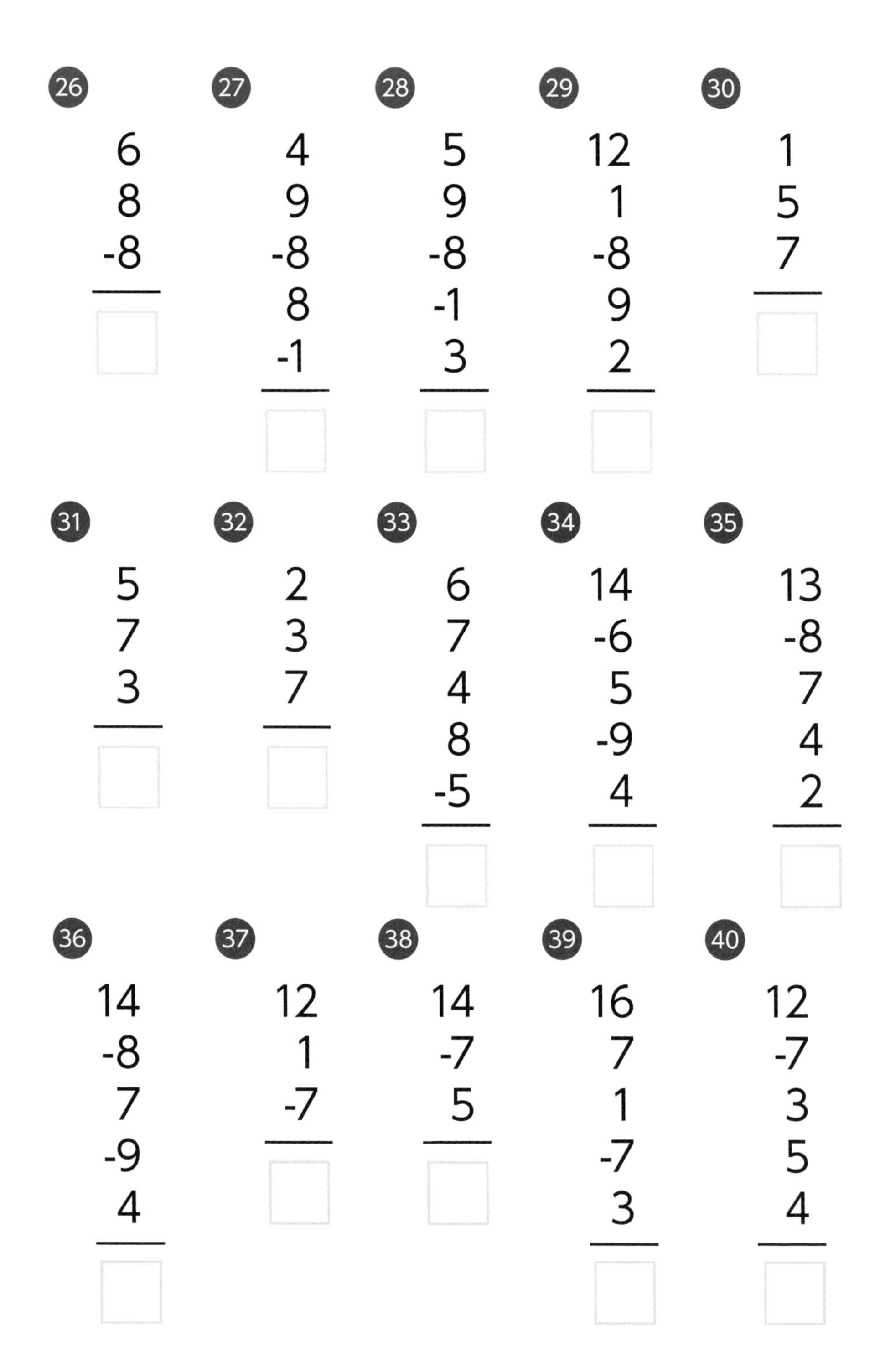
26
6
8
-8
27
4
9
-8
8
-1
28
5
9
-8
-1
3
29
12
1
-8
9
2
30
1
5
7
31
5
7
3
32
2
3
7
33
6
7
4
8
-5
34
14
-6
5
-9
4
35
13
-8
7
4
2
36
14
-8
7
-9
4
37
12
1
-7
38
14
-7
5
39
16
7
1
-7
3
40
12
-7
3
5
4

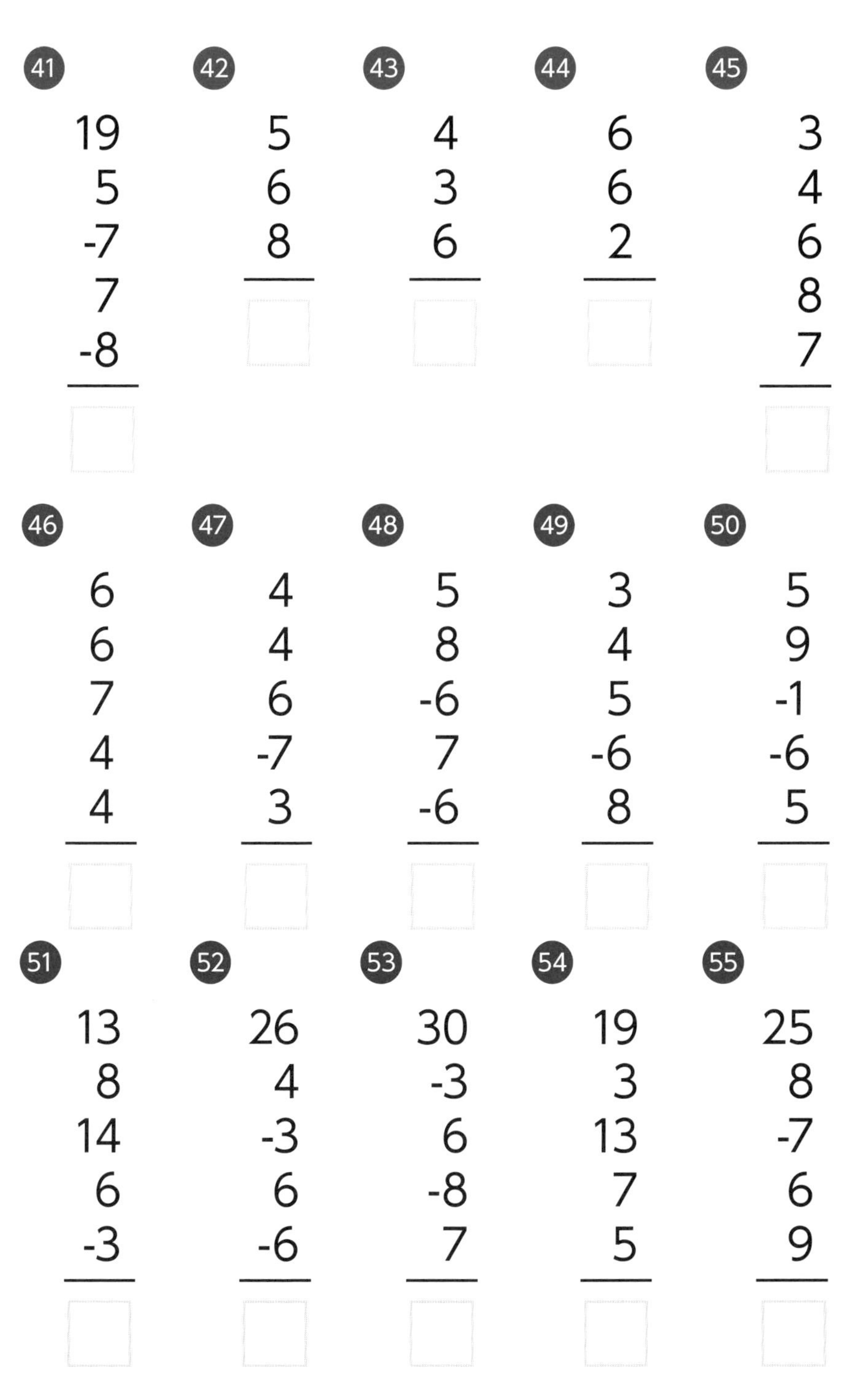

※答えは 142、143 ページ

くりあがって5だまを使う

① 49+1のけいさん

こたえ 50

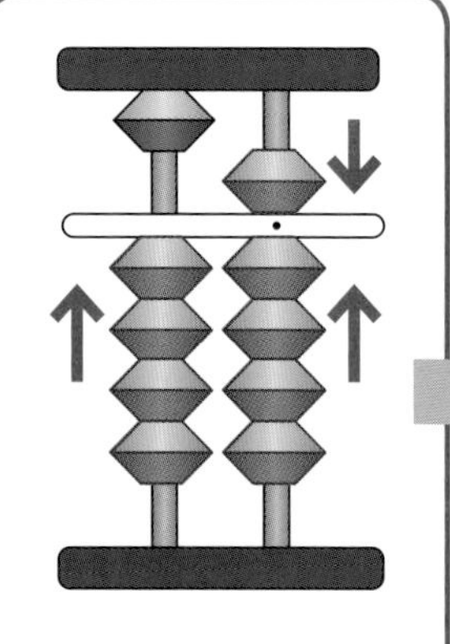

49にする

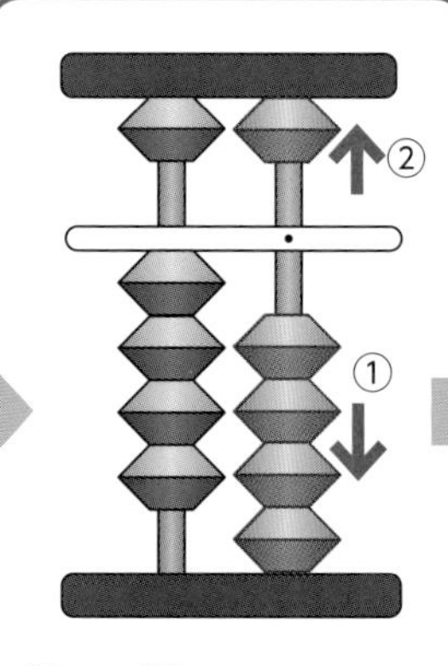

人さし指で9をはらう

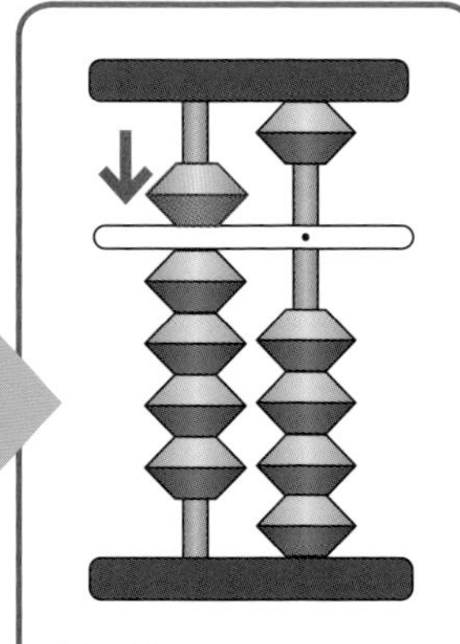

十の位の5だまをさげる

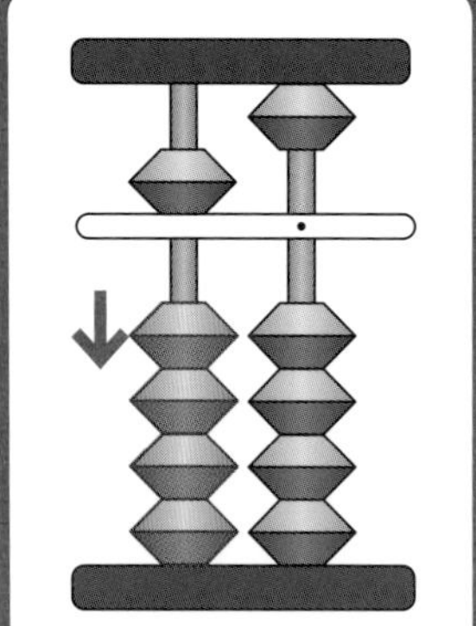

十の位の1だまを
4つさげ、50にする

パパ・ママへアドバイス！

十の位へのくりあがりのけいさんで、正しくたまを動かせるようなら、50 のくりあがりも問題なくクリアできるはずです。

練習するときは、「一けた+二けた+一けた」のような問題で、一の位と十の位のたまをスムーズに動かせるようトレーニングしましょう。

一の位からたまをひいて十の位に5だまをおく

十の位へのくりあがりのたしざんができるようになったら、5だまを使う50のくりあがりにチャレンジ。数は大きくなっても、基本的な指の使い方は変わりません。落ち着いてたまを動かし、こたえを出しましょう。

② 46+7+3のけいさん

こたえ　56

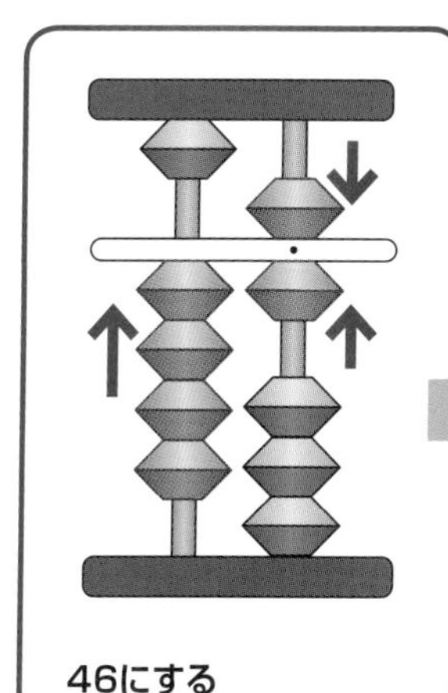

46にする

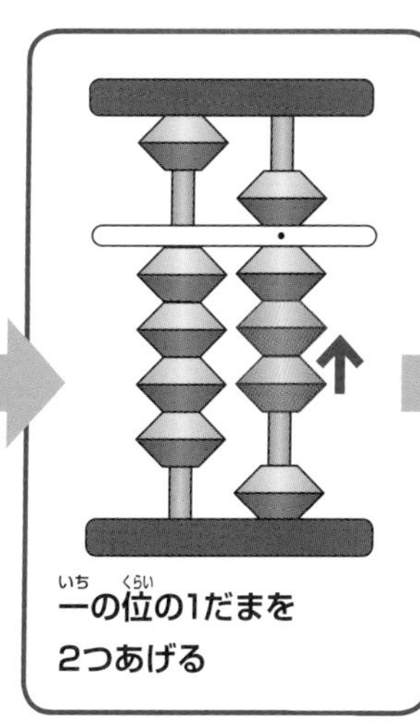

一の位の1だまを2つあげる

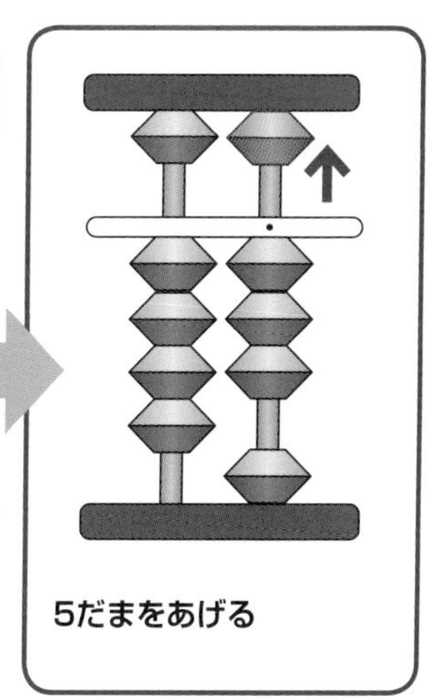

5だまをあげる

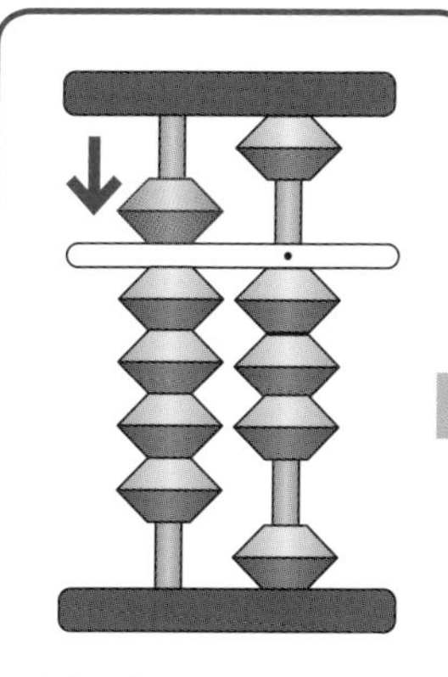

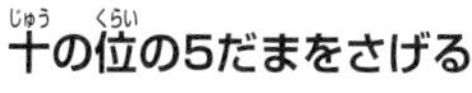

十の位の5だまをさげる

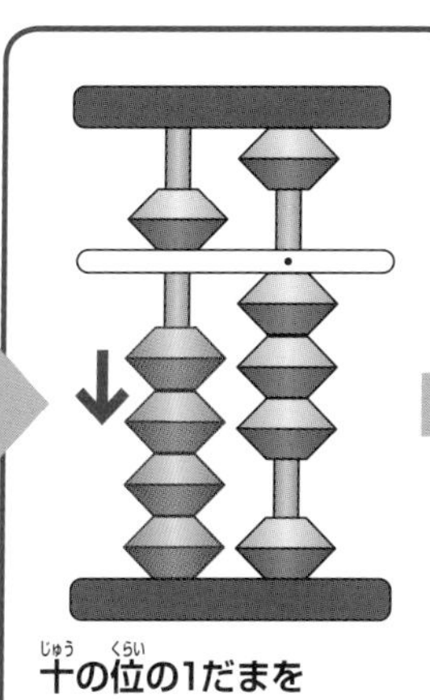

十の位の1だまを4つさげる

①
②

一の位に3をたし、56にする

③ 5+9+41のけいさん

こたえ 55

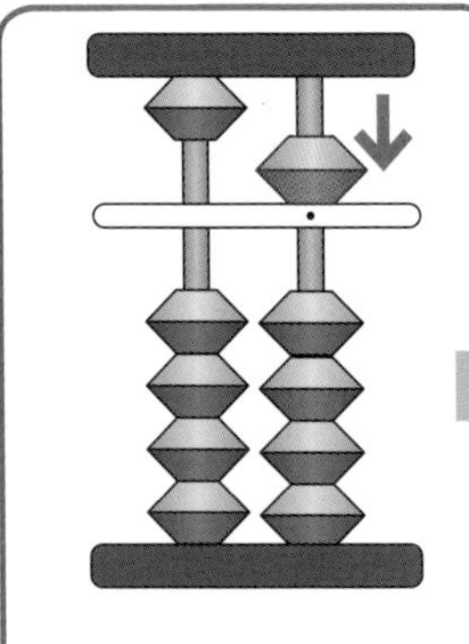

5にする

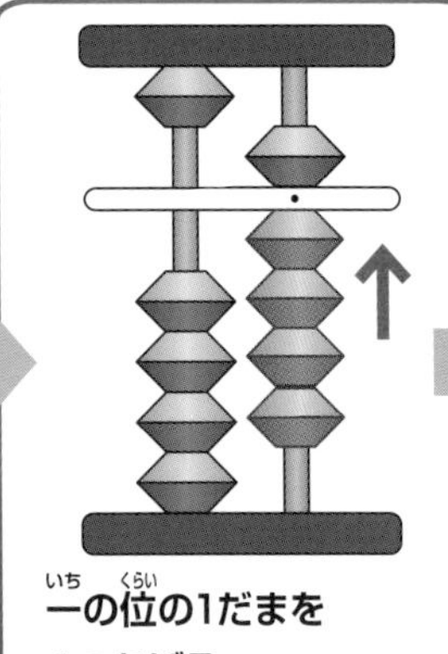

一の位の1だまを4つあげる

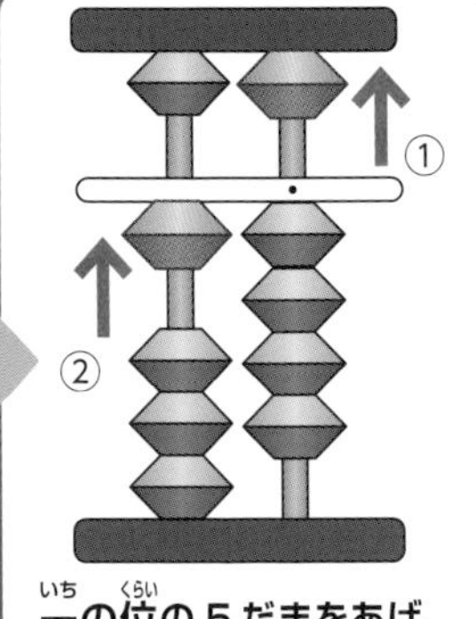

一の位の 5 だまをあげ、十の位の 1 だまをあげる

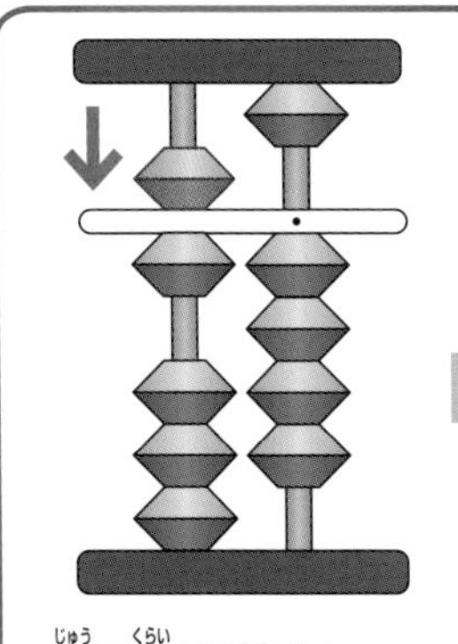

十の位の5だまをさげる

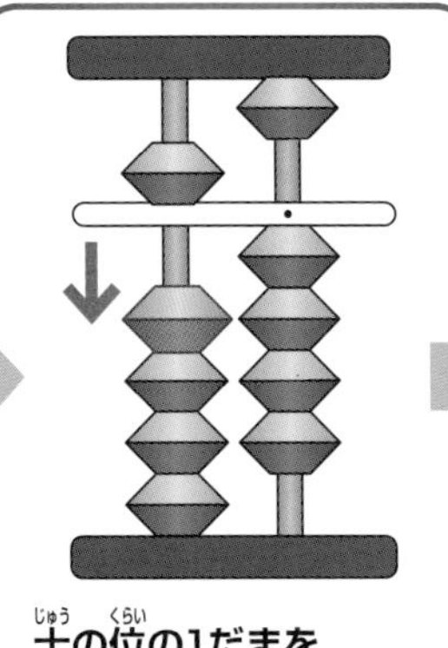

十の位の1だまを1つさげる

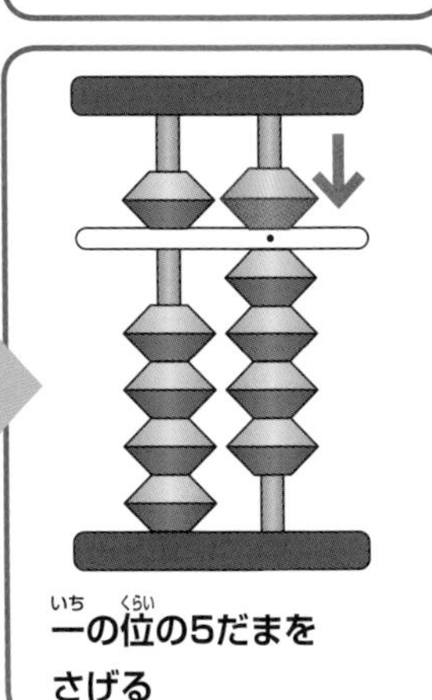

一の位の5だまをさげる

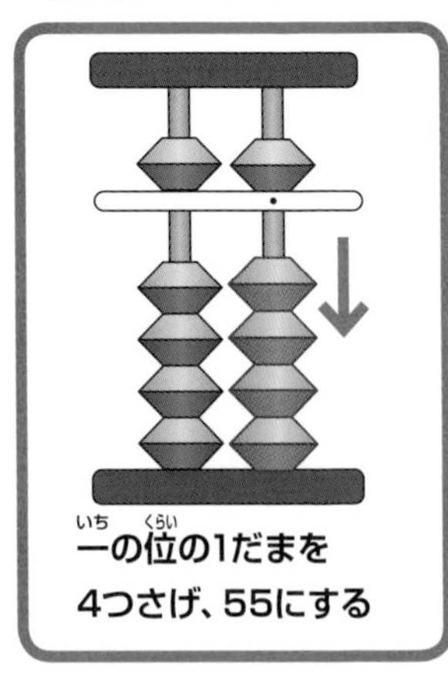

一の位の1だまを4つさげ、55にする

二けた＋
二けたとのきは
十の位から
たすのね

5だまをはらって くりさがる

① 51−2のけいさん

こたえ　49

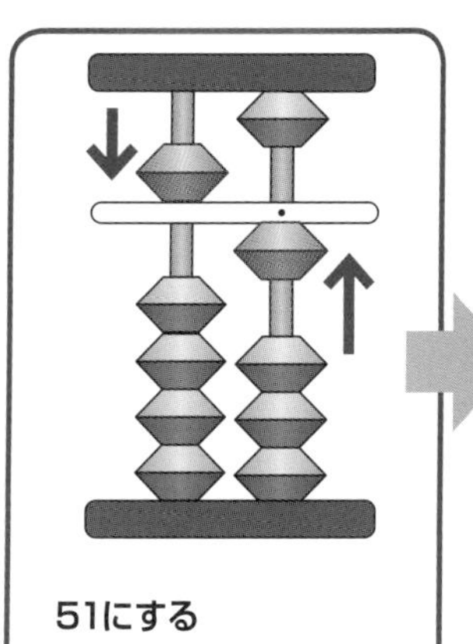

51にする

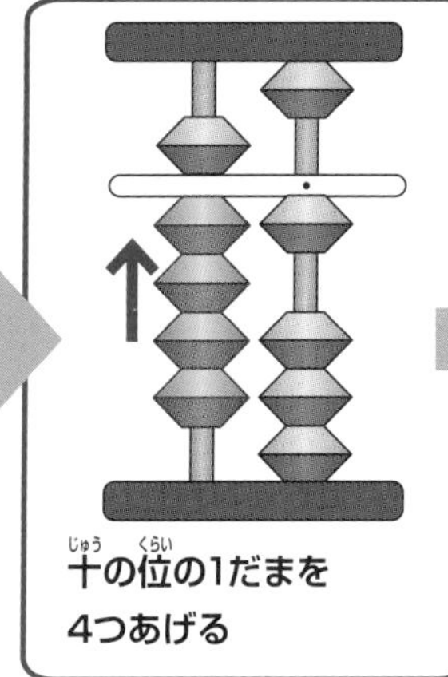

十の位の1だまを4つあげる

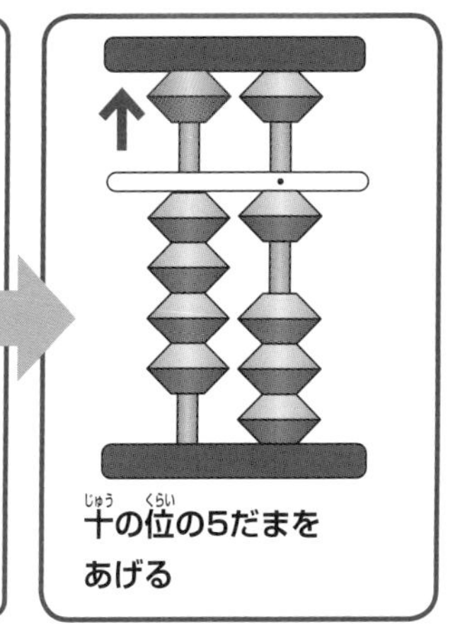

十の位の5だまをあげる

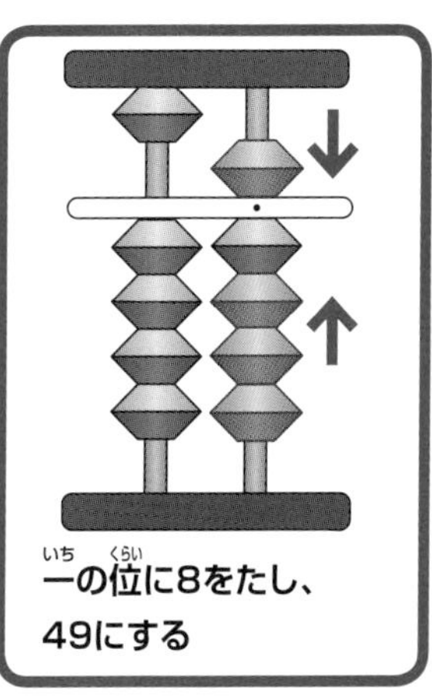

一の位に8をたし、49にする

十の位の5だまをひいて一の位にくりさがる

5 だまを使う 50 のくりさがりも、これまでのくりさがりと同じように、十の位をはらってから一の位のたまを動かします。前のページにあるくりあがりのたしざんとは、逆になるので注意しましょう。基本的な指の使い方は変わりません。落ち着いてたまを動かしましょう。

② 54ー8のけいさん

こたえ　46

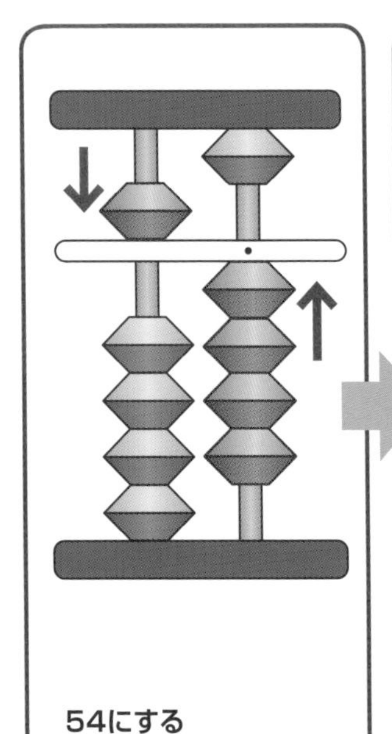

54にする

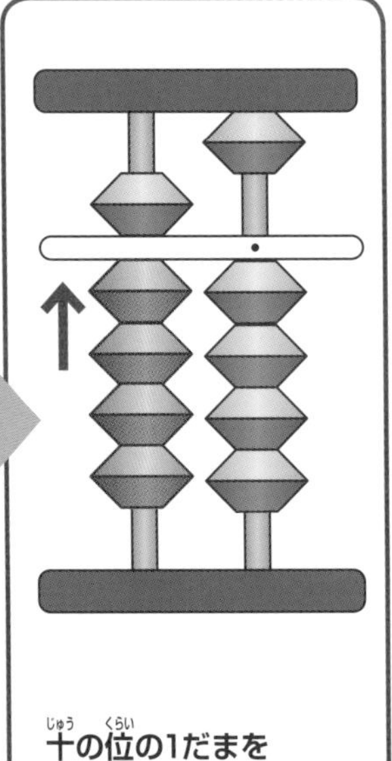

十(じゅう)の位(くらい)の1だまを
4つあげる

5だまを
はらってから
くりさがるのね

ひく8は10をひいて2をたす

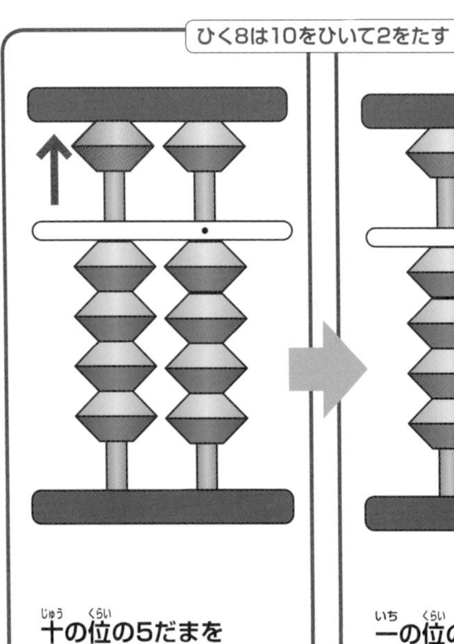

十(じゅう)の位(くらい)の5だまを
あげる

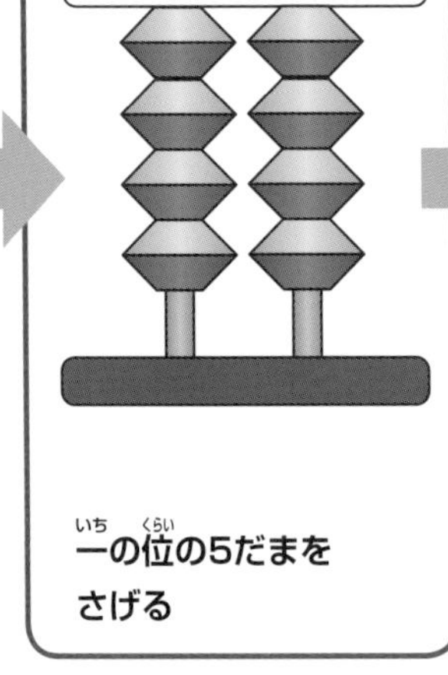

一(いち)の位(くらい)の5だまを
さげる

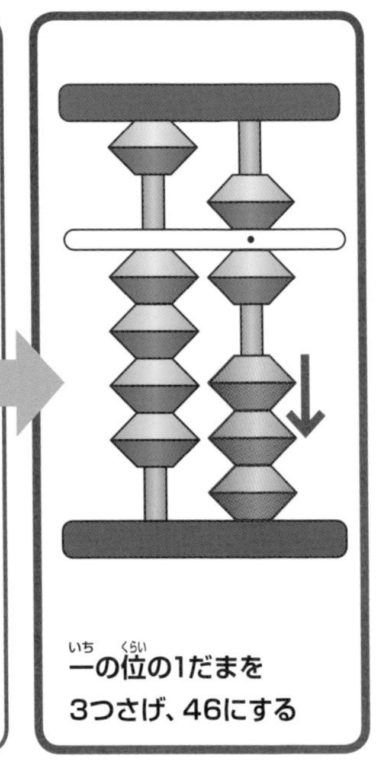

一(いち)の位(くらい)の1だまを
3つさげ、46にする

③ 56−9−34のけいさん

こたえ　13

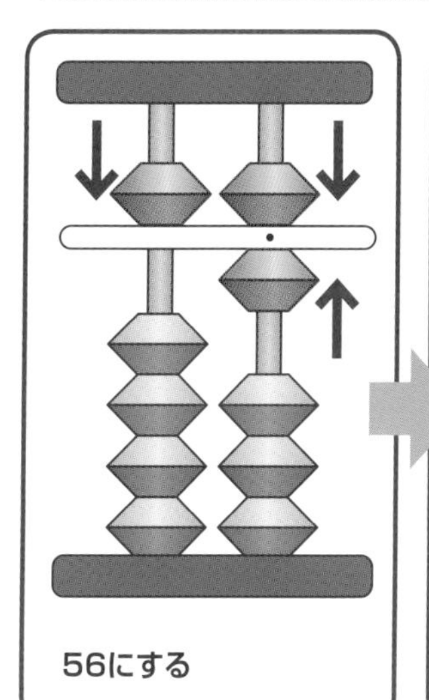

56にする

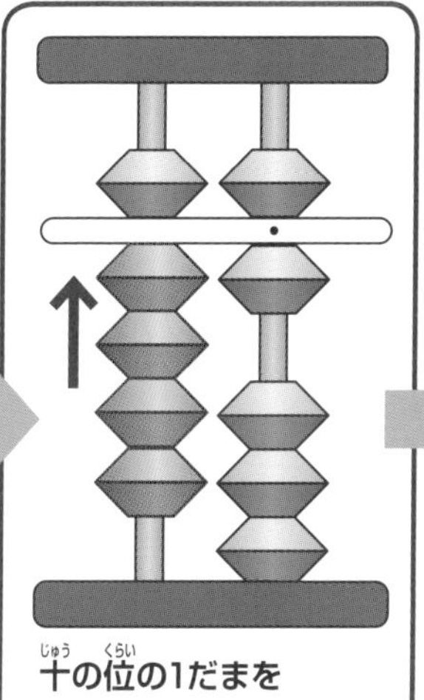

十の位の1だまを
4つあげる

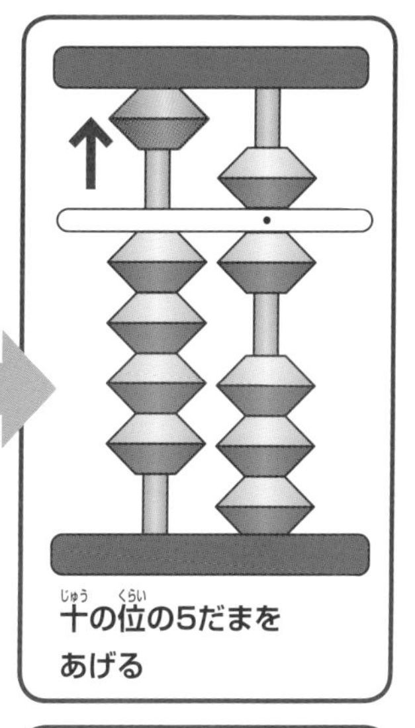

十の位の5だまを
あげる

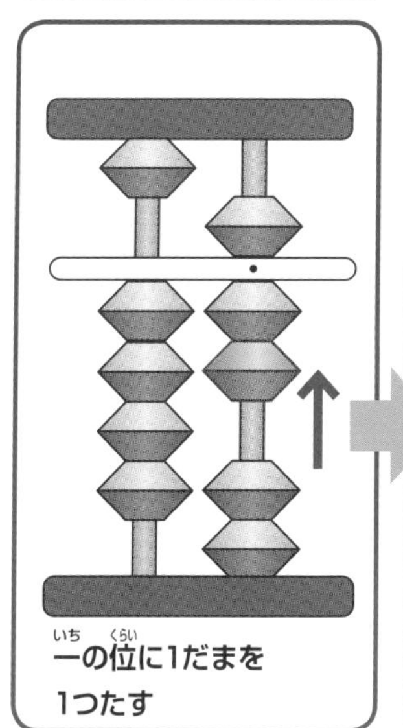

一の位に1だまを
1つたす

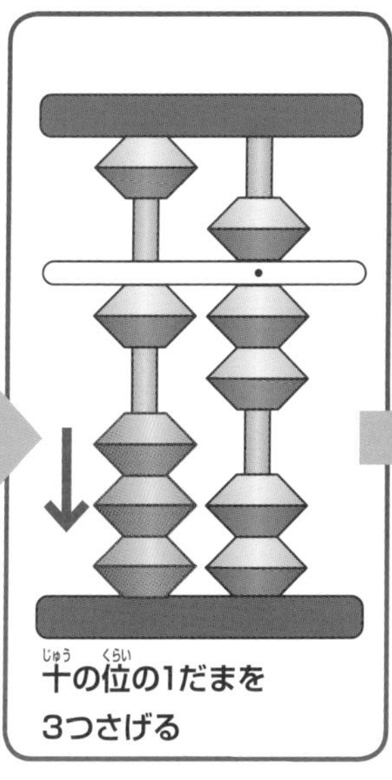

十の位の1だまを
3つさげる

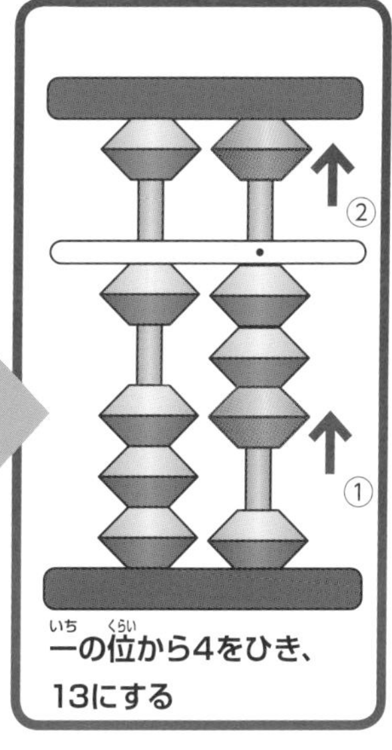

一の位から4をひき、
13にする

9 ひけないときは
10 ひいて 1 をたす！

三(さん)けたまでくりあがってたまをおく

① 92+8のけいさん

こたえ　100

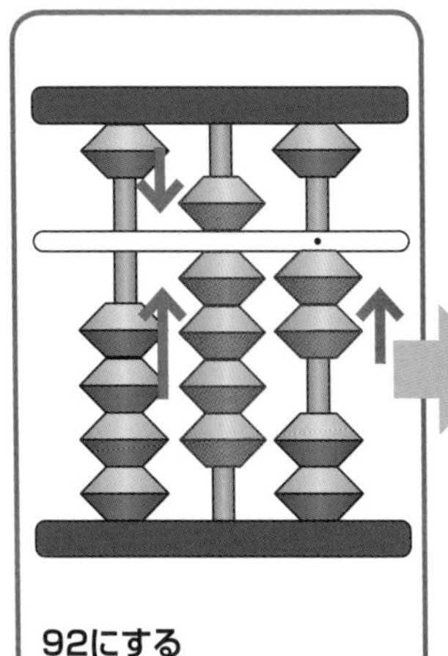

92にする

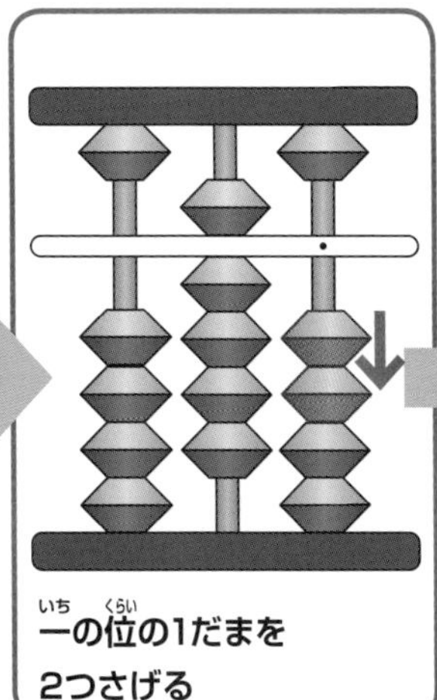

一(いち)の位(くらい)の1だまを2つさげる

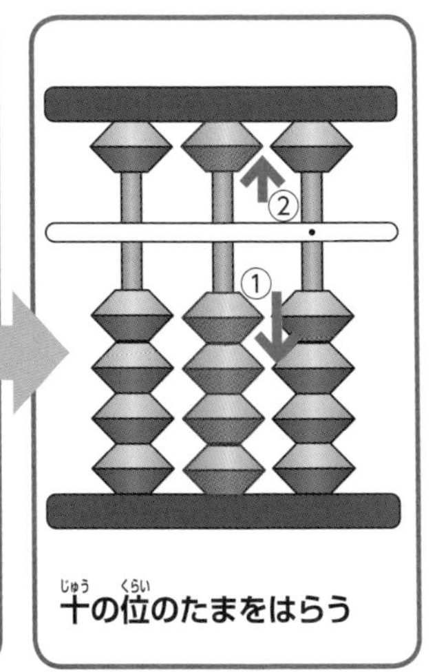

十(じゅう)の位(くらい)のたまをはらう

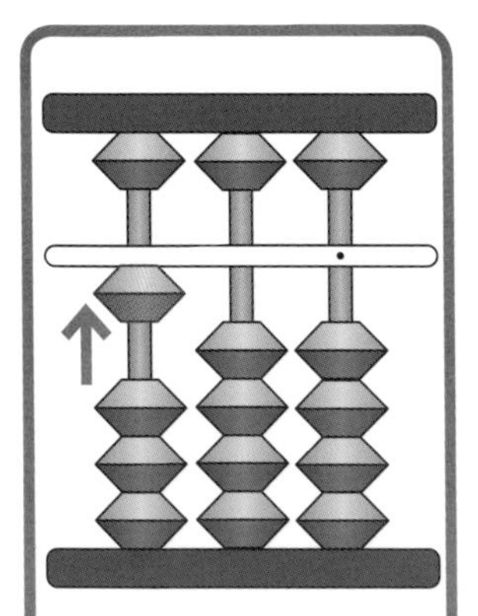

百(ひゃく)の位(くらい)の1だまをあげ、100にする

パパ・ママへアドバイス！

100まで繰り上がるけいさんの過程では、一の位からゆっくり、正確にたまを動かしていきましょう。必ずこたえを頭で考えてから数をおくようにします。

たまを動かす際は、正しい指の使い方ができているかもチェックしてください。

ここからくりあがり百の位にたまをおく

ここからは三けたまでくりあがって、100の数のけいさんを行います。「100」という数字を聞くと、難しいイメージを持つかもしれません。しかし正しいたまの動かし方さえできていれば、簡単にこたえを出すことができます。

② 96+7+98のけいさん

こたえ　201

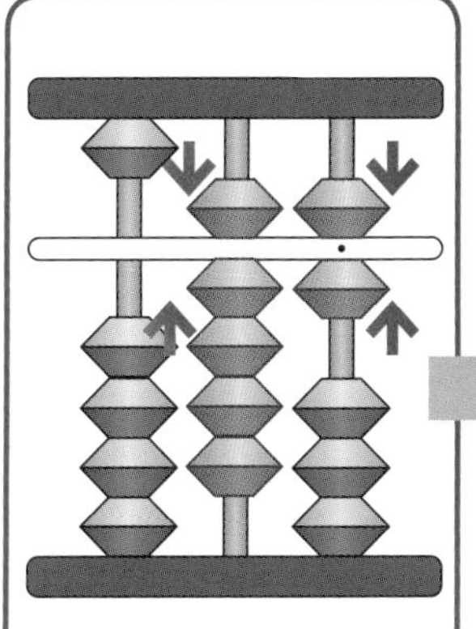

96にする

一の位に7をたし、
くりあがって103にする

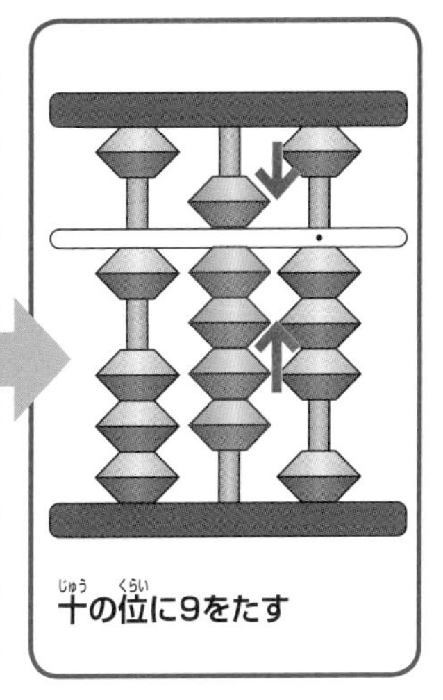

十の位に9をたす

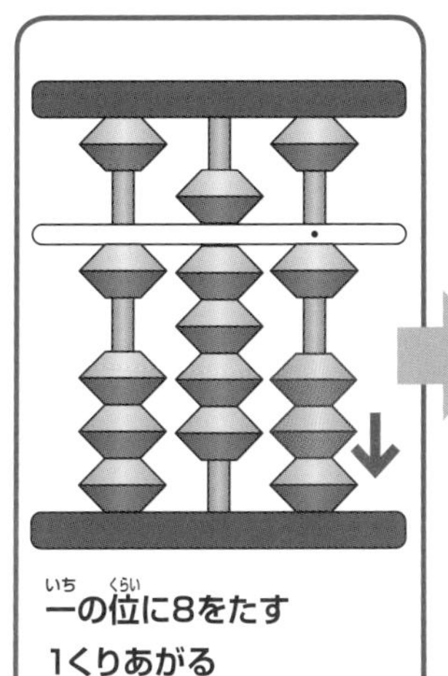

一の位に8をたす
1くりあがる

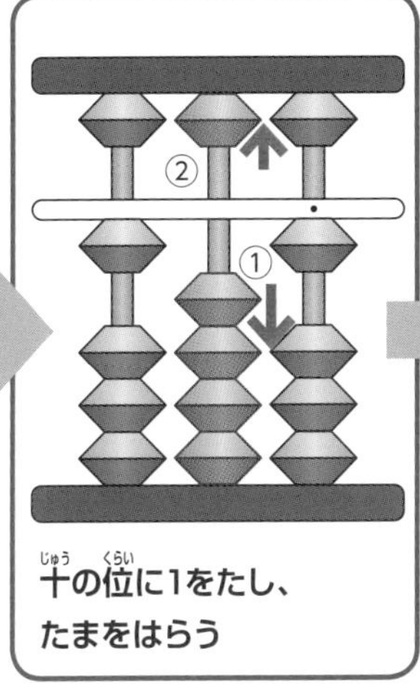

十の位に1をたし、
たまをはらう

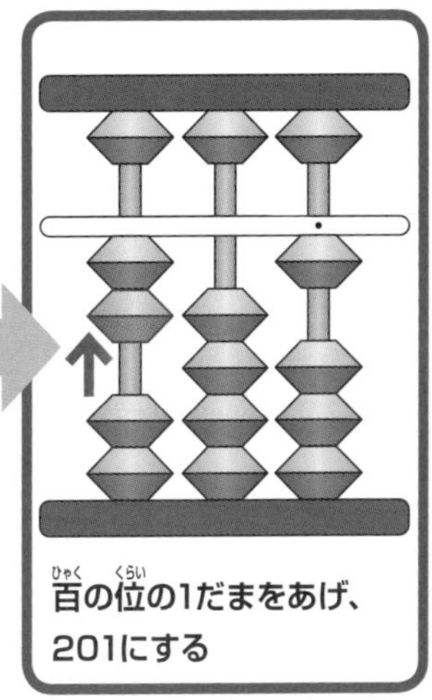

百の位の1だまをあげ、
201にする

百からくりさがって十の位に9をおく

① 100−8のけいさん

こたえ 92

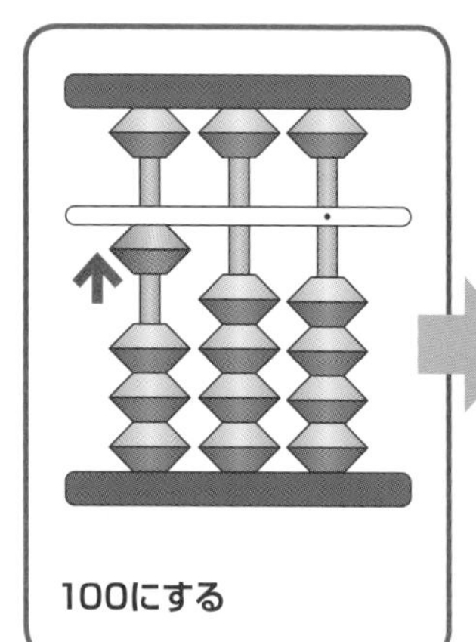

100にする

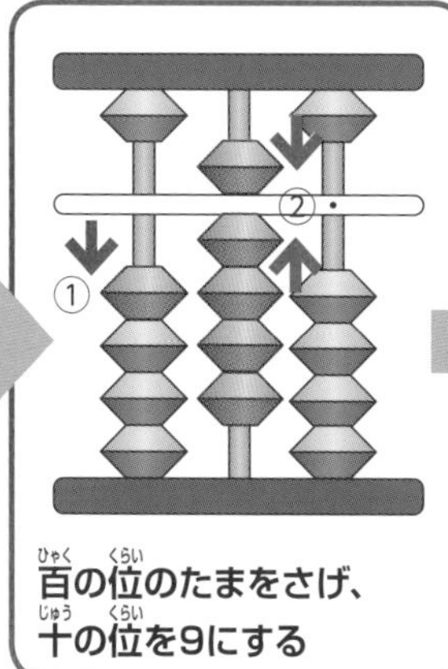

百の位のたまをさげ、
十の位を9にする

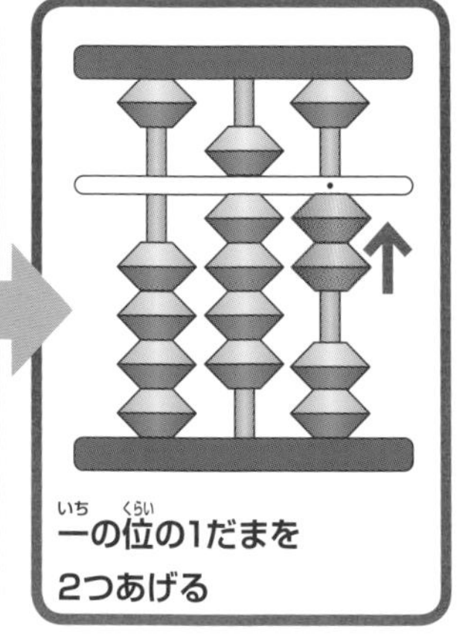

一の位の1だまを
2つあげる

② 102−7のけいさん

こたえ 95

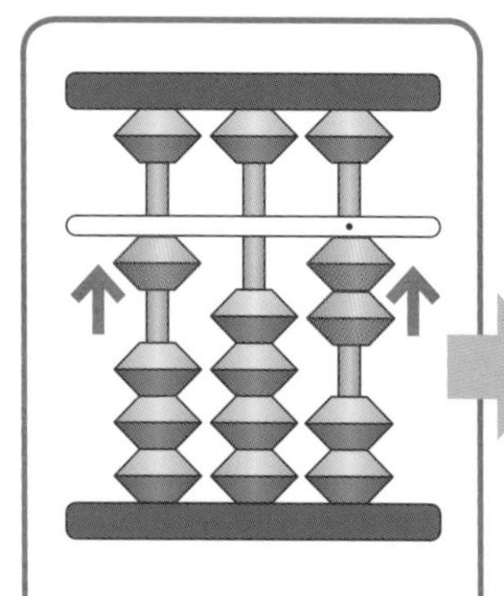

102にする

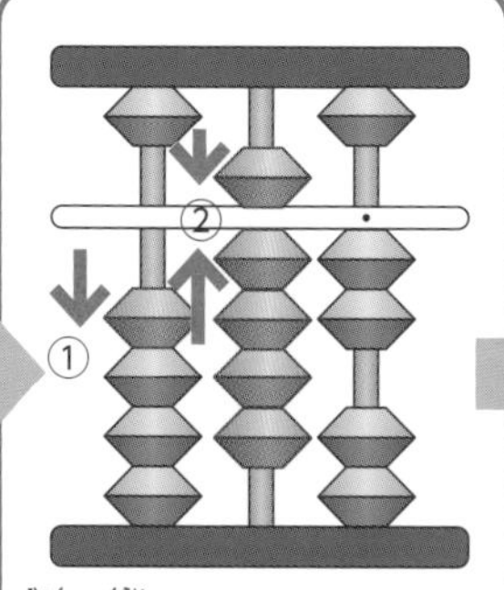

百の位のたまをさげ、
十の位を9にする

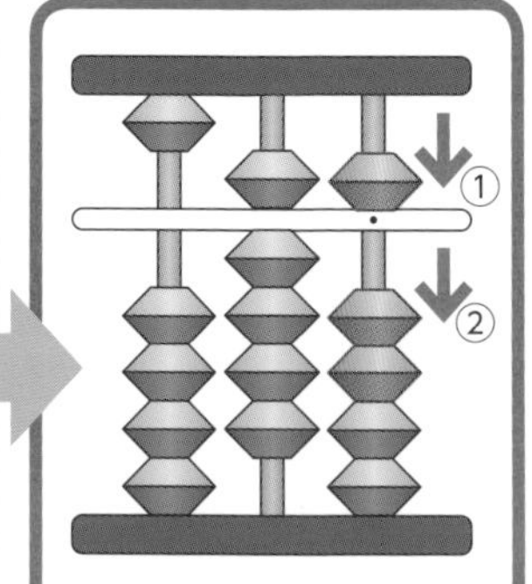

一の位に3をたし、
95にする

百の位から順番にくりさがりけいさんする

100から1けたの数をひく場合、百の位からのくりさがり、十の位に9をおいてから一の位の数をひく順番となります。ひけないときのくりさがり表を思い出して、あわてずにたまを動かすことで正しいこたえを出すことができます。

③ 196+4−5の計算　こたえ　195

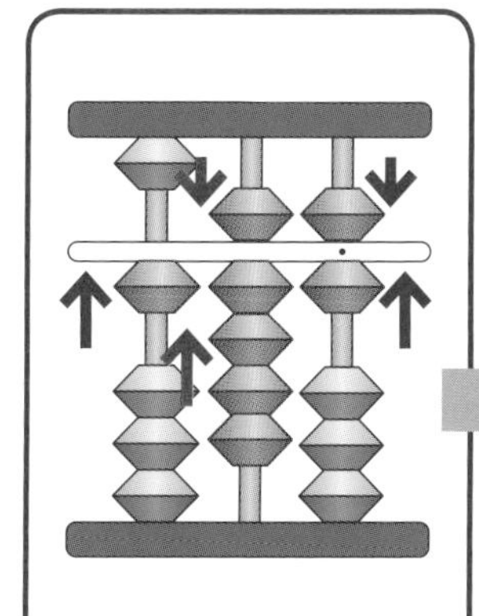

196にする

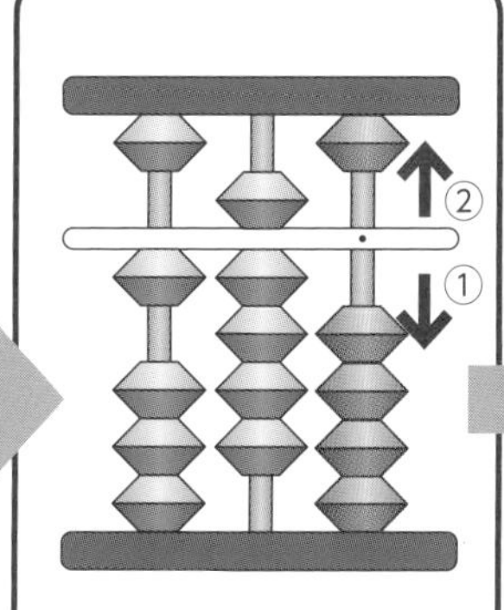

一の位に4をたしてくりあがる

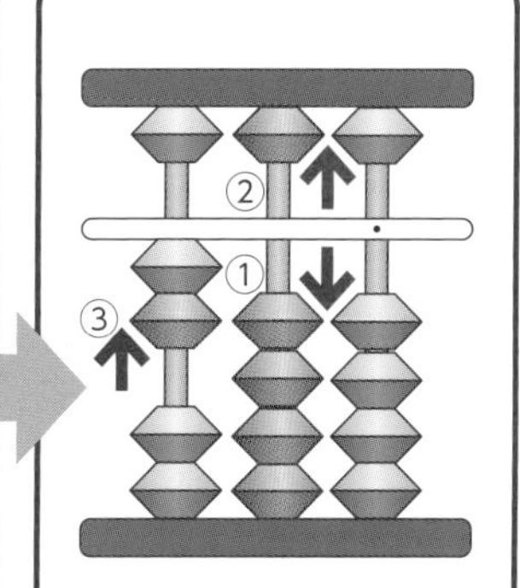

十の位のたまをはらい、200にする

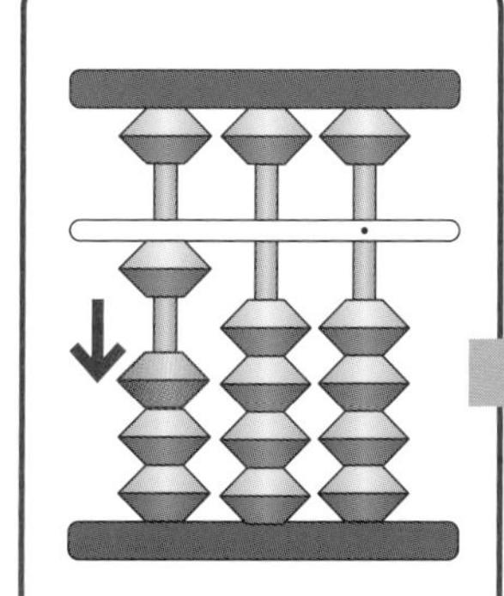

百の位の1だまを1つさげる

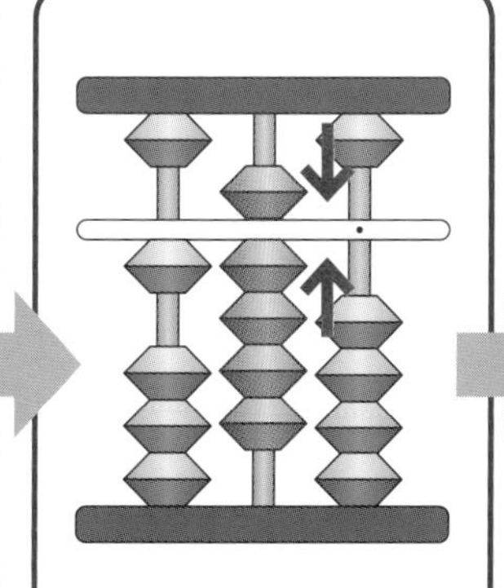

十の位を9にする

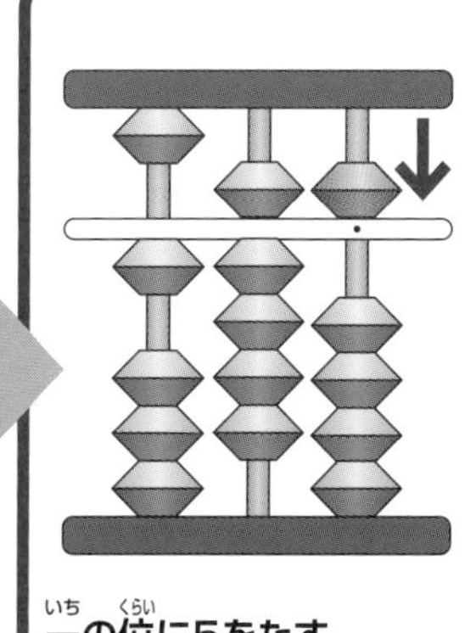

一の位に5をたす、195にする

100のくりあがり・くりさがりを復習しよう！

①	②	③	④	⑤
41	42	47	48	44
9	8	3	6	1
4	3	5	2	5
□	□	□	□	□

⑥	⑦	⑧	⑨	⑩
4	56	25	7	13
46	-7	3	45	5
9	3	-16	-5	37
□	□	7	-43	-25
		39	29	19
		□	□	□

11	12	13	14	15
57	51	51	53	44
-8	-2	-4	-7	7
1	7	5	6	-5
		3	-5	6

16	17	18	19	20
4	6	70	3	70
6	47	-26	49	-24
50	-8	3	3	8
-17	2	5	-28	9
2	4	4	15	5

21	22	23	24	25
1	92	94	97	16
57	8	6	7	53
-9	4	9	98	32
2				
40				

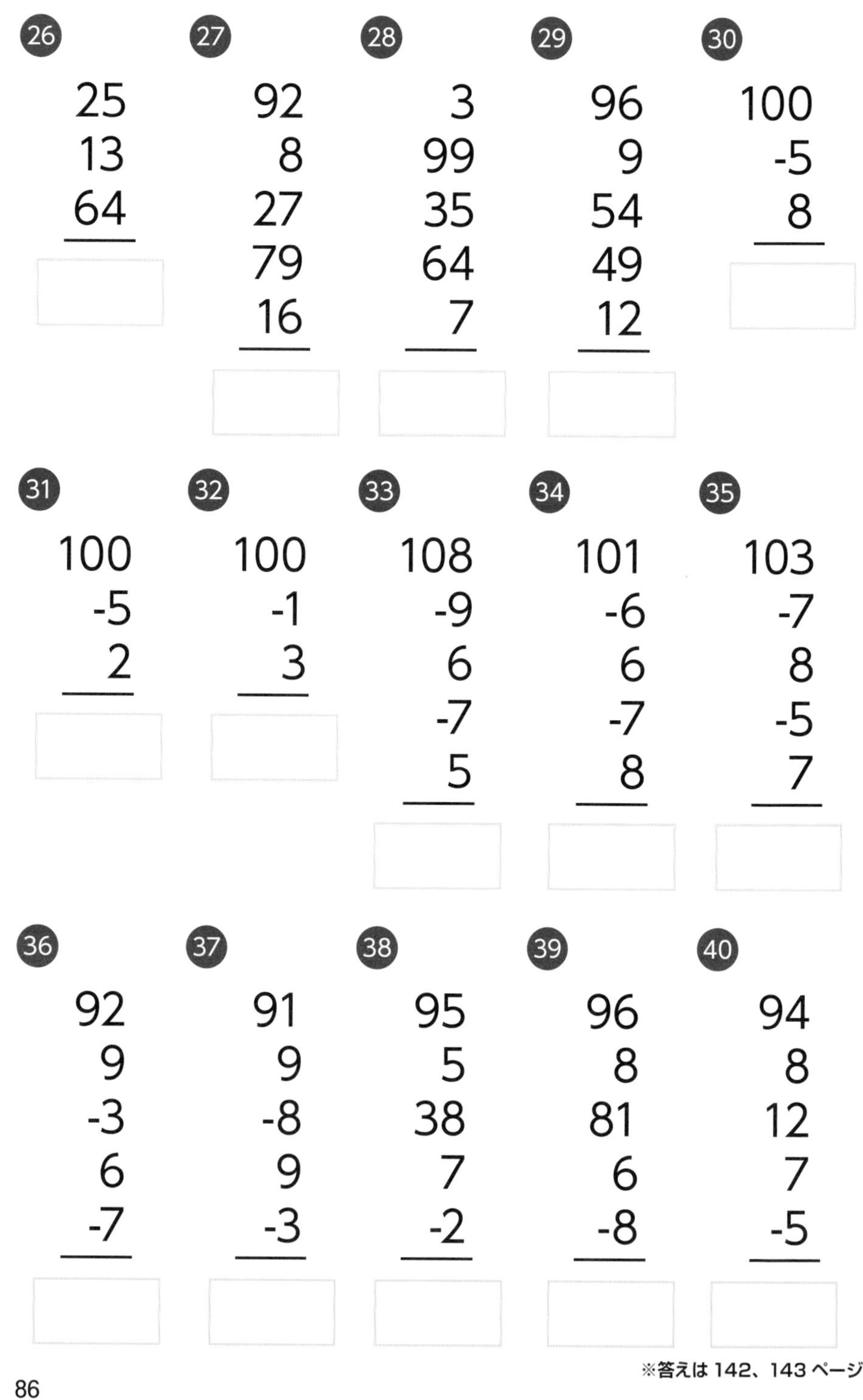

※答えは 142、143 ページ

PART 4

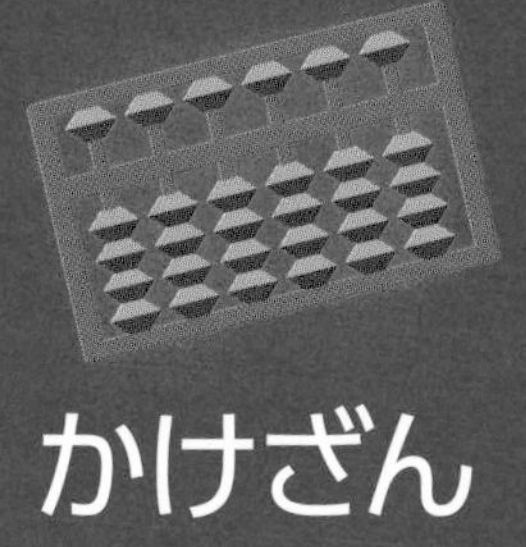

かけざん

コツ 27 かけざんのきほんをおぼえる

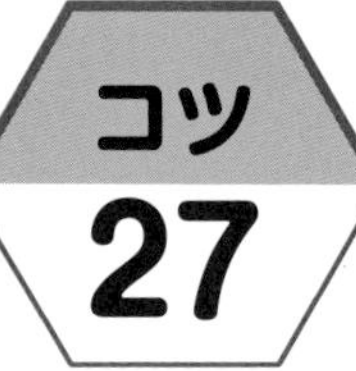

まだ九九を覚えていない場合は、次ページの九九の表を見ながら、ひとつ一つをフレーズとして声に出したり、すべてを歌にしておぼえてしまうなど、楽しく工夫しながら、取り組んでいくと良いでしょう。

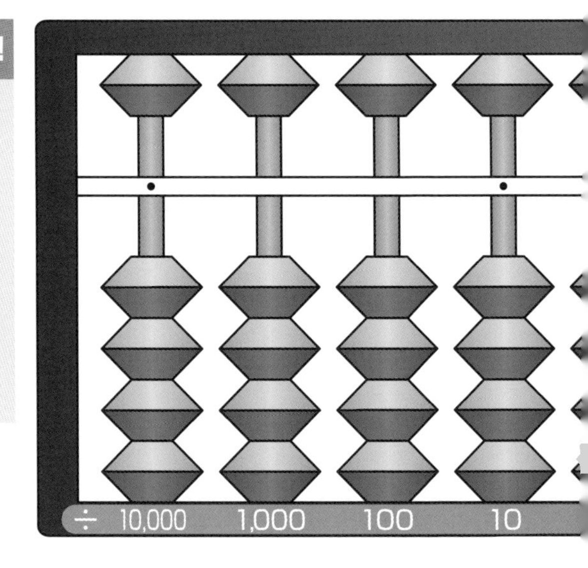

定位シールをはって準備しよう!

かけざんのやり方は、大きくわけて3つあります。一つ目は「かける数とかけられる数をおく」パターン。二つ目は「かけられる数しかおかない」かた落としのパターン。三つ目は「どちらもおかない」両落としのパターン。

この本ではいしど式で推奨しているかた落としに定位シールをはって、わかりやすく解説していきます。P91にあるシールを切り取り、上記のようにそろばんにはって準備しましょう。

九九をおぼえてから「かけざん」に取り組む

かけざんのきほんとなるのが「九九」です。九九を覚えていない場合は、表を見ながら取り組むと良いでしょう。ここからはそろばんの9級レベルになるけいさんです。試験合格に向けて九九を暗記できるよう頑張りましょう。

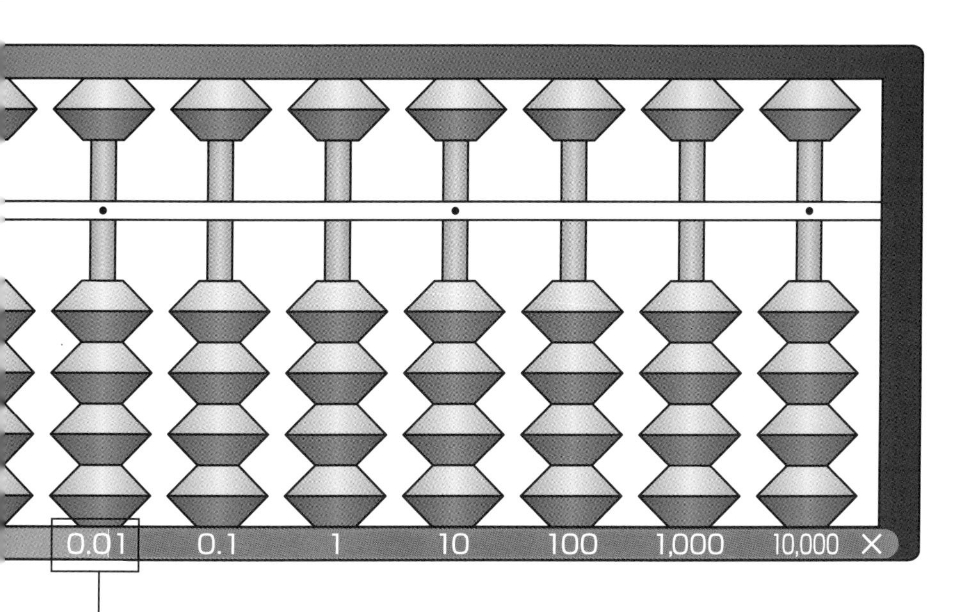

パパ・ママへアドバイス！

定位シールの貼り方

そろばんの中心、または中心よりもひとつ右の定位点が0.01（赤と黒が交わる所）の部分と一致するようにセロテープで固定しましょう。 定位シールが破れてしまわないように全体をセロテープで覆うように固定してください。

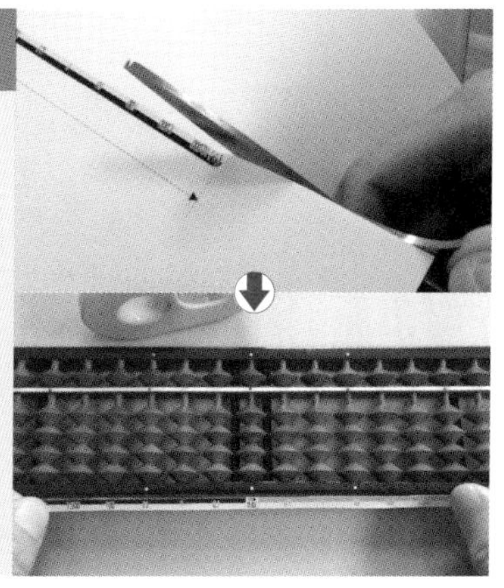

九九の表

コピーして使ってね！

※このページをカラーコピーして、定位シールをそろばんの下ワクに貼ってください

17.9cm

6のだん

- ろく いち が ろく　6×1＝6
- ろく に じゅうに　6×2＝12
- ろく さん じゅうはち　6×3＝18
- ろく し にじゅうし　6×4＝24
- ろく ご さんじゅう　6×5＝30
- ろく ろく さんじゅうろく　6×6＝36
- ろく しち しじゅうに　6×7＝42
- ろく は しじゅうはち　6×8＝48
- ろっ く ごじゅうし　6×9＝54

7のだん

- しち いち が しち　7×1＝7
- しち に じゅうし　7×2＝14
- しち さん にじゅういち　7×3＝21
- しち し にじゅうはち　7×4＝28
- しち ご さんじゅうご　7×5＝35
- しち ろく しじゅうに　7×6＝42
- しち しち しじゅうく　7×7＝49
- しち は ごじゅうろく　7×8＝56
- しち く ろくじゅうさん　7×9＝63

8のだん

- はち いち が はち　8×1＝8
- はち に じゅうろく　8×2＝16
- はち さん にじゅうし　8×3＝24
- はち し さんじゅうに　8×4＝32
- はち ご しじゅう　8×5＝40
- はち ろく しじゅうはち　8×6＝48
- はち しち ごじゅうろく　8×7＝56
- はっ ぱ ろくじゅうし　8×8＝64
- はっ く しちじゅうに　8×9＝72

9のだん

- く いち が く　9×1＝9
- く に じゅうはち　9×2＝18
- く さん にじゅうしち　9×3＝27
- く し さんじゅうろく　9×4＝36
- く ご しじゅうご　9×5＝45
- く ろく ごじゅうし　9×6＝54
- く しち ろくじゅうさん　9×7＝63
- く は しちじゅうに　9×8＝72
- く く はちじゅういち　9×9＝81

定位シールを指でおさえてけいさんする

① 36×4のけいさん

こたえ　144

赤と黒のまんなかに36をおく
次に6のとなりを人さし指でおさえる

かけられる数の
となりを指で
おさえる

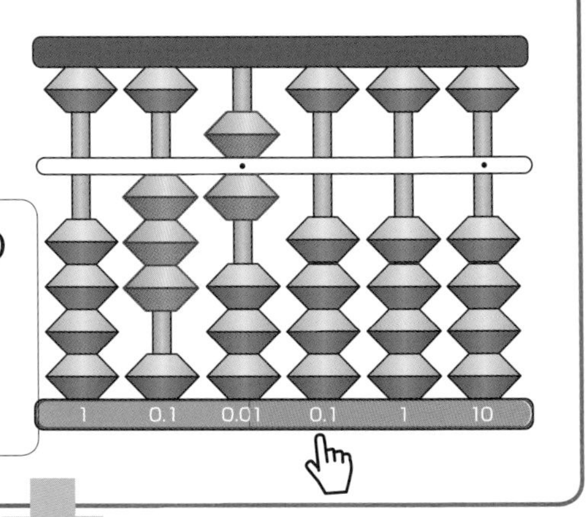

6×4＝24「にじゅうし」、
「じゅう」ということばがあるので、
おさえているとこから24をおく。

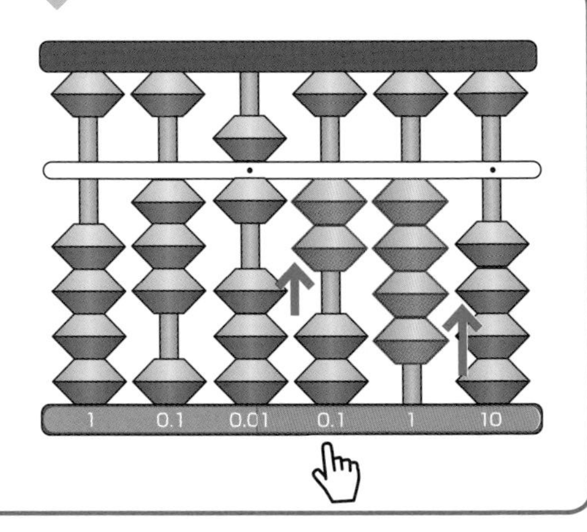

かけられる数をおいてスタートする

まずは十の位のかけざんにチャレンジしましょう。かけられる数字のみをそろばんにおきます。定位シールのどこをおさえてけいさんするか確認しながら進めることが大切。九九に不安がある場合は、九九の表をみながらけいさんします。

かけられる数のとなりを指でおさえる

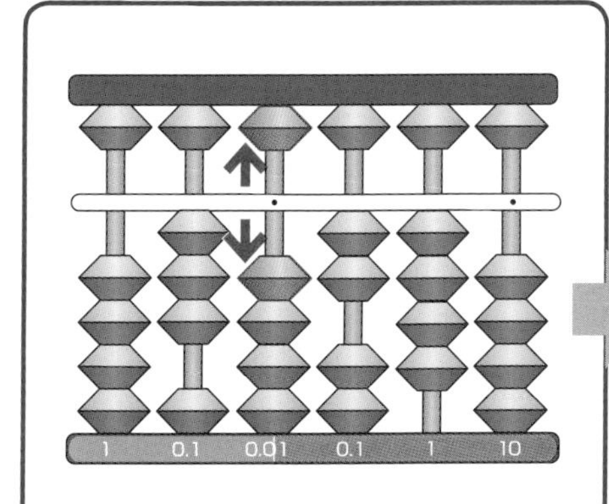

24をおいたら問題の6をはらう

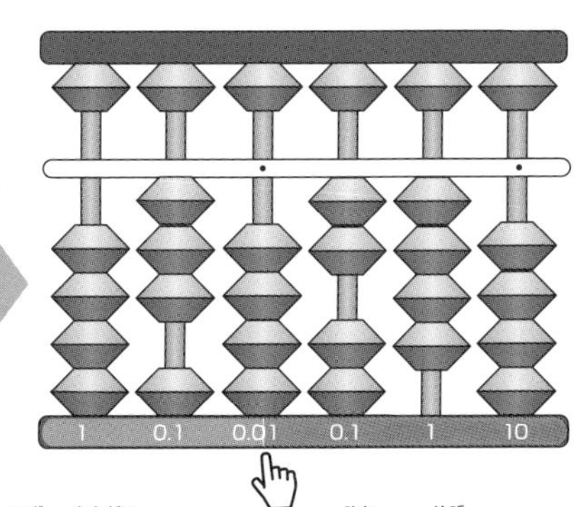

次に問題の3のとなりを人さし指でおさえる

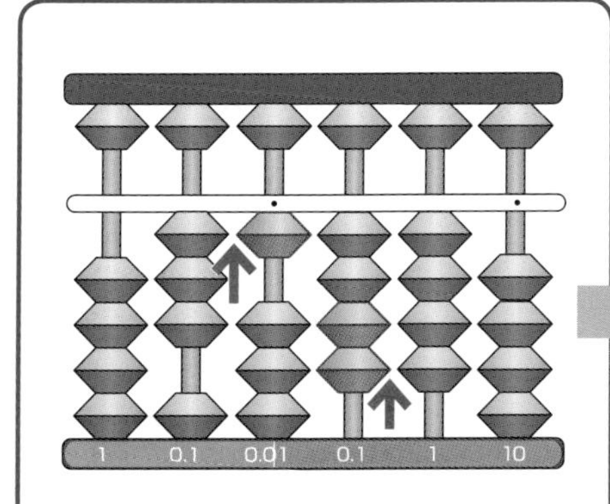

3×4=12「じゅうに」、「じゅう」ということばがあるので、おさえているとこから12をおく

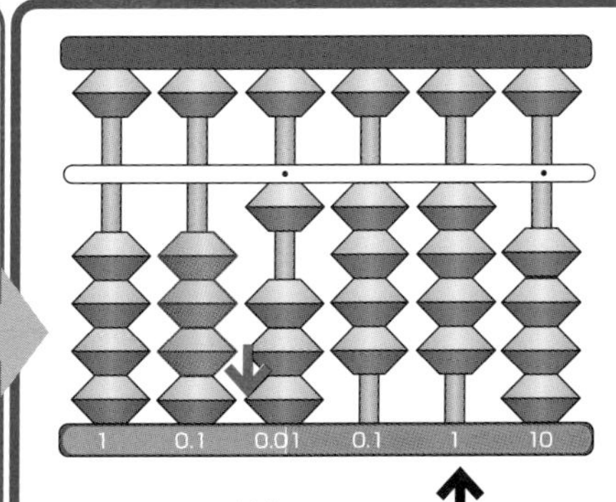

12をおいたら問題の3をはらう

こたえはかける数が1けたなら、赤いシールの1までよむ「144」

② 68×2のけいさん

こたえ　136

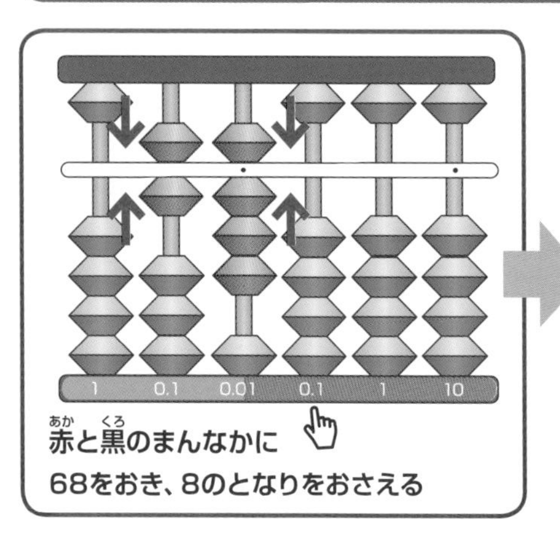

赤と黒のまんなかに
68をおき、8のとなりをおさえる

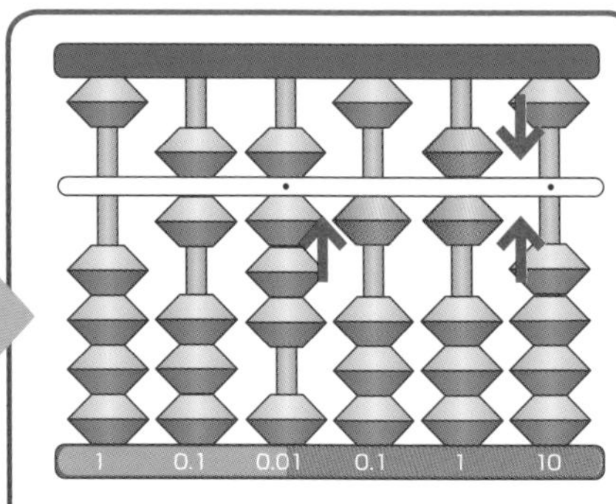

8×2=16「じゅうろく」、「じゅう」ということばがあるので、おさえているとこから16をおく。

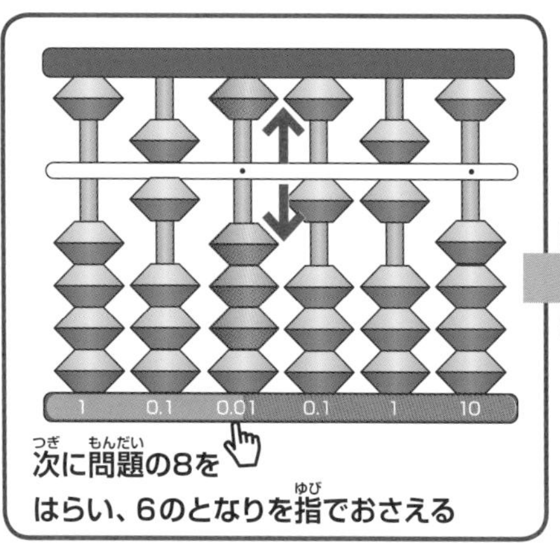

次に問題の8を
はらい、6のとなりを指でおさえる

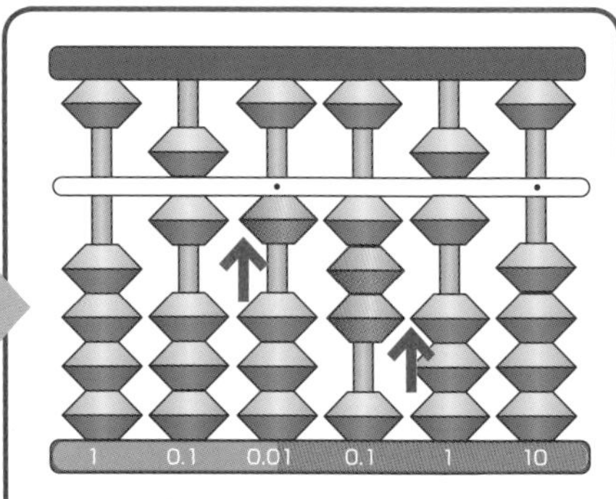

6×2=12「じゅうに」、「じゅう」ということばがあるので、おさえているとこから12をおく

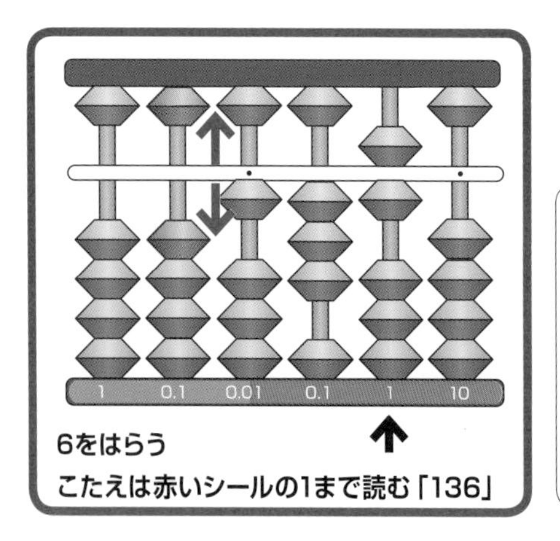

6をはらう
こたえは赤いシールの1まで読む「136」

かけざんしたこたえに「じゅう」という言葉があったら、指をおさえているところからたまをおく

③ 37×4のけいさん

こたえ　148

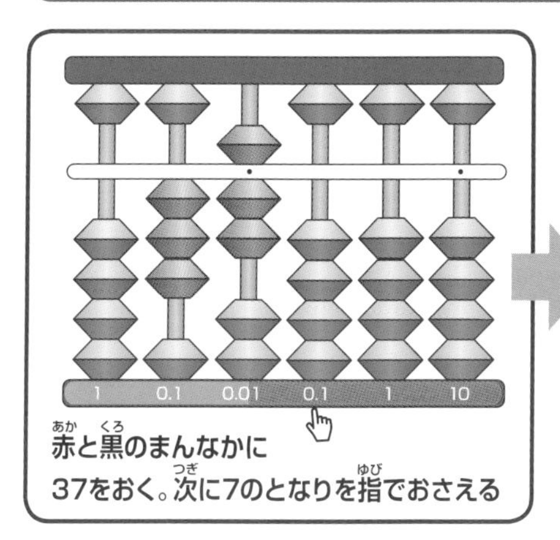

赤と黒のまんなかに
37をおく。次に7のとなりを指でおさえる

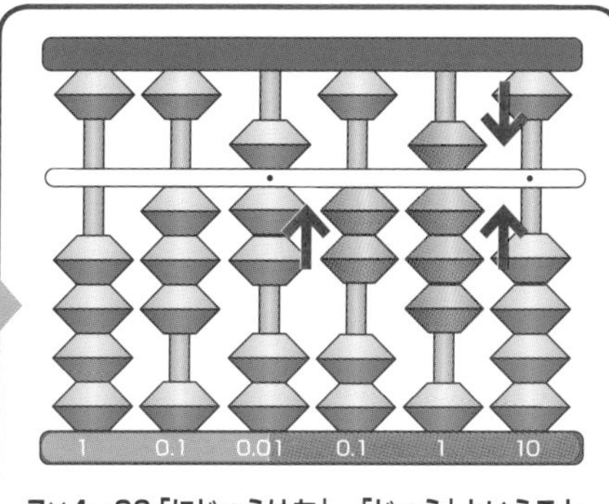

7×4=28「にじゅうはち」、「じゅう」ということばがあるので、おさえているとこから28をおく。

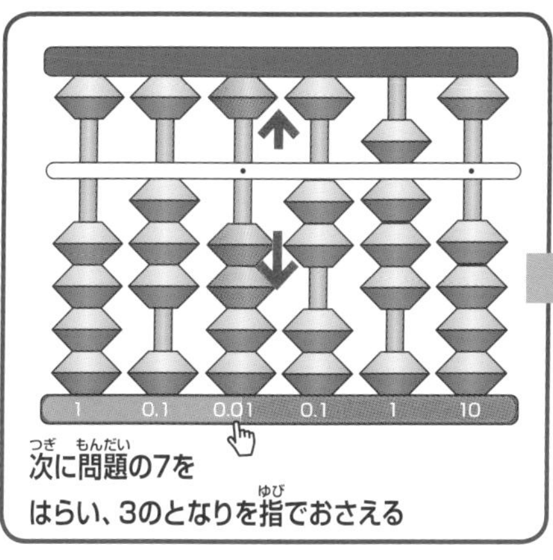

次に問題の7を
はらい、3のとなりを指でおさえる

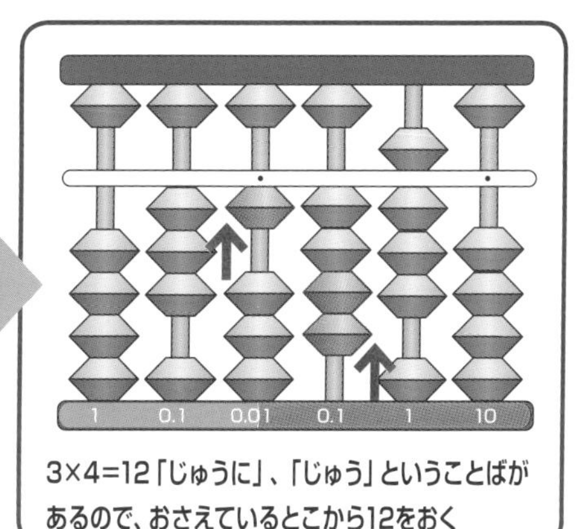

3×4=12「じゅうに」、「じゅう」ということばがあるので、おさえているとこから12をおく

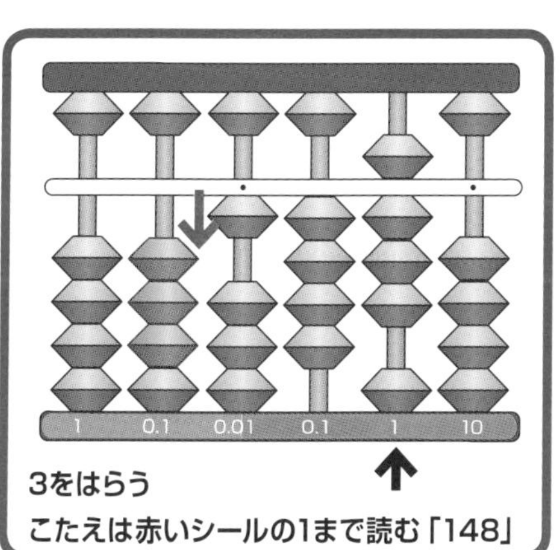

3をはらう
こたえは赤いシールの1まで読む「148」

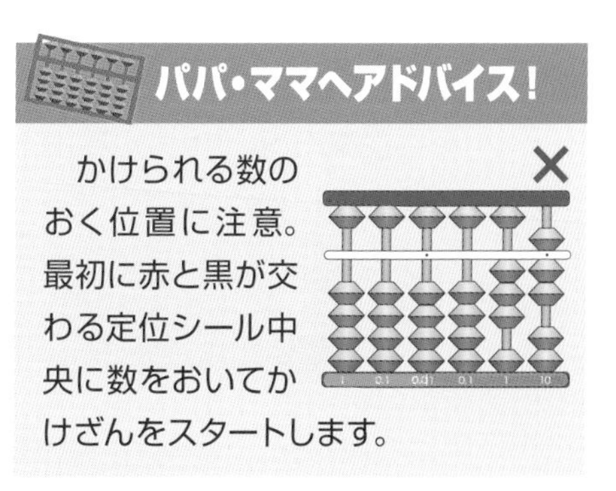

パパ・ママへアドバイス!

かけられる数のおく位置に注意。最初に赤と黒が交わる定位シール中央に数をおいてかけざんをスタートします。

指でおさえたとなりに数をおく

① 42×2のけいさん

こたえ　84

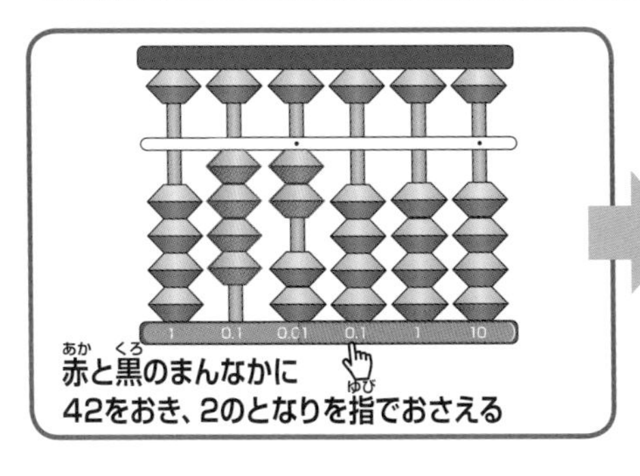

赤と黒のまんなかに
42をおき、2のとなりを指でおさえる

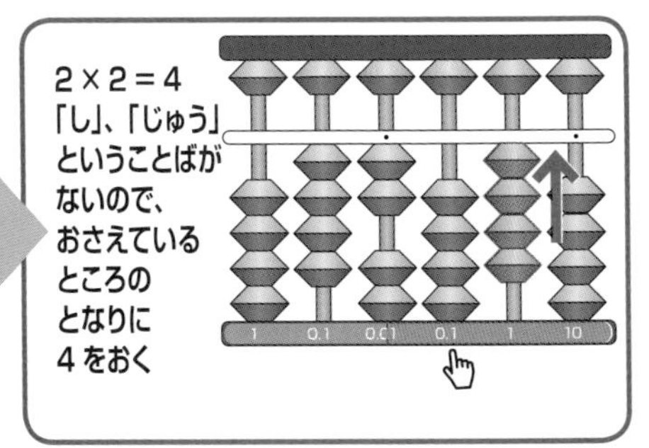

2×2＝4
「し」、「じゅう」
ということばが
ないので、
おさえている
ところの
となりに
4をおく

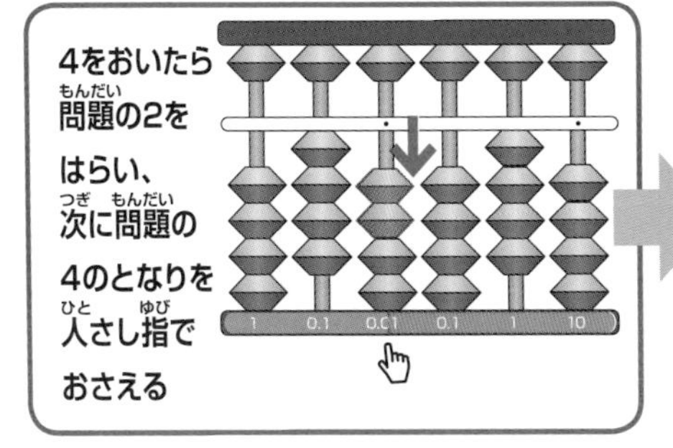

4をおいたら
問題の2を
はらい、
次に問題の
4のとなりを
人さし指で
おさえる

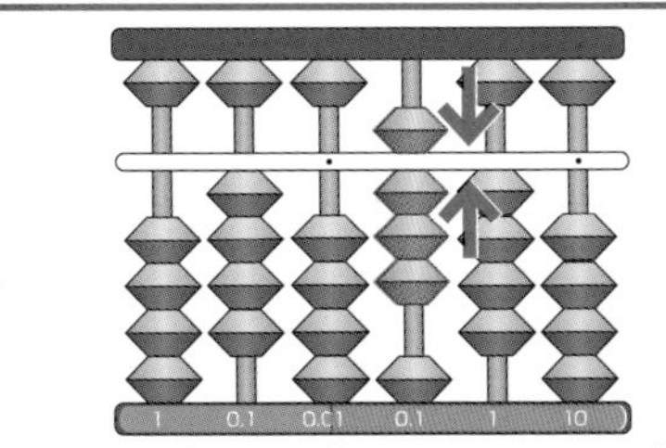

2×4＝8「はち」、「じゅう」ということばが
ないので、おさえているとなりに8をおく

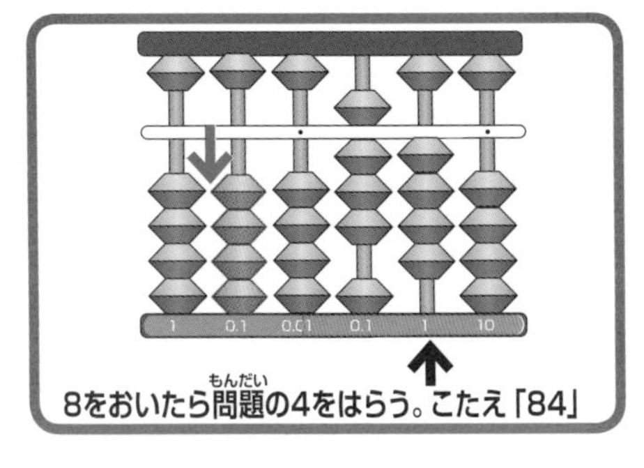

8をおいたら問題の4をはらう。こたえ「84」

こたえはかける
数が 1けたの場
合、赤いシール
の1まで読む

こたえに「じゅう」がないときは隣におく

九九が一の位のもんだいでは、かけたこたえに「じゅう」がつかないとき、数をおくところが変わります。指でおさえているとなりにおき、けいさんを進めます。先に指が動いてしまうと、たす位置を間違えてしまうので注意しましょう。

② 21×3のけいさん

こたえ 63

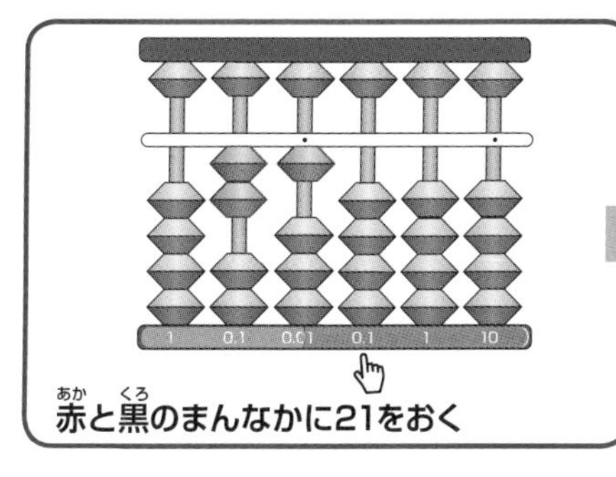

赤と黒のまんなかに21をおく

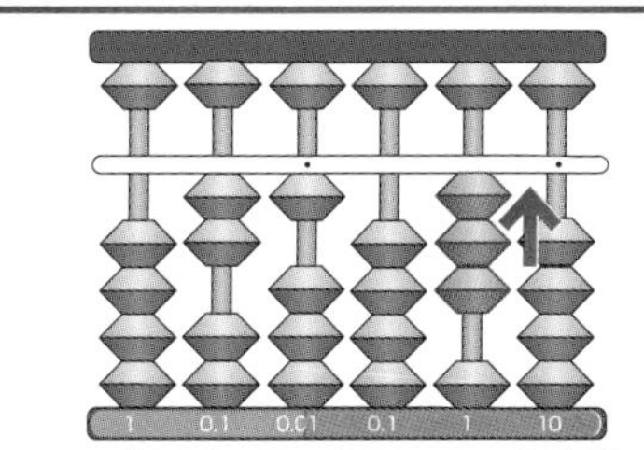

1×3=3「さん」、「じゅう」ということばがないので、おさえているところのとなりに3をおく

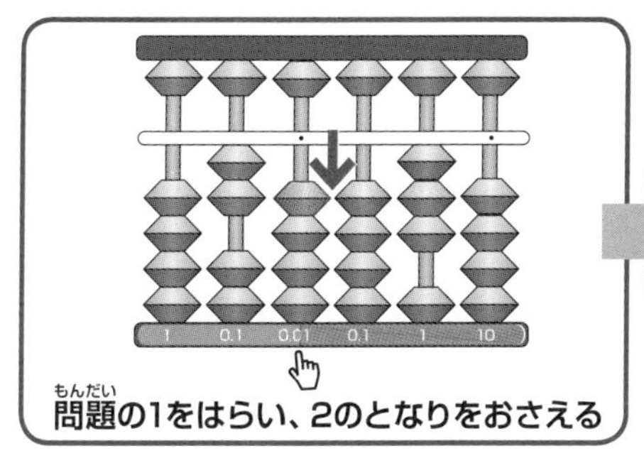

問題の1をはらい、2のとなりをおさえる

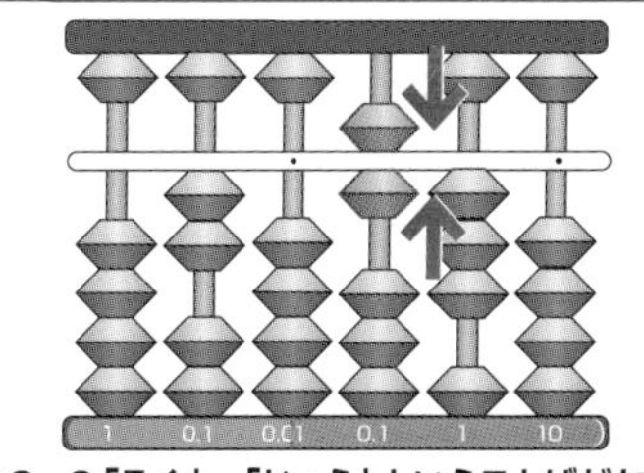

2×3=6「ろく」、「じゅう」ということばがないので、おさえているとなりに6をおく

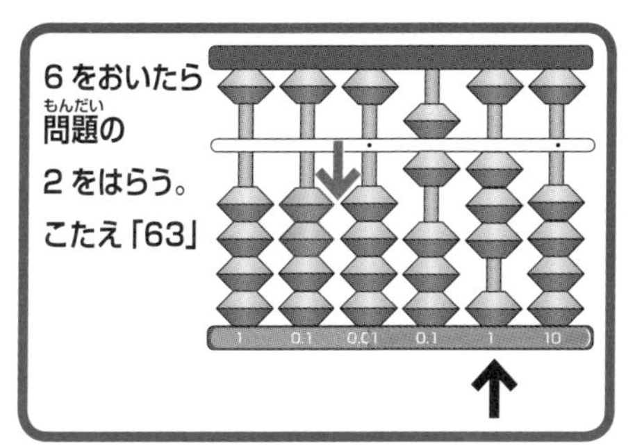

6をおいたら問題の2をはらう。こたえ「63」

パパ・ママへアドバイス！

こたえをたすときに、指が動いてしまうと、たす位置を間違えてしまいます。注意しましょう。

こたえが0なら けいさんせず指を動かす

① 20×7のけいさん

こたえ　140

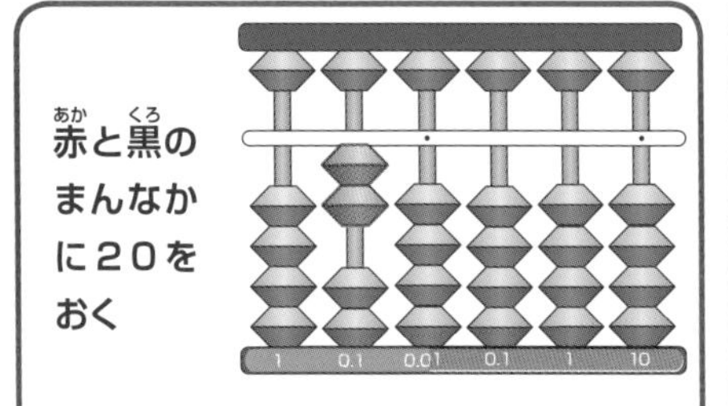

0×7＝0
0にいくつかけてもこたえは「0」
このようなときは、すぐに2のとなりをおさえる

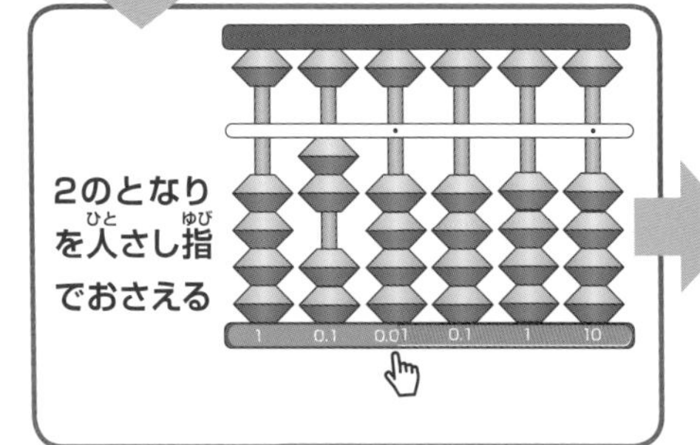

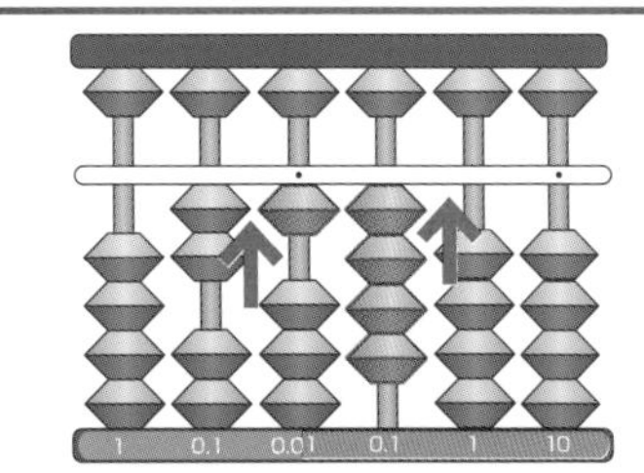

2×7=14「じゅうし」、「じゅう」ということばがつくので、おさえていところから14をおく

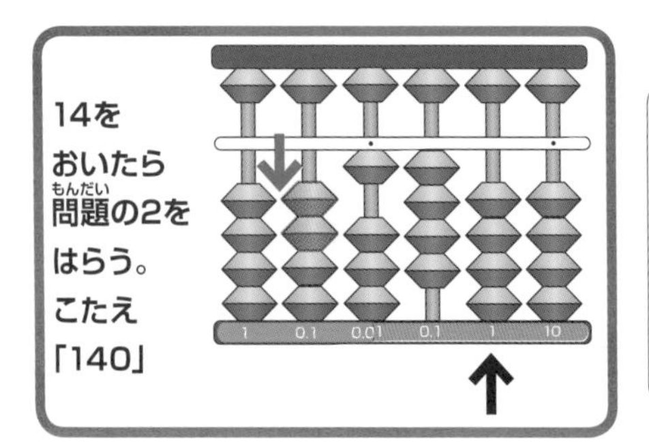

こたえは、かける数が1けたの場合、赤いシールの1まで読む

数をおく位置に注意してたまを動かす

こたえに0がつくときは、たまをおく位置に注意が必要。かける数が0の場合は、こたえも0になるので、実際はけいさんせず次のけいさんに進みます。また、こたえをおくときにくりあがりのけいさんが必要になることもあります。

② 25×8のけいさん

こたえ　200

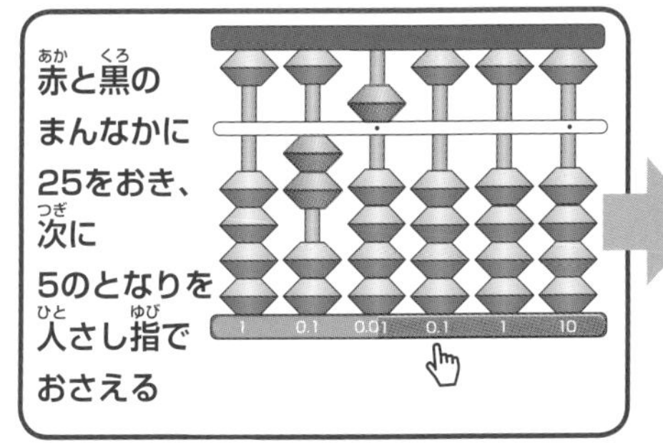

赤と黒のまんなかに25をおき、次に5のとなりを人さし指でおさえる

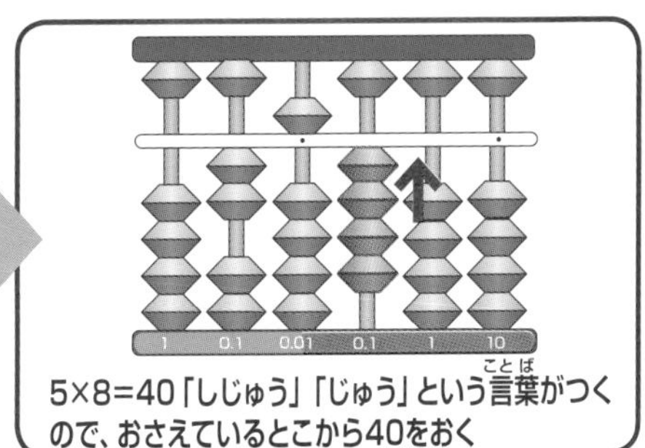

5×8=40「しじゅう」「じゅう」という言葉がつくので、おさえているとこから40をおく

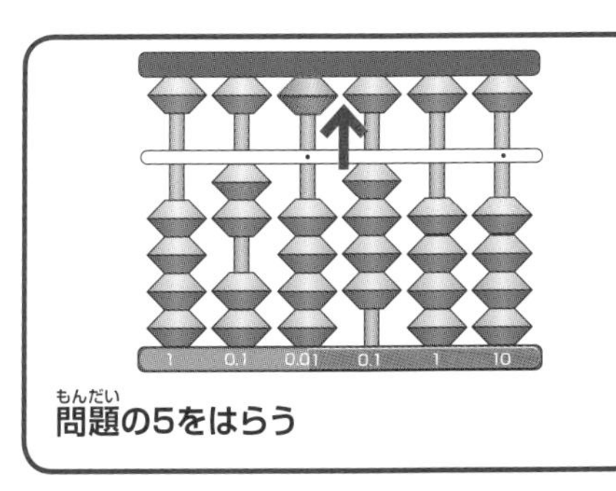

問題の5をはらう

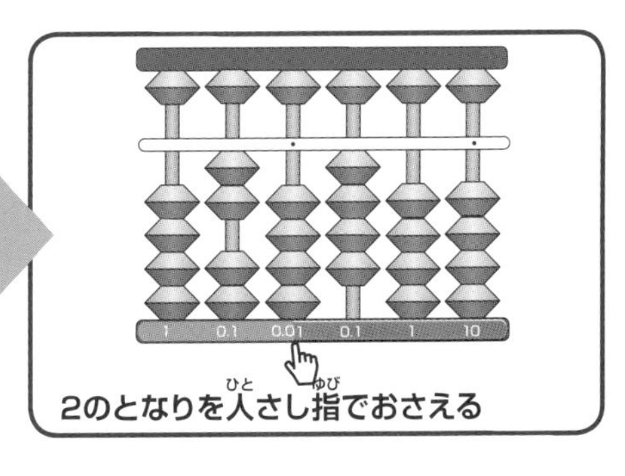

2のとなりを人さし指でおさえる

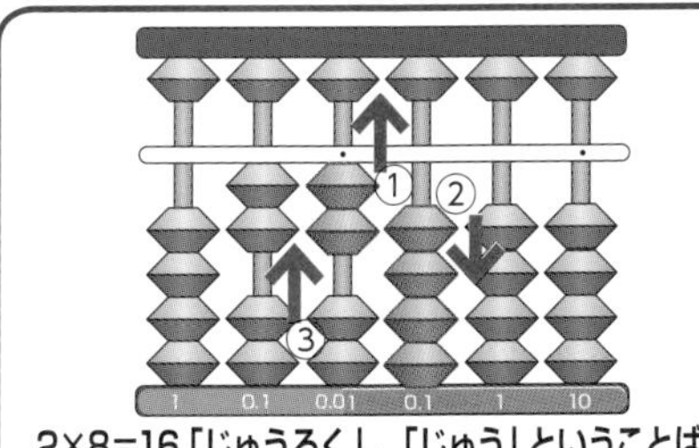

2×8=16「じゅうろく」、「じゅう」ということばがつくので、おさえていところから16をおく

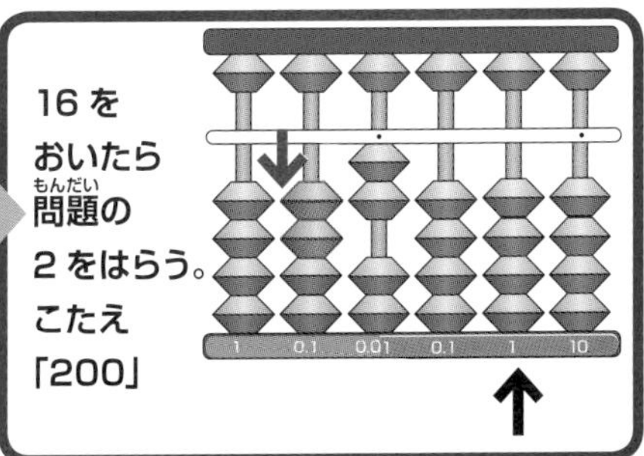

16をおいたら問題の2をはらう。こたえ「200」

コツ27〜30
練習もんだい

かけざんを復習(ふくしゅう)しよう!

❶ 68 × 2 = ☐
❷ 36 × 4 = ☐
❸ 24 × 8 = ☐
❹ 37 × 4 = ☐
❺ 25 × 7 = ☐
❻ 57 × 3 = ☐
❼ 98 × 3 = ☐
❽ 97 × 8 = ☐
❾ 89 × 2 = ☐
❿ 53 × 5 = ☐
⓫ 24 × 2 = ☐
⓬ 14 × 2 = ☐
⓭ 23 × 3 = ☐
⓮ 21 × 3 = ☐
⓯ 11 × 8 = ☐
⓰ 32 × 3 = ☐
⓱ 41 × 2 = ☐
⓲ 42 × 2 = ☐
⓳ 31 × 3 = ☐
⓴ 23 × 2 = ☐
㉑ 82 × 3 = ☐
㉒ 62 × 4 = ☐
㉓ 92 × 4 = ☐
㉔ 41 × 6 = ☐
㉕ 73 × 2 = ☐
㉖ 73 × 3 = ☐
㉗ 61 × 7 = ☐
㉘ 52 × 8 = ☐
㉙ 52 × 3 = ☐
㉚ 31 × 5 = ☐
㉛ 47 × 2 = ☐
㉜ 16 × 6 = ☐

㉝ $26 \times 3 =$

㉞ $14 \times 7 =$

㉟ $29 \times 3 =$

㊱ $38 \times 2 =$

㊲ $37 \times 2 =$

㊳ $27 \times 3 =$

㊴ $15 \times 5 =$

㊵ $18 \times 4 =$

㊶ $12 \times 9 =$

㊷ $15 \times 7 =$

㊸ $26 \times 4 =$

㊹ $13 \times 9 =$

㊺ $36 \times 3 =$

㊻ $19 \times 9 =$

㊼ $18 \times 8 =$

㊽ $16 \times 7 =$

㊾ $39 \times 3 =$

㊿ $37 \times 3 =$

51 $15 \times 6 =$

52 $80 \times 3 =$

53 $25 \times 8 =$

54 $26 \times 5 =$

55 $20 \times 7 =$

56 $30 \times 2 =$

57 $32 \times 5 =$

58 $70 \times 9 =$

59 $60 \times 4 =$

60 $35 \times 8 =$

61 $30 \times 3 =$

62 $47 \times 9 =$

63 $34 \times 8 =$

64 $76 \times 5 =$

65 $98 \times 2 =$

66 $82 \times 3 =$

67 $20 \times 9 =$

68 $51 \times 7 =$

69 $64 \times 5 =$

70 $72 \times 2 =$

71 $20 \times 5 =$

72 $40 \times 4 =$

⑦③ $63 \times 8 =$ □

⑦④ $21 \times 7 =$ □

⑦⑤ $34 \times 4 =$ □

⑦⑥ $92 \times 5 =$ □

⑦⑦ $87 \times 2 =$ □

⑦⑧ $78 \times 2 =$ □

⑦⑨ $49 \times 6 =$ □

⑧⓪ $34 \times 9 =$ □

⑧① $24 \times 5 =$ □

⑧② $30 \times 8 =$ □

⑧③ $65 \times 3 =$ □

⑧④ $96 \times 8 =$ □

⑧⑤ $35 \times 5 =$ □

⑧⑥ $48 \times 6 =$ □

⑧⑦ $70 \times 2 =$ □

⑧⑧ $74 \times 3 =$ □

⑧⑨ $97 \times 2 =$ □

⑨⓪ $70 \times 6 =$ □

⑨① $81 \times 4 =$ □

⑨② $59 \times 5 =$ □

⑨③ $71 \times 6 =$ □

⑨④ $60 \times 7 =$ □

⑨⑤ $40 \times 6 =$ □

⑨⑥ $49 \times 4 =$ □

⑨⑦ $69 \times 4 =$ □

⑨⑧ $96 \times 5 =$ □

⑨⑨ $57 \times 2 =$ □

(100) $47 \times 4 =$ □

(101) $26 \times 8 =$ □

(102) $78 \times 7 =$ □

(103) $56 \times 2 =$ □

(104) $39 \times 6 =$ □

(105) $27 \times 2 =$ □

(106) $64 \times 9 =$ □

(107) $30 \times 5 =$ □

(108) $79 \times 4 =$ □

(109) $92 \times 7 =$ □

(110) $51 \times 4 =$ □

※答えは 142、143 ページ

PART 5

わりざん

そろばんを使(つか)わずにわりざんをする

① わりざんの考え方

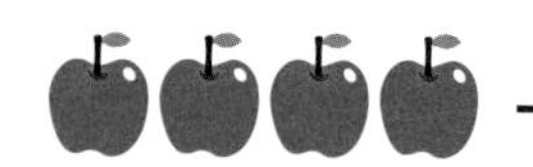 ÷  = 

ひとり**2**コ
もらえます

(式)	4	÷	2	=	2

 ÷  = 

ひとり**3**コ
もらえます

(式)	9	÷	3	=	3

そろばんを使わず簡単なわりざんをする

わりざんは、小学3年生からはじまるけいさんです。そろばんのわりざんに進む前に、そろばんを使わずに簡単なわりざんができるかどうか確認しましょう。そろばんでのわりざんは、定位シールを使うとわかりやすいので、準備しておきましょう。

② そろばんを使わない練習もんだい

❶ 2 ÷ 1 = □

❷ 14 ÷ 2 = □

❸ 12 ÷ 3 = □

❹ 27 ÷ 3 = □

❺ 3 ÷ 3 = □

❻ 12 ÷ 4 = □

❼ 6 ÷ 3 = □

❽ 21 ÷ 3 = □

❾ 6 ÷ 1 = □

❿ 12 ÷ 2 = □

⓫ 16 ÷ 8 = □

⓬ 72 ÷ 8 = □

⓭ 8 ÷ 8 = □

⓮ 54 ÷ 9 = □

⓯ 7 ÷ 7 = □

⓰ 48 ÷ 8 = □

こたえ

❶2 ❷7 ❸4 ❹9 ❺1 ❻3 ❼2 ❽7 ❾6 ❿6 ⓫2 ⓬9
⓭1 ⓮6 ⓯1 ⓰6

こたえを1けたとんでおく

① 46÷2のけいさん

こたえ　23

赤と黒のまんなかに46をおき、問題の数字の一番左を指でおさえる

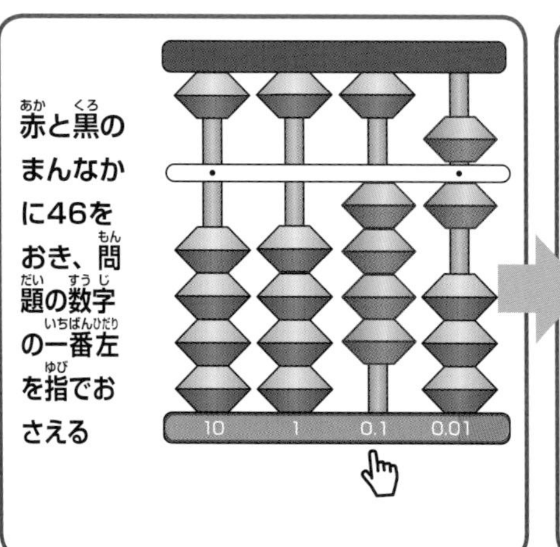

おさえている「4」のなかに2があるときは、「あ～る」といって、左に2つ指を動かす

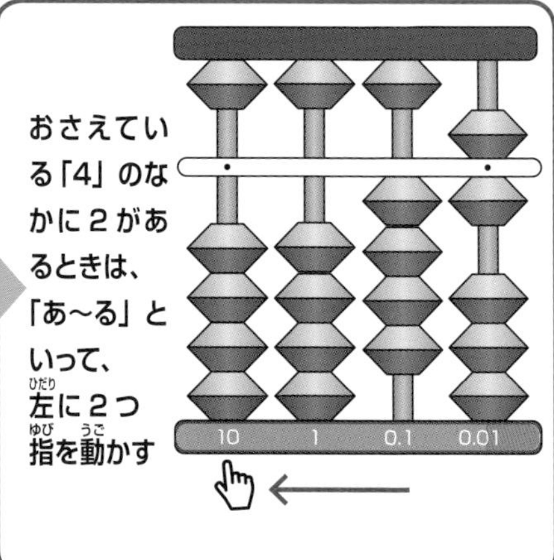

4÷2=2
おさえているところに2をおき、となりをおさえる

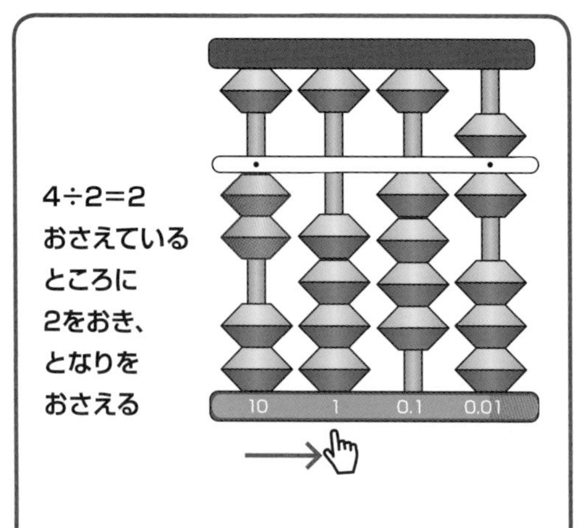

問題の数字をはらう前は、おさえている指をとなりにうつし、2×2=4
そろばんから読んであっていたら問題をはらう

かけざんでこたえを確認する

わりざんのこたえは黒い方のシールをよみます。おさえる位置や指の動かし方が、かけざんとはちがうので注意しましょう。こたえを出すときは、かけざんでこたえの数とあっているか確認しながら進めると良いでしょう。

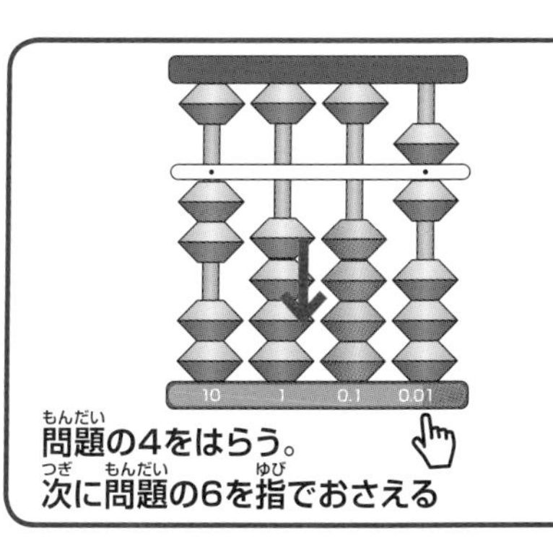

おさえている
「6」のなかに
2があるときは、
「あ〜る」と
いって、左に
2つ指を動かす

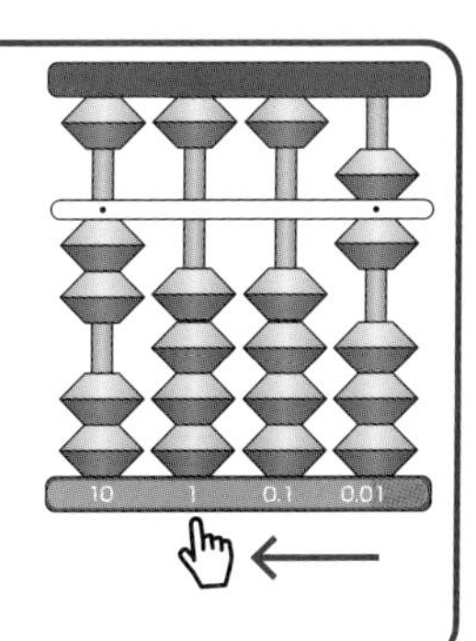

6÷2=3
おさえている
ところに3を
おき、となり
をおさえる

10 1 0.1 0.01

問題の数字をはらう前は、
おさえている指を
となりにうつし、
3×2=6
そろばんから読んで
あっていたら問題をはらう

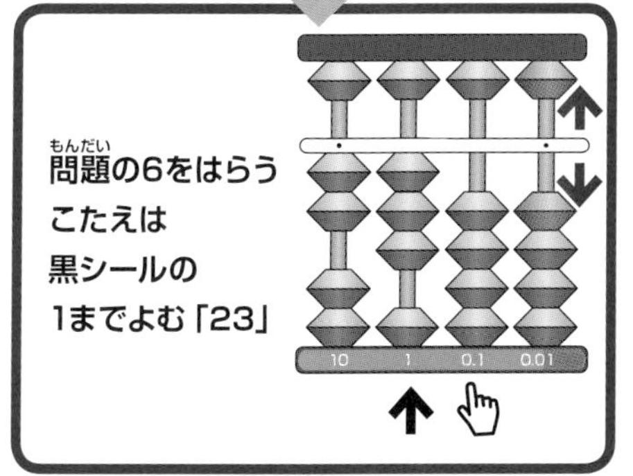

② 69÷3のけいさん

こたえ　23

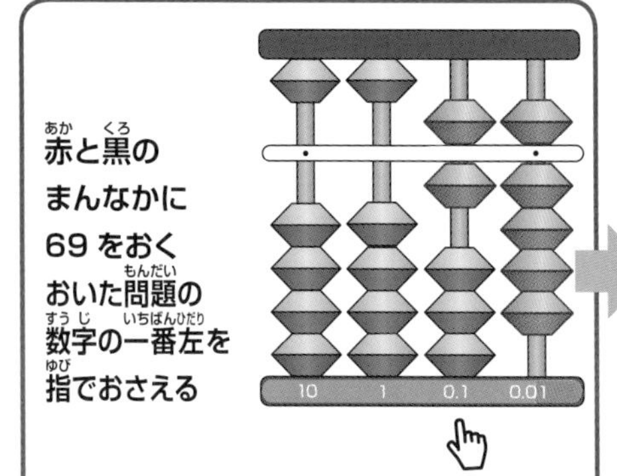

赤と黒の
まんなかに
69 をおく
おいた問題の
数字の一番左を
指でおさえる

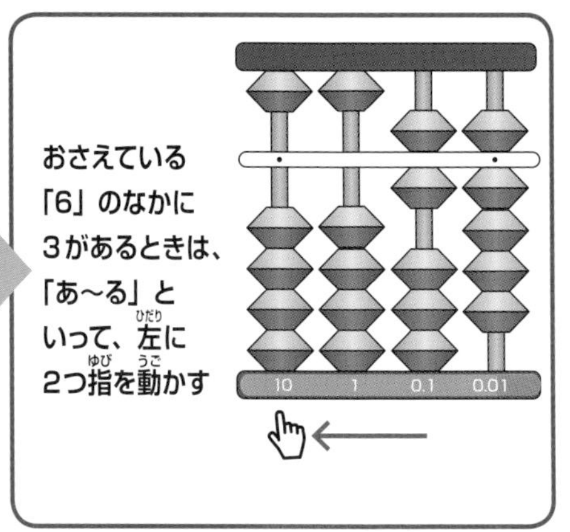

おさえている
「6」のなかに
3があるときは、
「あ～る」と
いって、左に
2つ指を動かす

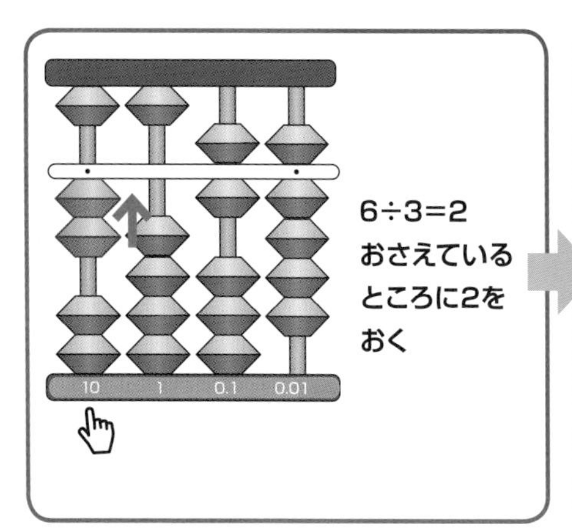

6÷3=2
おさえている
ところに2を
おく

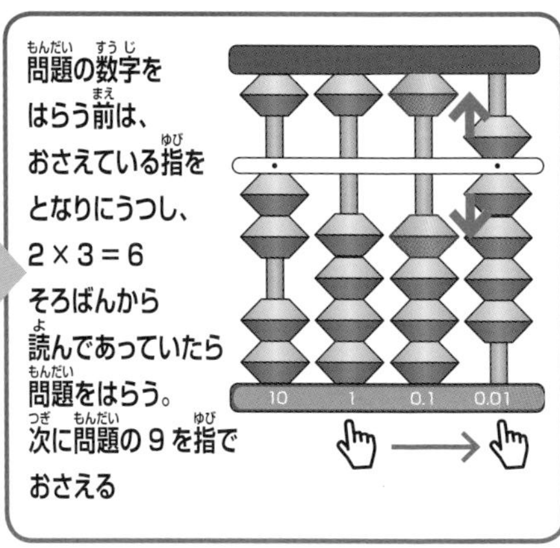

問題の数字を
はらう前は、
おさえている指を
となりにうつし、
2 × 3 = 6
そろばんから
読んであっていたら
問題をはらう。
次に問題の 9 を指で
おさえる

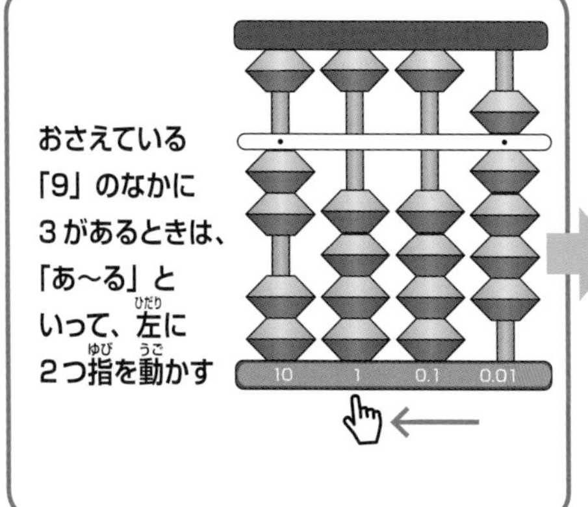

おさえている
「9」のなかに
3 があるときは、
「あ～る」と
いって、左に
2 つ指を動かす

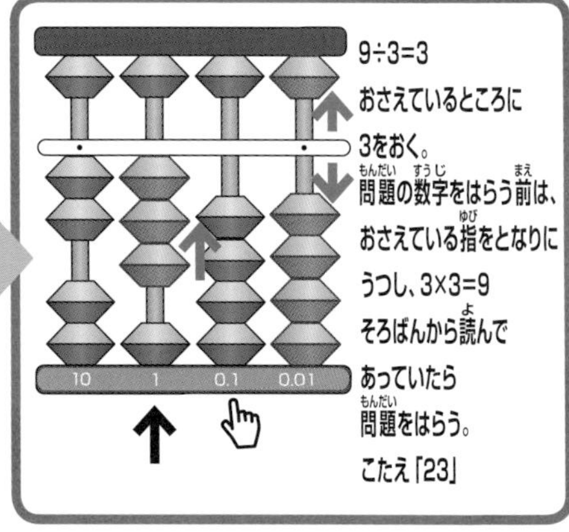

9÷3=3
おさえているところに
3をおく。
問題の数字をはらう前は、
おさえている指をとなりに
うつし、3×3=9
そろばんから読んで
あっていたら
問題をはらう。
こたえ「23」

③ 84÷4のけいさん

こたえ 21

赤と黒のまんなかに84をおく
おいた問題の数字の一番左を指でおさえる

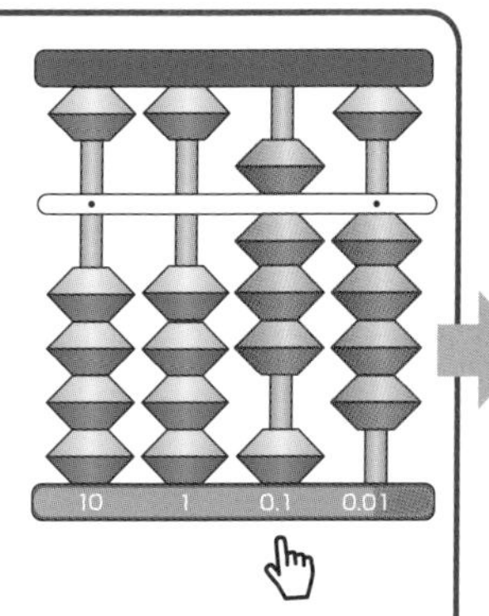

おさえている「8」のなかに4があるときは、「あ〜る」といって、左に2つ指を動かす

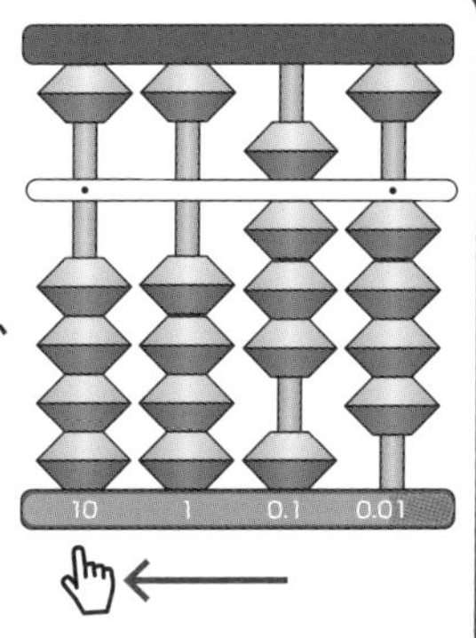

8÷4=2
おさえているところに2をおき、となりを指でおさえる

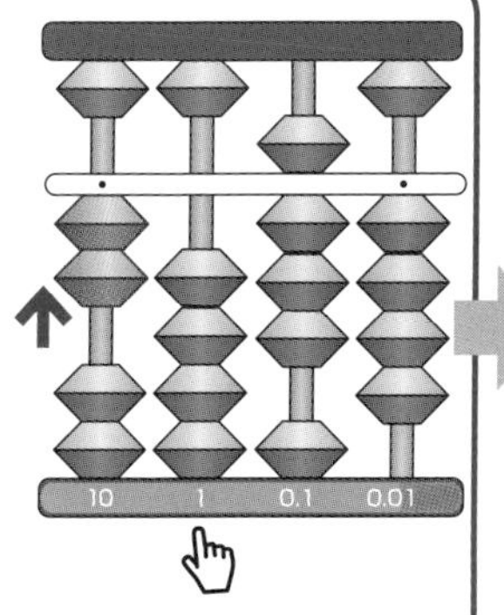

2×4=8
そろばんから読んであっていたら、問題の8をはらう。
次に問題の4を指でおさえる

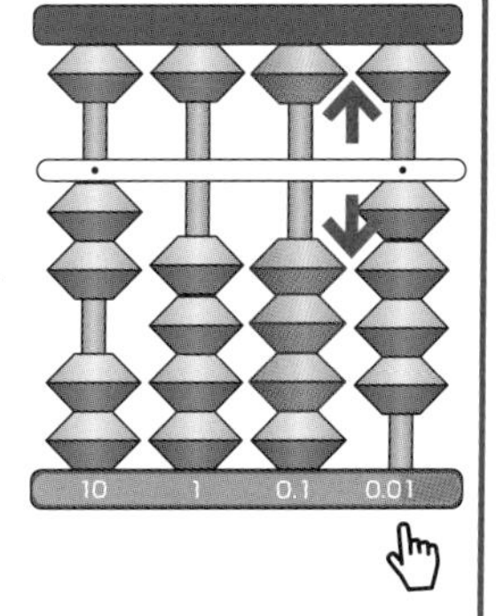

おさえている「4」のなかに4があるときは、「あ〜る」といって、左に2つ指を動かし、1をおく

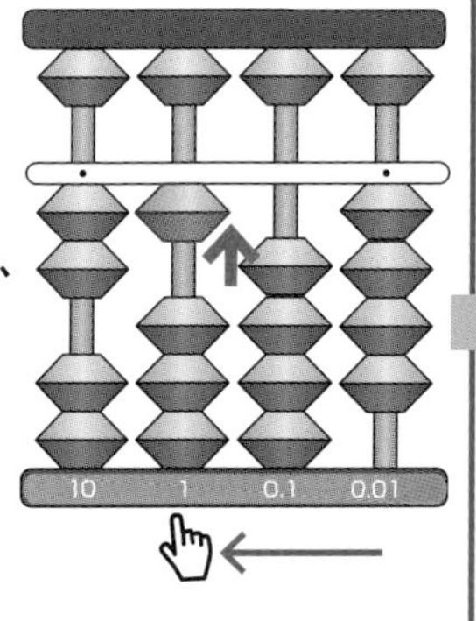

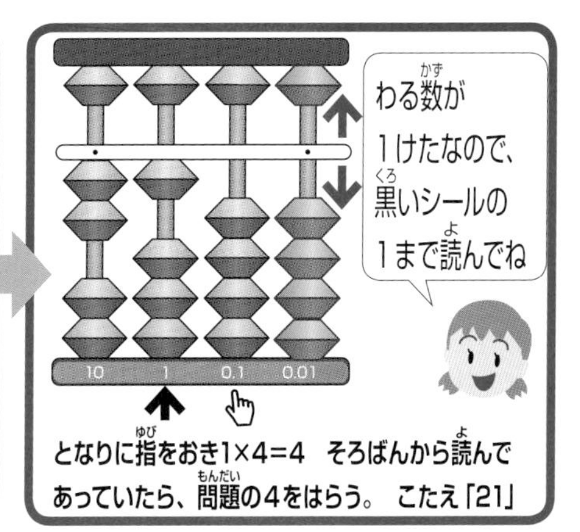

となりに指をおき1×4=4 そろばんから読んであっていたら、問題の4をはらう。 こたえ「21」

こたえが近い数を九九からさがす

① 136÷2のけいさん

こたえ　68

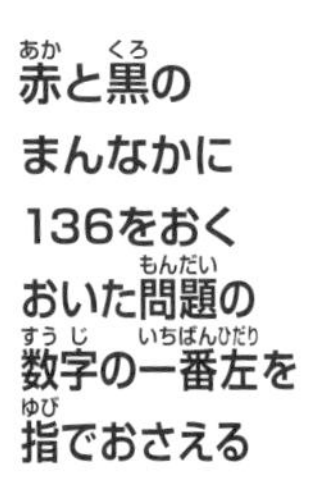

赤と黒の
まんなかに
136をおく
おいた問題の
数字の一番左を
指でおさえる

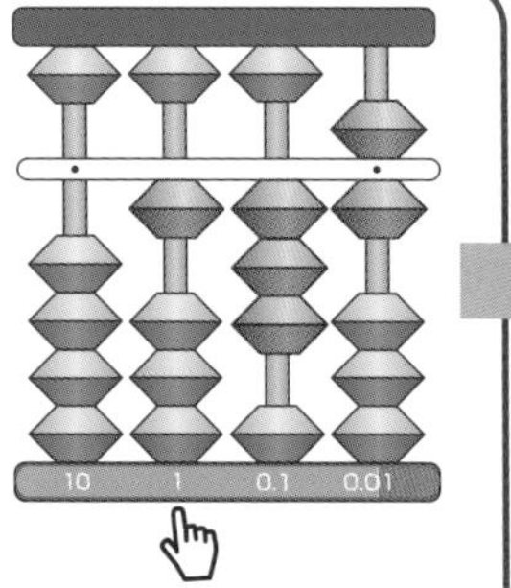

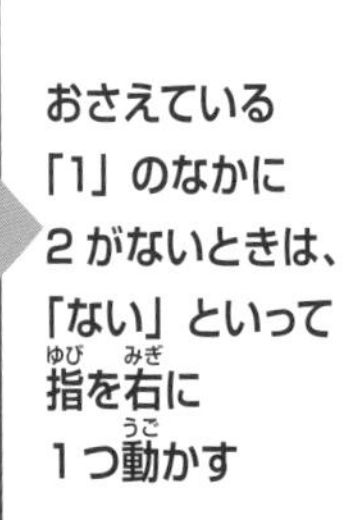

おさえている
「1」のなかに
2がないときは、
「ない」といって
指を右に
1つ動かす

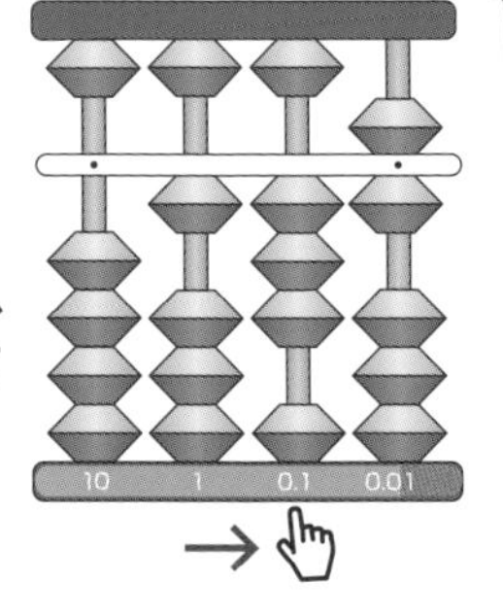

おさえている
ところから
「13」と読み、
このなかに
2があるか
どうかみる

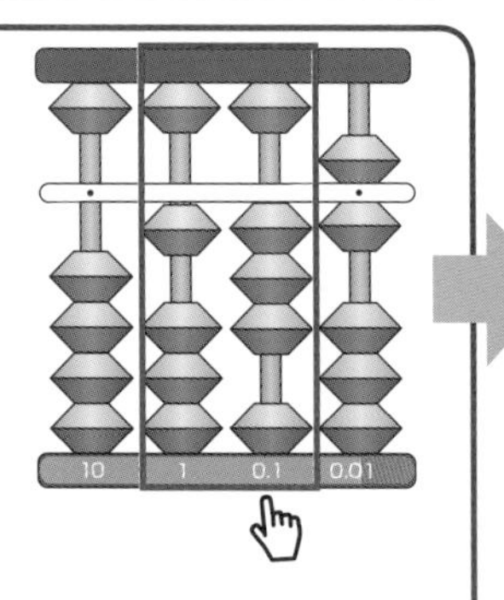

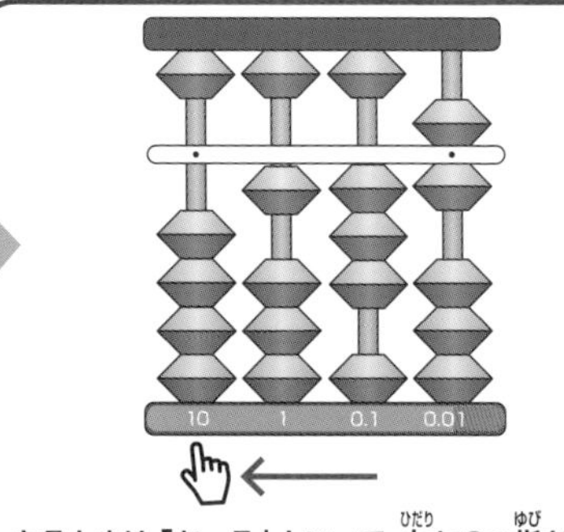

あるときは「あ～る」といって、左に2つ指を動かす

九九の2の段でこたえが
13に近い数（13より下）をさがしてね

九九の表を見ながらこたえをさがす

わられる数のなかにわる数があるときと、ないときでは指の動かし方が変わります。わりざんのこたえがうまく出せないときは、九九の表を見ても良いでしょう。21を7でわるときは、21のなかに7がいくつあるのか、表の七の段から21をさがします。

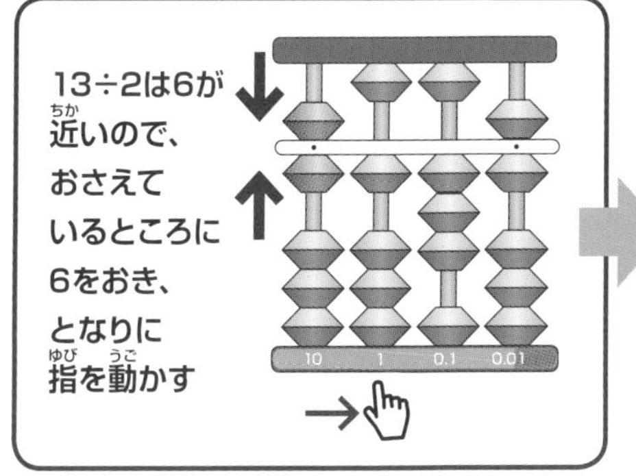

13÷2は6が近いので、おさえているところに6をおき、となりに指を動かす

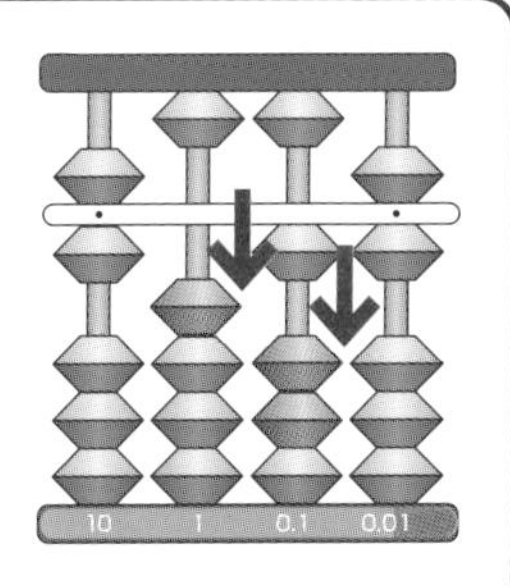

6であっているかそろばんから読む。
6×2=12
あっていたら、おさえているところから12をひく

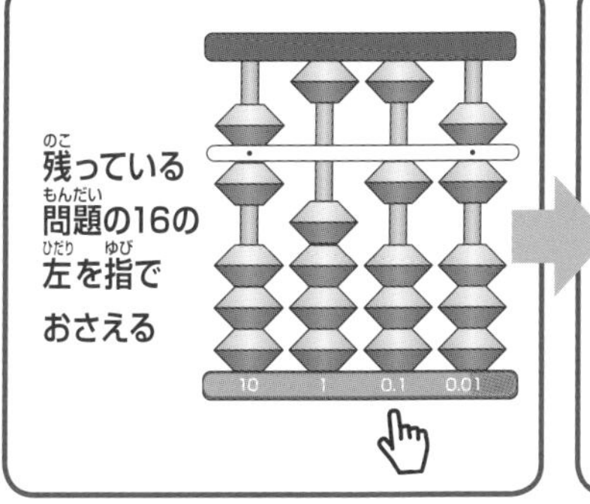

残っている問題の16の左を指でおさえる

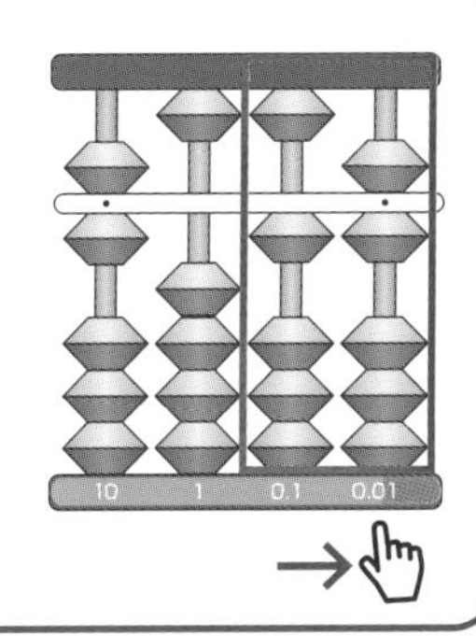

おさえている「1」のなかに2がないときは、「ない」といって指を右に1つ動かし、おさえているところから「16」と読んでこのなかに2があるかどうかみる

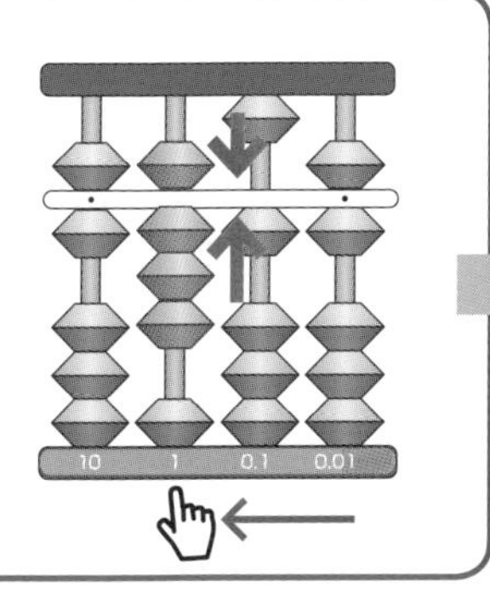

あるときは「あ～る」といって、指を左に2つ動かし、8をおく

となりを指でおさえ8であっているかどうか、そろばんから読む。
8×2=16
あっていたら、おさえているところから16をはらう。
こたえ「68」

② 125÷5のけいさん

こたえ 25

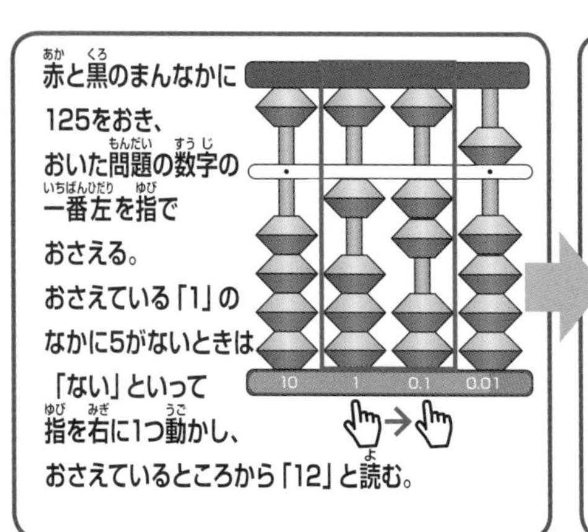

赤と黒のまんなかに
125をおき、
おいた問題の数字の
一番左を指で
おさえる。
おさえている「1」の
なかに5がないときは
「ない」といって
指を右に1つ動かし、
おさえているところから「12」と読む。

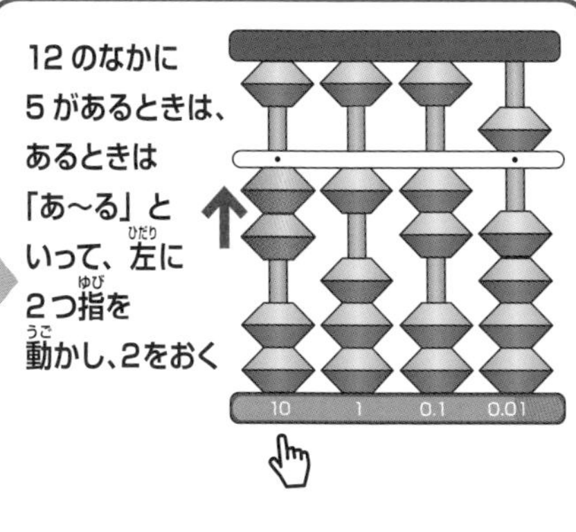

12 のなかに
5 があるときは、
あるときは
「あ～る」と
いって、左に
2つ指を
動かし、2をおく

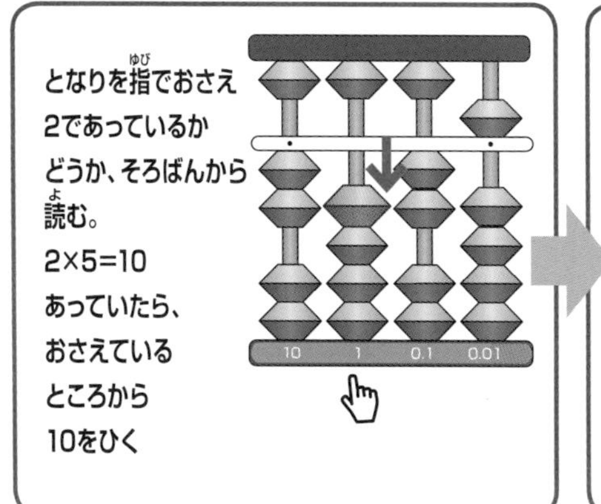

となりを指でおさえ
2であっているか
どうか、そろばんから
読む。
2×5=10
あっていたら、
おさえている
ところから
10をひく

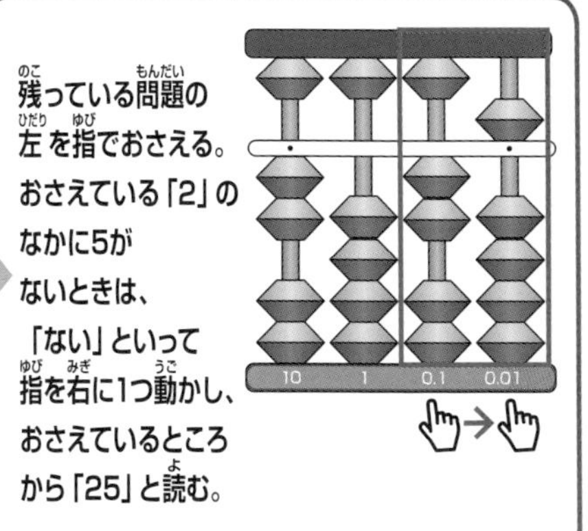

残っている問題の
左を指でおさえる。
おさえている「2」の
なかに5が
ないときは、
「ない」といって
指を右に1つ動かし、
おさえているところ
から「25」と読む。

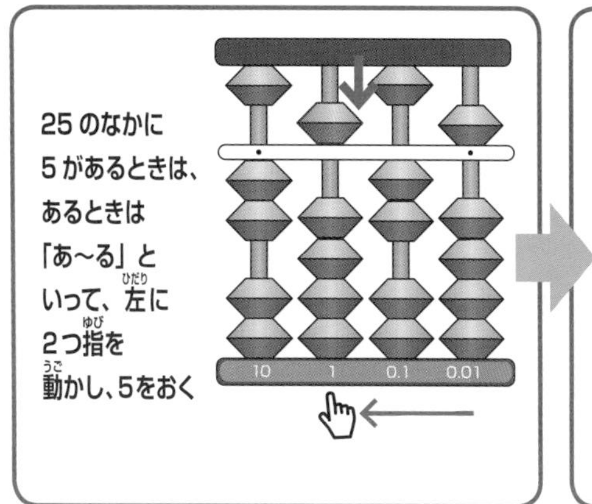

25 のなかに
5 があるときは、
あるときは
「あ～る」と
いって、左に
2つ指を
動かし、5をおく

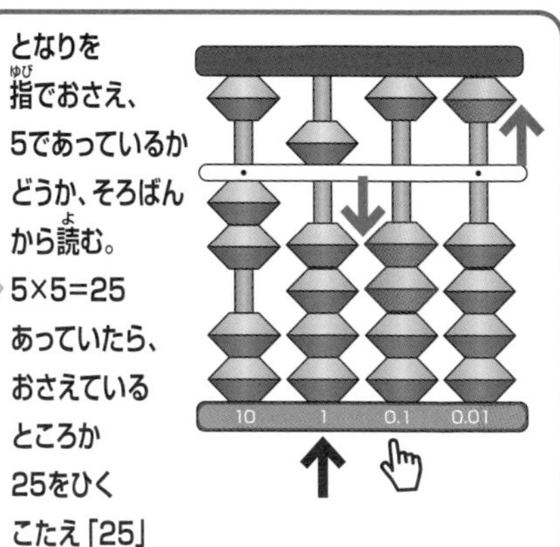

となりを
指でおさえ、
5であっているか
どうか、そろばん
から読む。
5×5=25
あっていたら、
おさえている
ところか
25をひく
こたえ「25」

③ 224÷4のけいさん

こたえ 56

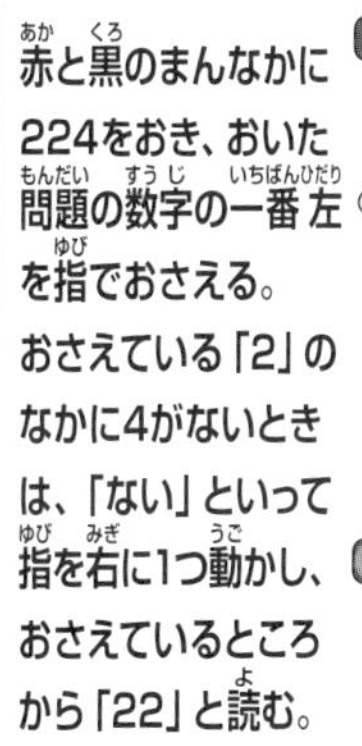

赤と黒のまんなかに224をおき、おいた問題の数字の一番左を指でおさえる。おさえている「2」のなかに4がないときは、「ない」といって指を右に1つ動かし、おさえているところから「22」と読む。

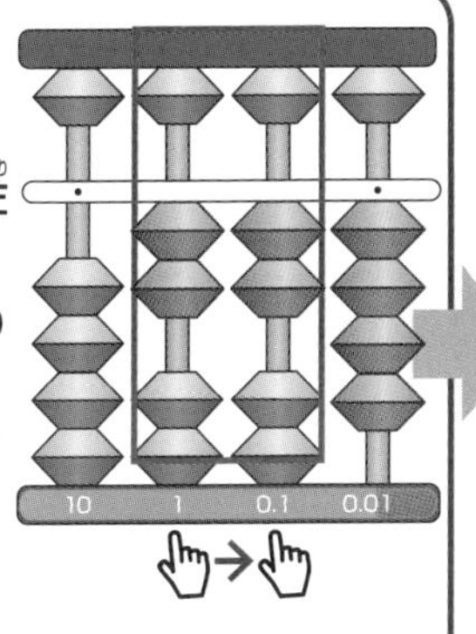

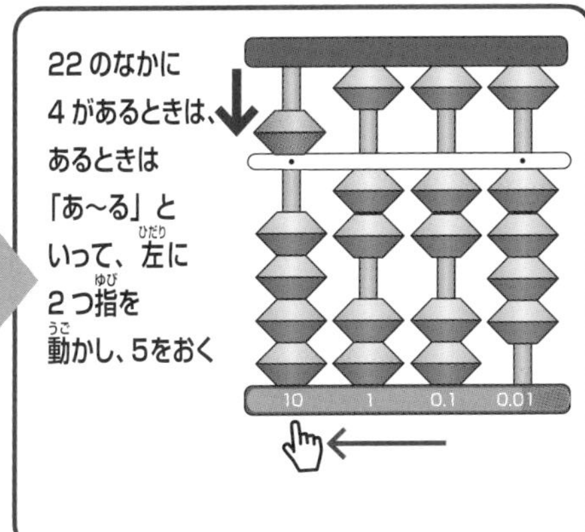

22のなかに4があるときは、あるときは「あ～る」といって、左に2つ指を動かし、5をおく

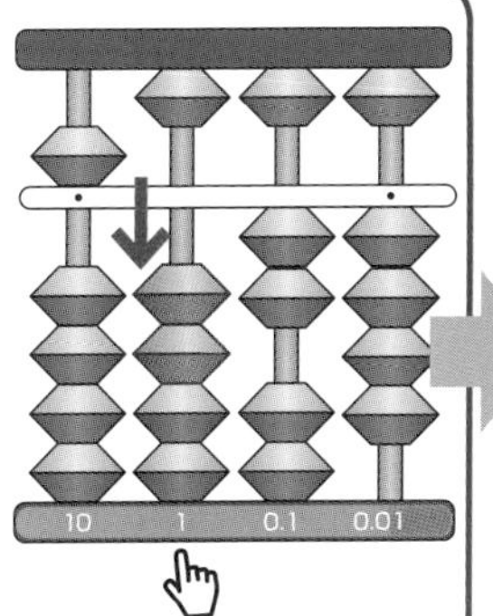

となりを指でおさえ5であっているかどうか、そろばんから読む。
5×4=20
あっていたら、おさえているところから20をひく

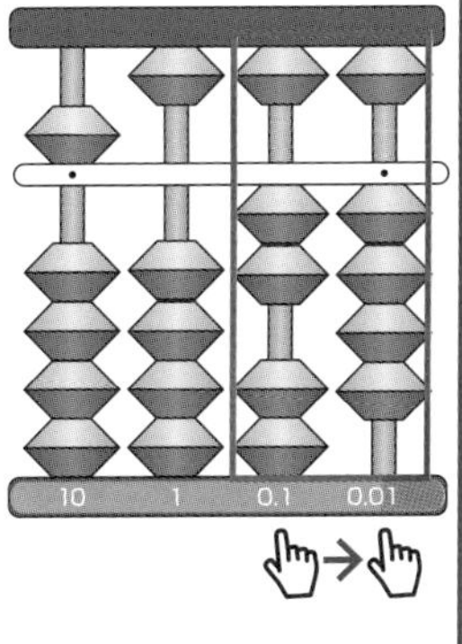

残っている問題の左を指でおさえる。おさえている「2」のなかに4がないときは、「ない」といって指を右に1つ動かし、おさえているところから「24」と読む。

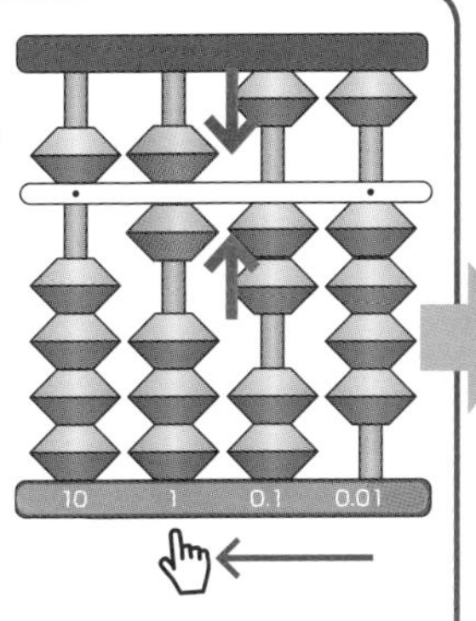

24のなかに4があるときは、あるときは「あ～る」といって、左に2つ指を動かし、6をおく

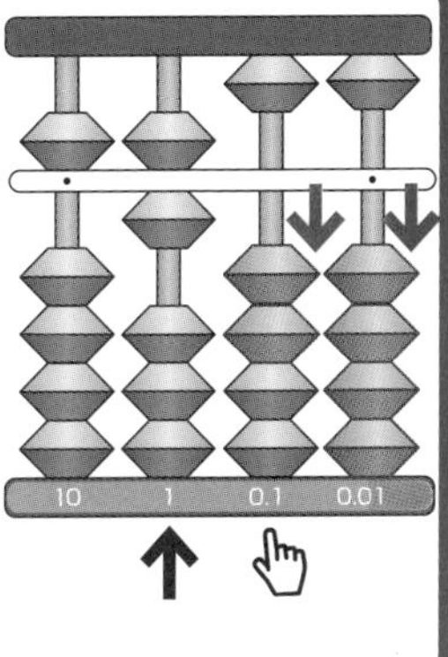

となりを指でおさえ6であっているかどうか、そろばんから読む。
6×4=24
あっていたら、おさえているところか24をひく
こたえ「56」

わりきれると問題の数がなくなる

① 80÷2のけいさん

こたえ　40

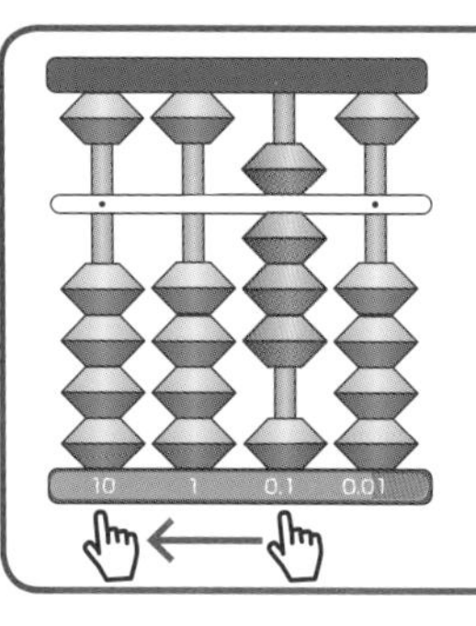

赤と黒のまんなかに 80 をおき、
おいた問題の数字の一番左を指でおさえる。
おさえている「8」のなかに 2 があるときは、
「あ～る」といって、左に2つ指を動かす

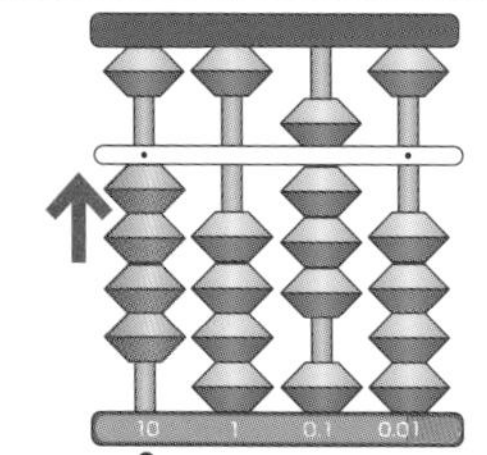

8÷2=4
おさえているところに4をおく

問題の数字を
はらう前に、
おさえている指を
となりにうつし、
4 × 2 = 8
そろばんから読んで
あっていたら
問題をはらう

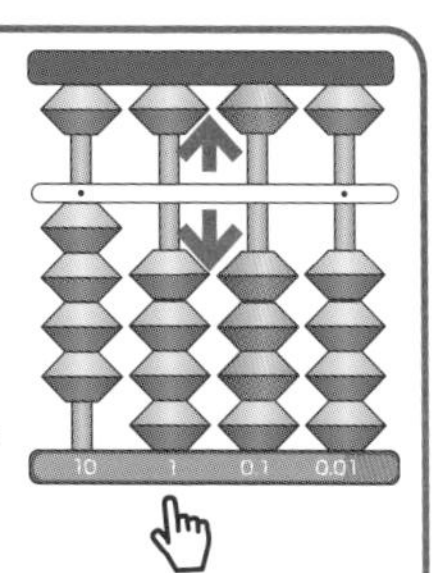

問題がなくなったら
「わりきれた」
こたえ「40」

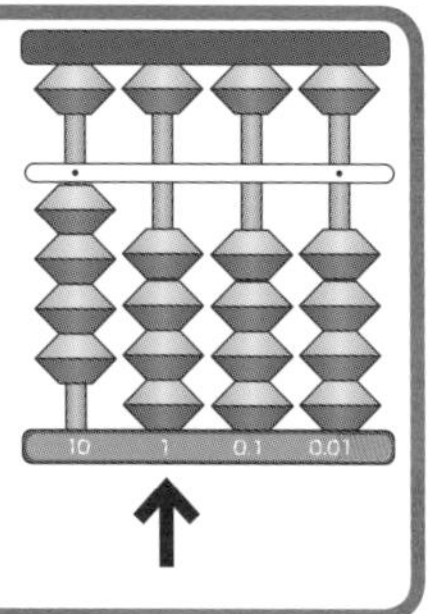

わりざんは黒いシールを見てこたえを読みます。わる数が 1 けたなので、黒いシールの 1 まで読みます。

1度でわりきれたらこたえを読む

このパートでのわりざんは最後となりますが、ゆっくりけいさんすれば決して難しくはありません。クリアすれば8級レベルの実力がついたことになります。けいさんの途中で問題の数がなくなれば「わりきれた」ことになります。

② 140÷4のけいさん

こたえ　35

赤と黒のまんなかに140をおく。一番左のおさえている「1」のなかに4がないときは、「ない」といって指を右に1つ動かし、おさえているところから「14」と読む。

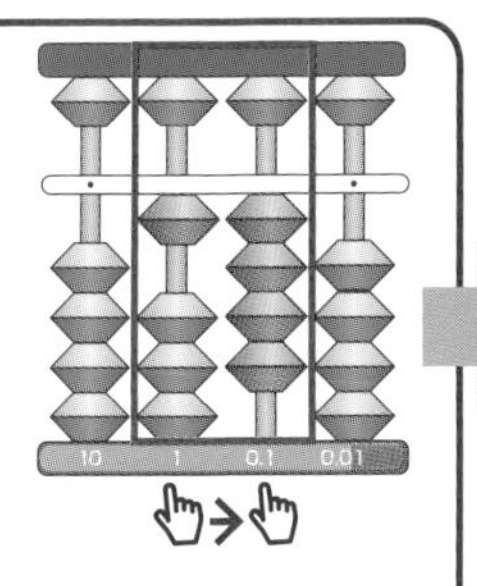

おさえている「14」のなかに 4 があるときは、「あ～る」といって、左に 2つ指を動かし、3をおく

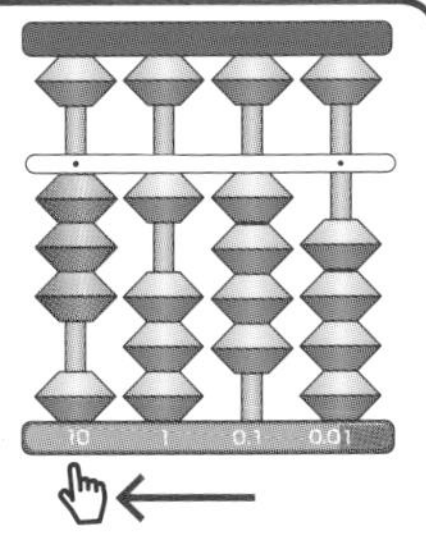

問題の数字をはらう前に、おさえている指をとなりにうつし、4×3=12 そろばんから読んであっていたら12をひく

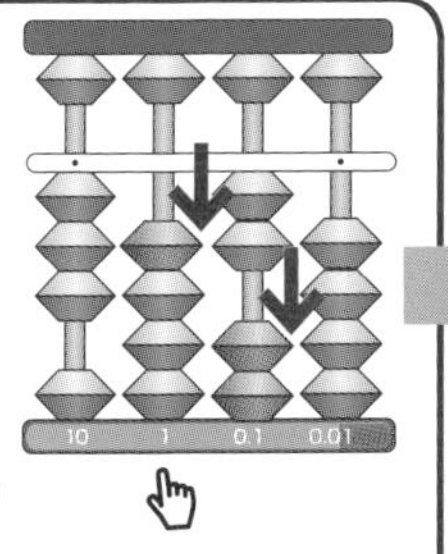

おさえている「2」のなかに 4 がないときは、「ない」といって指を右に 1 つ動かし、おさえているところから「20」と読む。

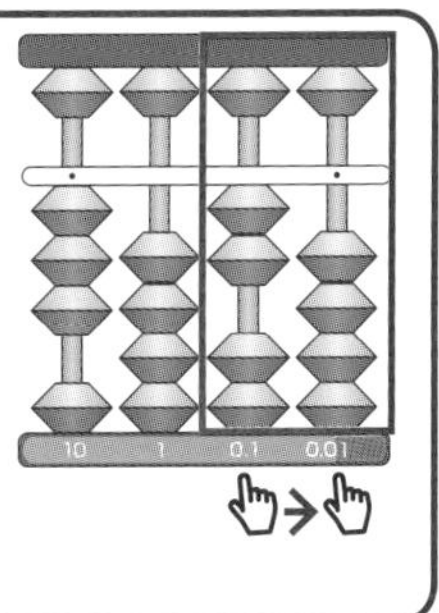

おさえている「20」のなかに 4 があるときは、「あ～る」といって、左に 2 つ指を動かし、5 をおく

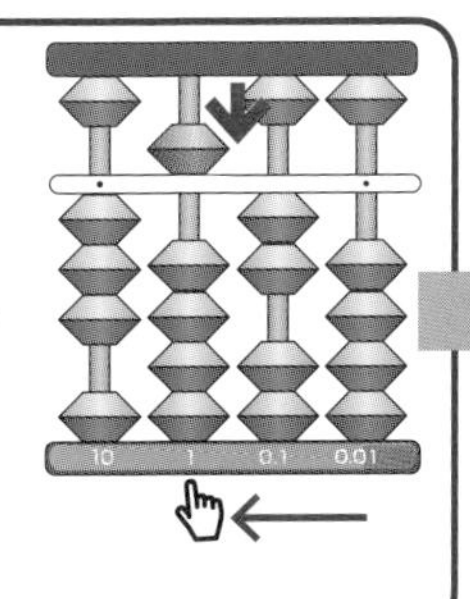

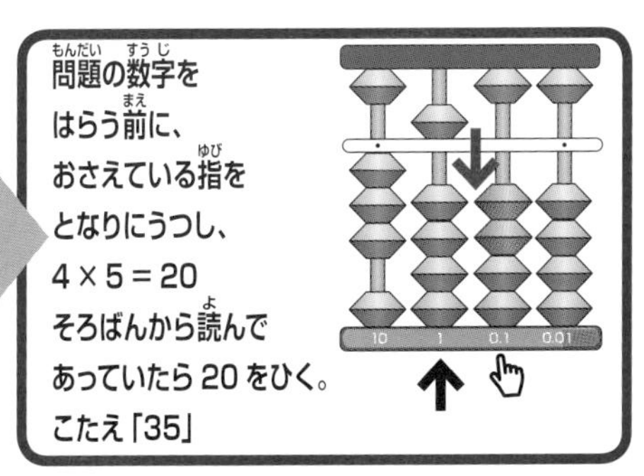

問題の数字をはらう前に、おさえている指をとなりにうつし、4 × 5 = 20 そろばんから読んであっていたら 20 をひく。こたえ「35」

かけられる数に対し順番にかける

① 8級のかけざんの説明

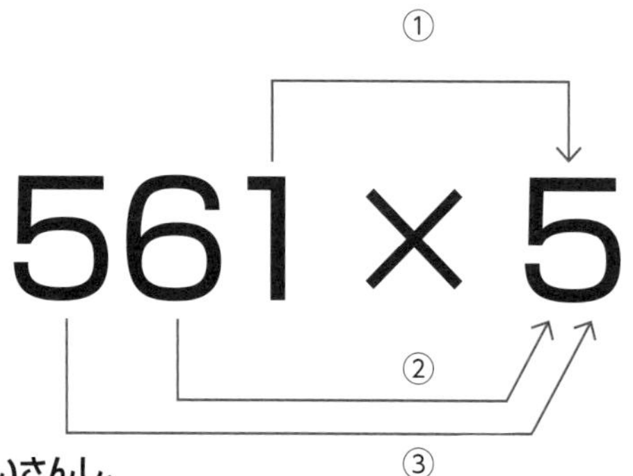

最初に①の1×5をけいさんし、次に②の6×5、最後に5×5をけいさんしてこたえを出す。

2けた×1けたの
かけざんは、
カンペキにマスター
してるから
大丈夫かな!?

パパ・ママへアドバイス!

お子さんはけたが増えると、難しく感じるかもしれません。指のおさえをしっかりし、「じゅう」がつくか、つかないか間違えなければ大丈夫。答えを読むときはかける数が一の位なので、赤いシールの1のところを読みます。

9級かけざんを応用してこたえを出す

8級ではかけざんのけたが1けた増え、3けた×1けたのけいさんとなります。前パートで2けた×1けたのかけざんの応用ですが、やり方は同じです。指のおさえかたやこたえのおき方を間違えず、正しいこたえが出せるよう練習しましょう。

② 561×5のけいさん

こたえ　2805

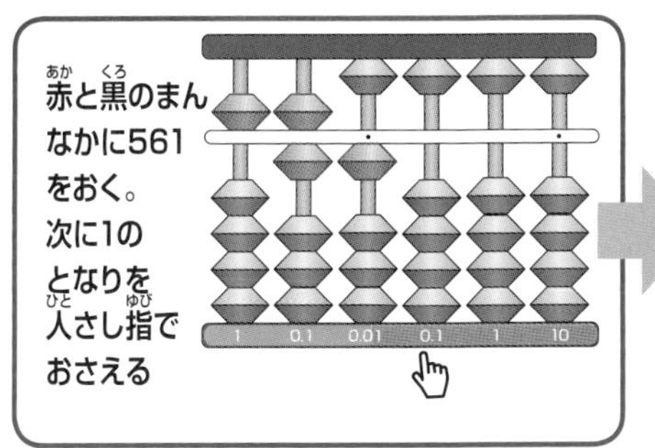

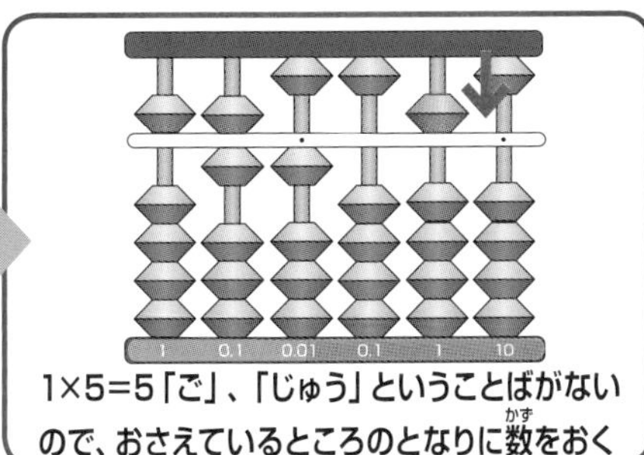

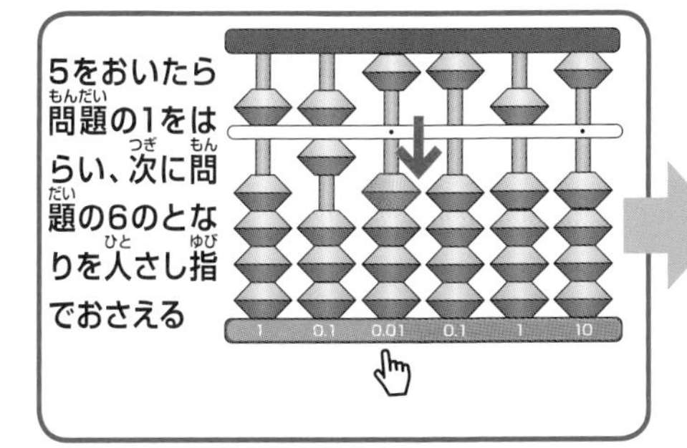

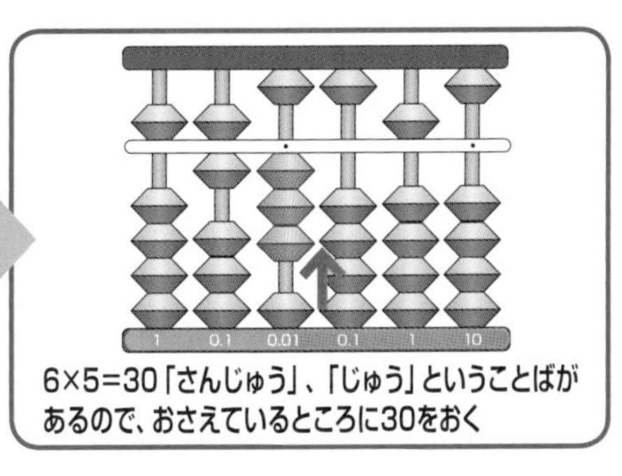

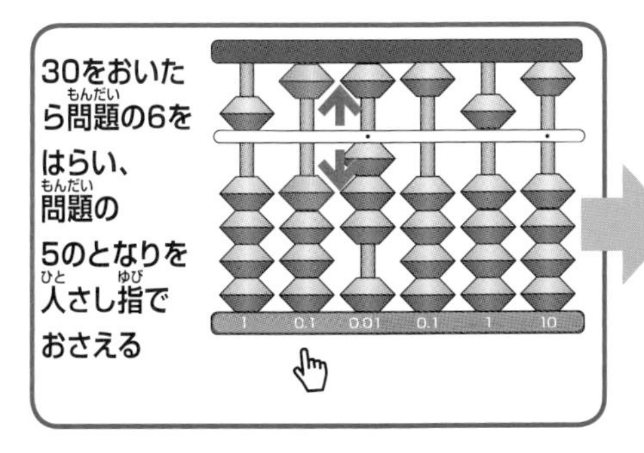

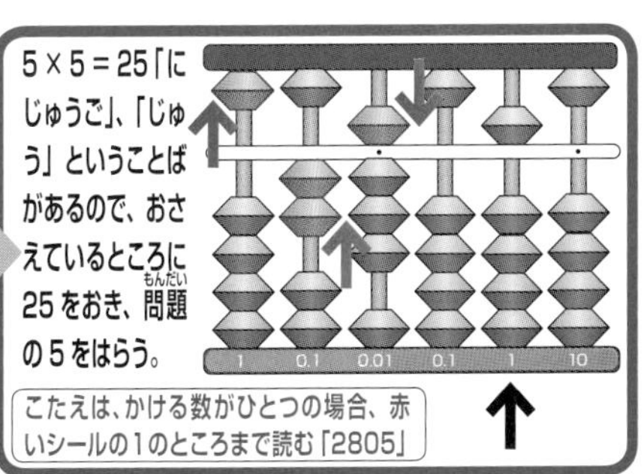

こたえは、かける数がひとつの場合、赤いシールの1のところまで読む「2805」

コツ31〜35

練習もんだい

わりざんを復習(ふくしゅう)しよう！

❶ 24 ÷ 2 =

❷ 42 ÷ 2 =

❸ 69 ÷ 3 =

❹ 55 ÷ 5 =

❺ 82 ÷ 2 =

❻ 36 ÷ 3 =

❼ 86 ÷ 2 =

❽ 68 ÷ 2 =

❾ 84 ÷ 4 =

❿ 39 ÷ 3 =

⓫ 192 ÷ 8 =

⓬ 147 ÷ 3 =

⓭ 224 ÷ 4 =

⓮ 192 ÷ 2 =

⓯ 125 ÷ 5 =

⓰ 498 ÷ 6 =

⓱ 136 ÷ 2 =

⓲ 399 ÷ 7 =

⓳ 648 ÷ 9 =

⓴ 384 ÷ 6 =

㉑ 111 ÷ 3 =

㉒ 119 ÷ 7 =

㉓ 112 ÷ 4 =

㉔ 108 ÷ 6 =

㉕ 105 ÷ 3 =

㉖ 126 ÷ 7 =

㉗ 128 ÷ 8 =

㉘ 171 ÷ 9 =

㉙ 116 ÷ 4 =

㉚ 135 ÷ 9 =

㉛ 108 ÷ 2 =

㉜ 364 ÷ 4 =

㉝ 729 ÷ 9 =

㉞ 166 ÷ 2 =

㉟ 427 ÷ 7 =

㊱ 305 ÷ 5 =

㊲ 128 ÷ 4 =

㊳ 276 ÷ 3 =

㊴ 568 ÷ 8 =

㊵ 246 ÷ 6 =

㊶ 56 ÷ 4 =

㊷ 74 ÷ 2 =

㊸ 65 ÷ 5 =

㊹ 96 ÷ 8 =

㊺ 78 ÷ 2 =

㊻ 48 ÷ 3 =

㊼ 72 ÷ 6 =

㊽ 45 ÷ 3 =

㊾ 92 ÷ 4 =

㊿ 87 ÷ 3 =

51 480 ÷ 6 =

52 70 ÷ 5 =

53 600 ÷ 8 =

54 300 ÷ 4 =

55 540 ÷ 9 =

56 140 ÷ 4 =

57 270 ÷ 3 =

58 80 ÷ 2 =

59 140 ÷ 7 =

60 90 ÷ 3 =

61 340 ÷ 4 =

62 520 ÷ 8 =

63 200 ÷ 8 =

64 100 ÷ 2 =

65 630 ÷ 7 =

66 180 ÷ 3 =

67 720 ÷ 9 =

68 90 ÷ 6 =

69 480 ÷ 5 =

70 350 ÷ 5 =

71 357 ÷ 7 =

72 268 ÷ 4 =

※答えは 142、143 ページ

73 $744 \div 8 =$ ☐

74 $57 \div 3 =$ ☐

75 $810 \div 9 =$ ☐

76 $180 \div 9 =$ ☐

77 $256 \div 4 =$ ☐

78 $155 \div 5 =$ ☐

79 $58 \div 2 =$ ☐

80 $170 \div 2 =$ ☐

81 $819 \div 9 =$ ☐

82 $249 \div 3 =$ ☐

83 $490 \div 7 =$ ☐

84 $96 \div 4 =$ ☐

85 $122 \div 2 =$ ☐

86 $180 \div 6 =$ ☐

87 $81 \div 3 =$ ☐

88 $295 \div 5 =$ ☐

89 $375 \div 5 =$ ☐

90 $651 \div 7 =$ ☐

91 $983 \times 6 =$ ☐

92 $691 \times 4 =$ ☐

93 $362 \times 5 =$ ☐

94 $418 \times 9 =$ ☐

95 $250 \times 7 =$ ☐

96 $479 \times 3 =$ ☐

97 $806 \times 2 =$ ☐

98 $125 \times 8 =$ ☐

99 $537 \times 6 =$ ☐

100 $704 \times 5 =$ ☐

101 $502 \times 9 =$ ☐

102 $260 \times 3 =$ ☐

103 $701 \times 8 =$ ☐

104 $658 \times 2 =$ ☐

105 $134 \times 9 =$ ☐

106 $429 \times 6 =$ ☐

107 $875 \times 5 =$ ☐

108 $387 \times 2 =$ ☐

109 $946 \times 4 =$ ☐

110 $193 \times 7 =$ ☐

PART 6

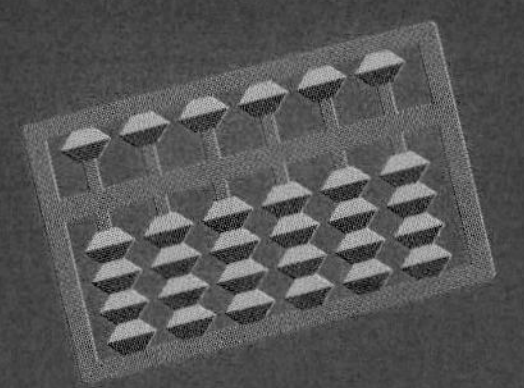

かけざん・わりざん
レベルアップ

「じゅう」がついたら そのままたす

① 3×76のけいさん

こたえ　228

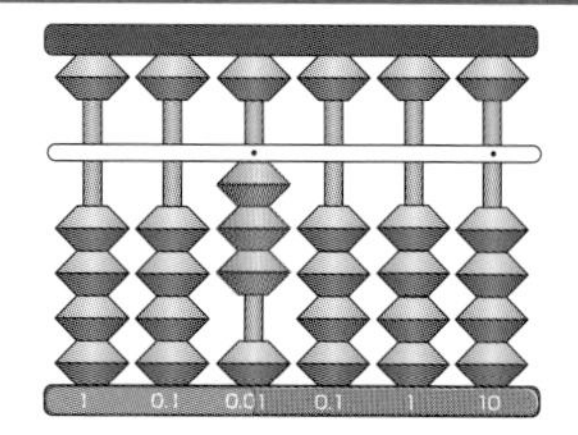

赤と黒のまんなかに3をおく。
3×7、3×6の順番でかけざんする

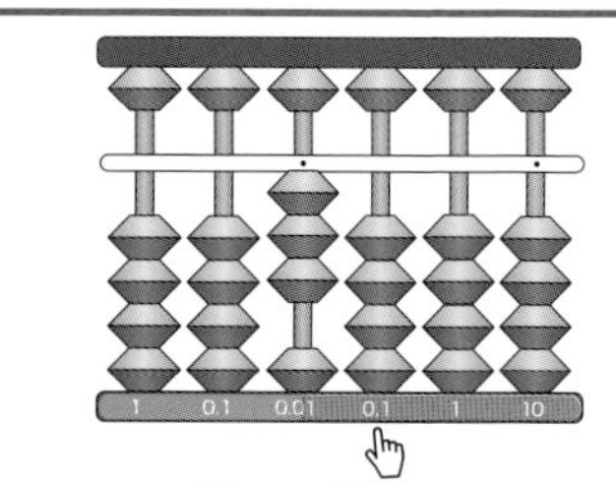

3 のとなりを人さし指でおさえる

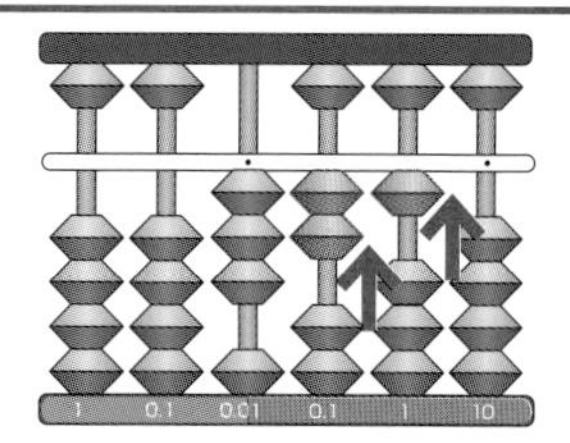

3×7=21「にじゅういち」、「じゅう」ということばがあるので、おさえているところに21をおく

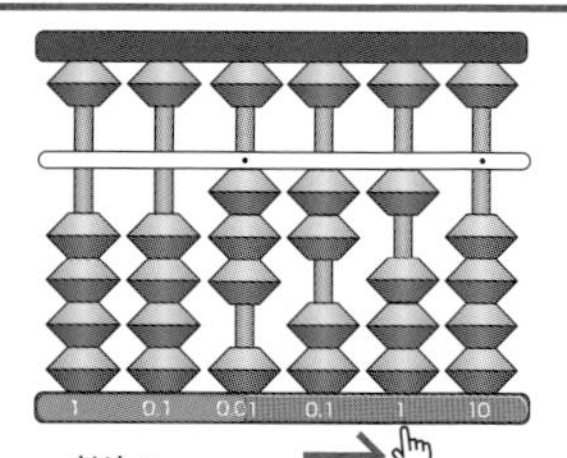

たしたら最初におさえた
となりを人さし指でおさえる

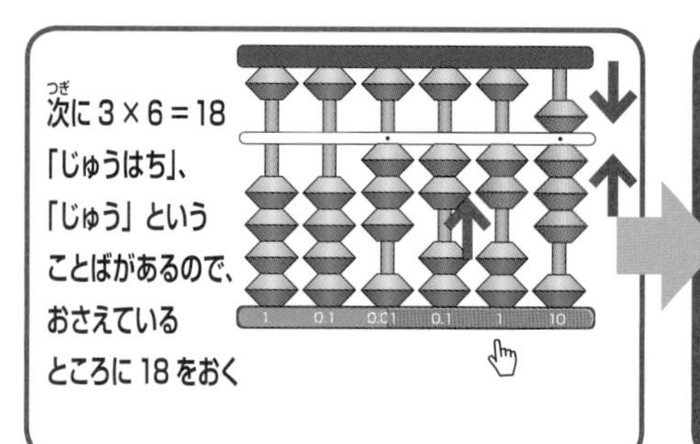

次に 3 × 6 = 18
「じゅうはち」、
「じゅう」という
ことばがあるので、
おさえている
ところに 18 をおく

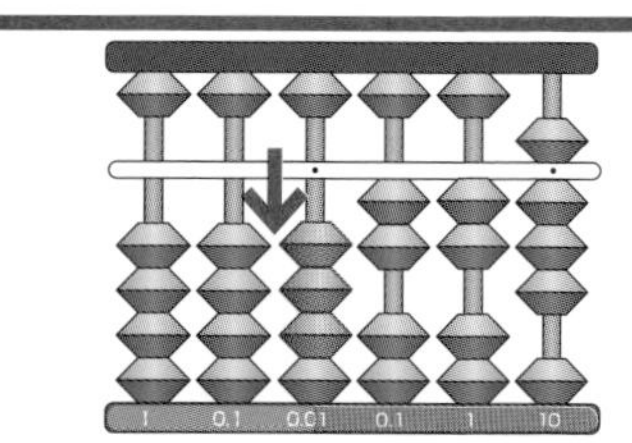

18をおいたら問題の3をはらう。かける数が2けたの場合、赤いシールの10まで読む。　こたえ「228」

7級のかけざんにチャレンジする

かけざんやわりざん、みとりざんができるようになると8級レベルのけいさんができるようになります。ここからは、7級のかける数が2けたになる、新しいかけざんにチャレンジ。かけざん九九をおぼえていることが大切です。

② 4×43のけいさん

こたえ 172

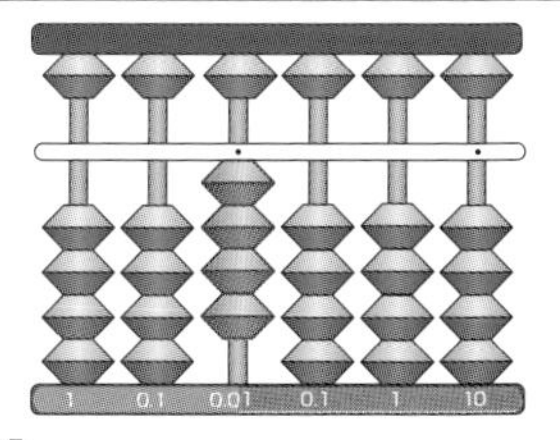

赤と黒のまんなかに4をおく。
4×4、4×3の順番でかけざんする

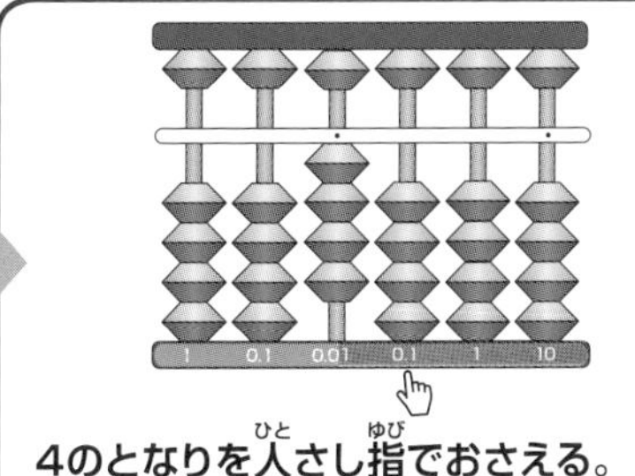

4のとなりを人さし指でおさえる。

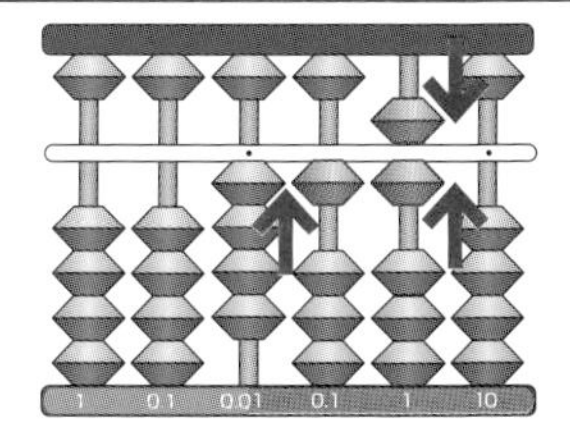

4×4=16「じゅうろく」、「じゅう」ということばがあるので、おさえているところに16をおく

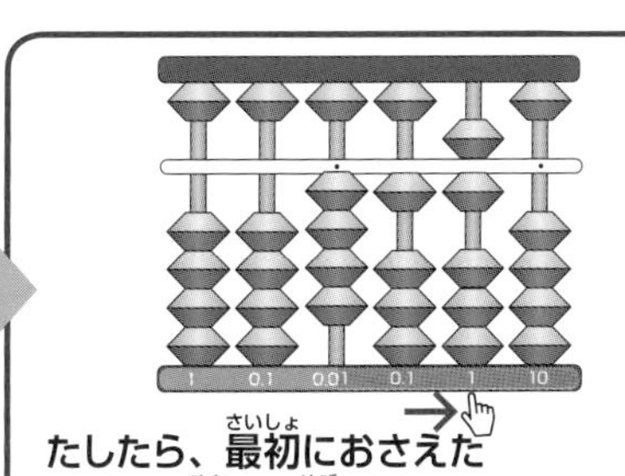

たしたら、最初におさえたとなりを人さし指でおさえる

次に4×3＝12「じゅうに」、「じゅう」ということばがあるので、おさえているところに12をおく

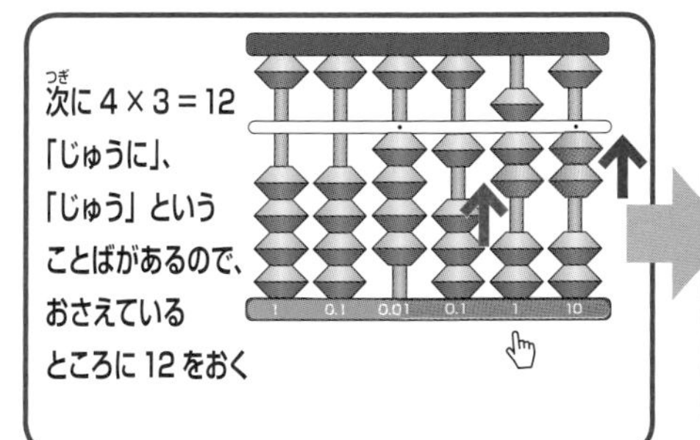

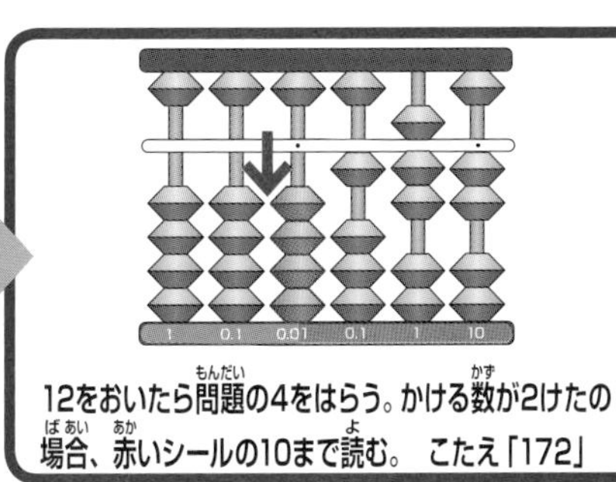

12をおいたら問題の4をはらう。かける数が2けたの場合、赤いシールの10まで読む。 こたえ「172」

「じゅう」がつかないならとなりにたす

① 4×12のけいさん

こたえ 48

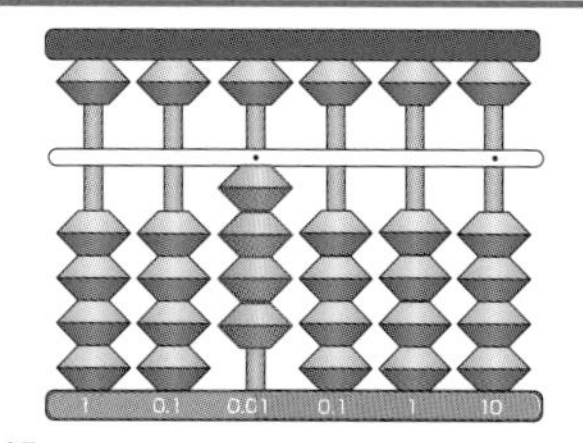

赤と黒のまんなかに4をおく。
4×1、4×2の順番でかけざんする

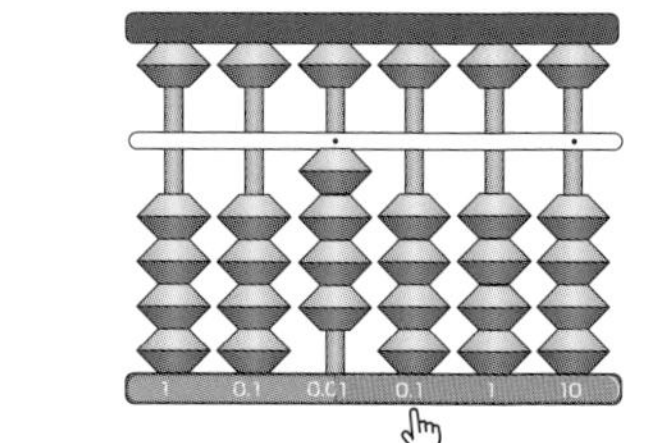

4のとなりを人さし指でおさえる。

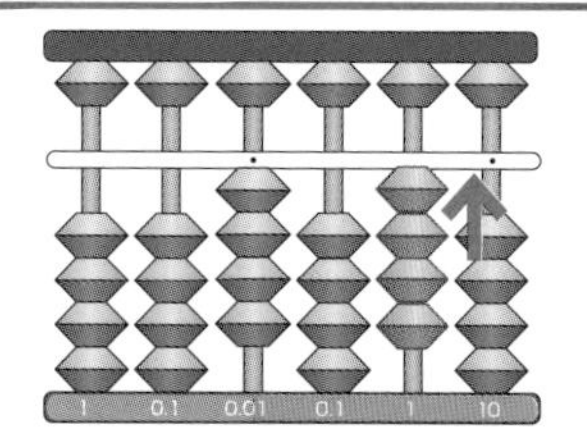

4×1=4「し」、「じゅう」ということばがつかないので、おさえているところのとなりに4をおく

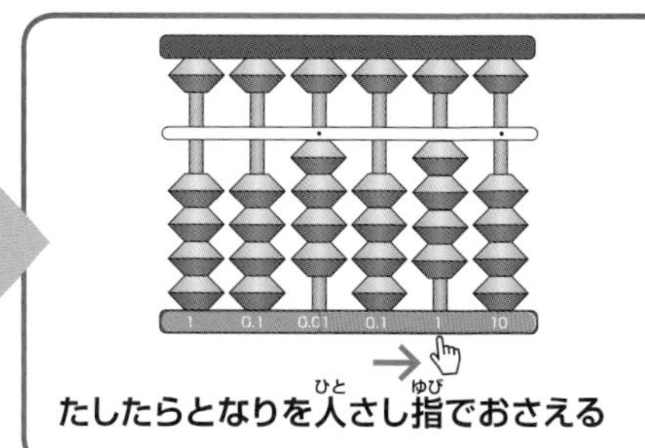

たしたらとなりを人さし指でおさえる

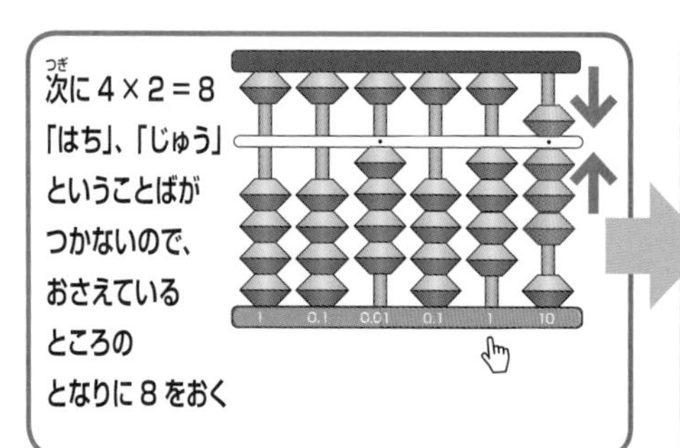

次に4×2＝8「はち」、「じゅう」ということばがつかないので、おさえているところのとなりに8をおく

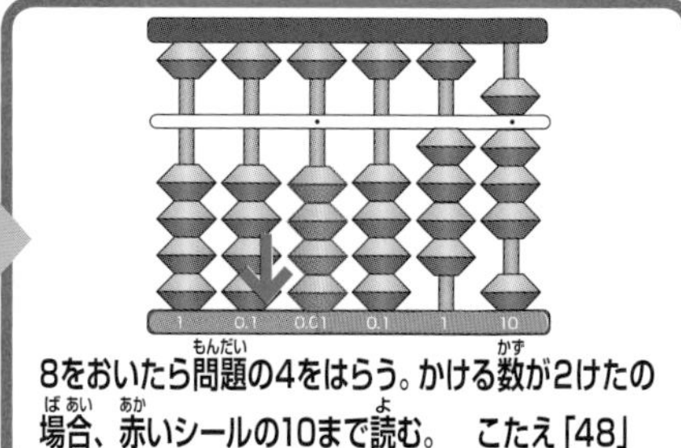

8をおいたら問題の4をはらう。かける数が2けたの場合、赤いシールの10まで読む。　こたえ「48」

指のおさえるところに注意してけいさんする

かける数が2けたになるかけざんでは、かけられる数×十の位、かけられる数×一の位の順番でけいさんします。こたえに「じゅう」がつかない場合、指でおさえているとなりに数をたし、次は最初に指でおさえたとなりから続けます。

② 2×24のけいさん

こたえ　48

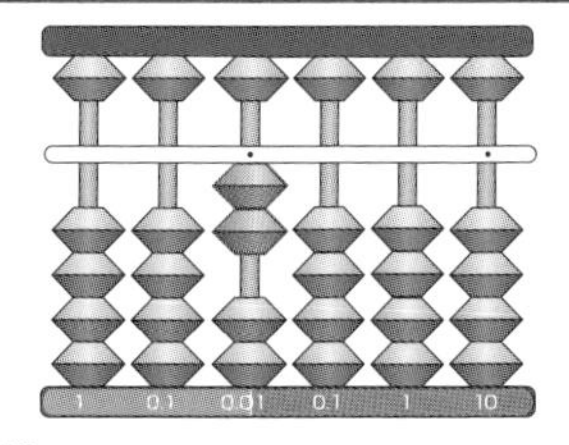

赤と黒のまんなかに2をおく。
2×2、2×4の順番でかけざんする

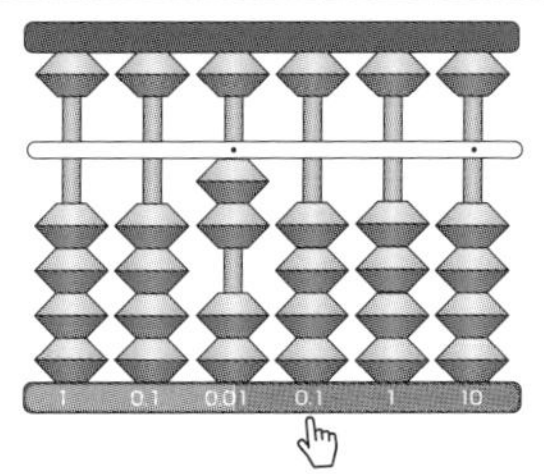

2のとなりを人さし指でおさえる。

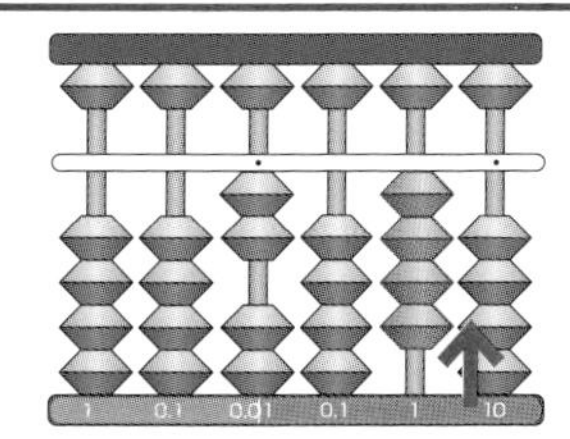

2×2=4「し」、「じゅう」ということばがつかないので、おさえているところのとなりに4をおく

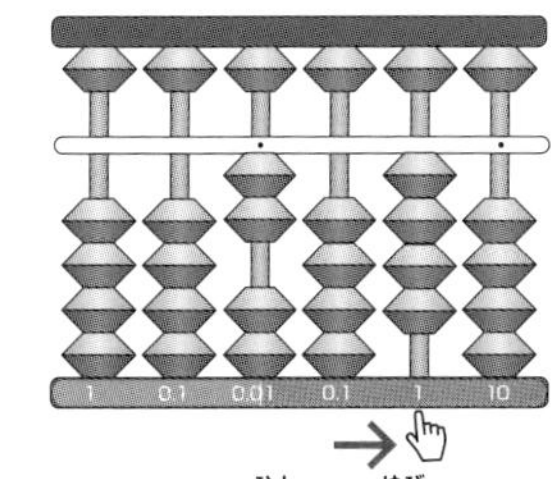

たしたらとなりを人さし指でおさえる

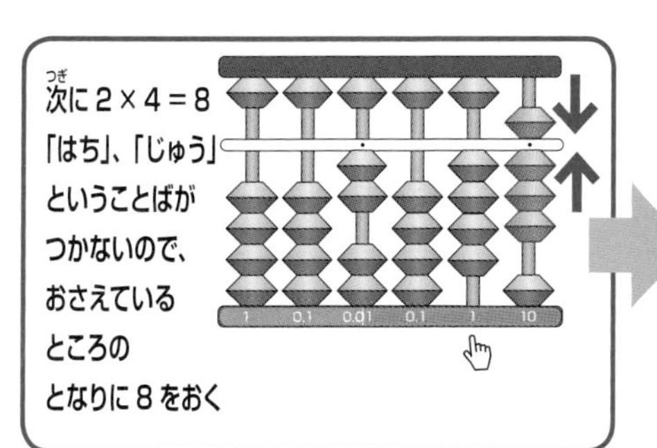

次に 2 × 4 = 8
「はち」、「じゅう」
ということばが
つかないので、
おさえている
ところの
となりに 8 をおく

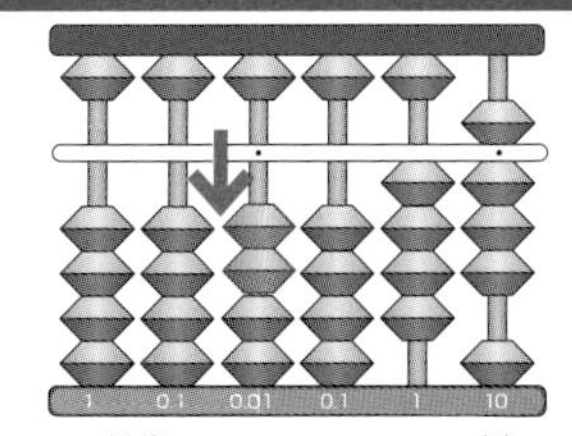

8をおいたら問題の2をはらう。かける数が2けたの場合、赤いシールの10まで読む。　こたえ「48」

こたえのたす場所と読むところに気をつける

① 2×80のけいさん

こたえ　160

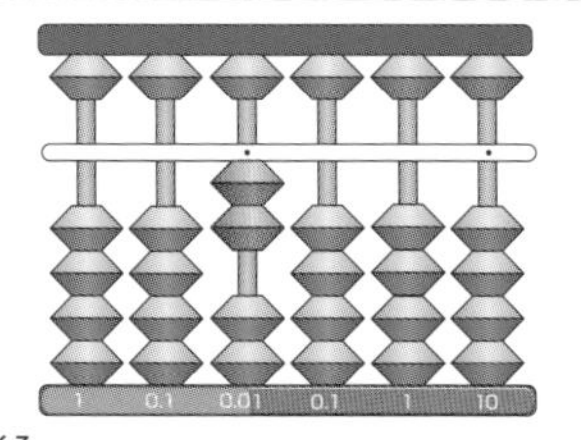

赤と黒のまんなかに2をおく
2×8、2×0の順番でかけざんする

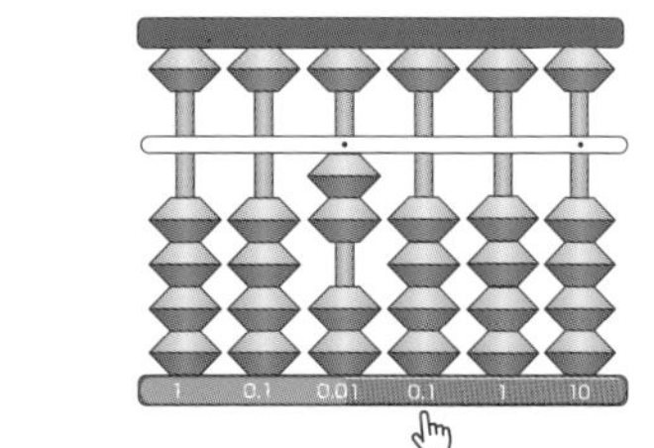

2のとなりを人さし指でおさえる

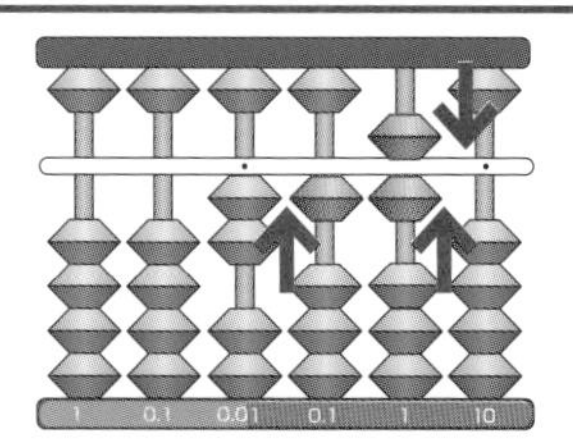

2×8=16「じゅうろく」、「じゅう」ということばがつくので、おさえているところに16をおく

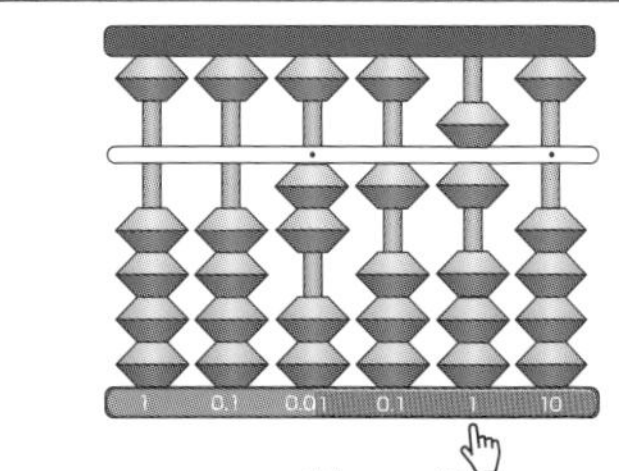

たしたらとなりを人さし指でおさえる

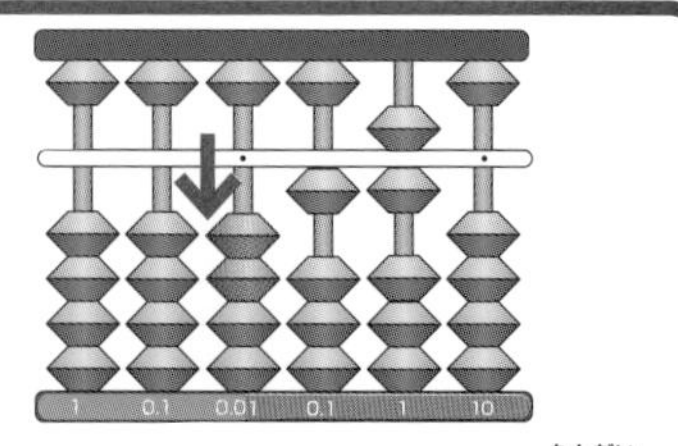

2×0=0　たさなくていいので、問題の2をはらう。　こたえ「160」

2けたの数をかけたので、赤いシールの10まで読む

一の位に0がついたらこたえを読む

かける数の一の位に0がつく場合は、一の位のかけざんをしなくてもこたえが出せます。また十の位のこたえに一の位のかけざんをたすときは、くりあがりのけいさんが必要になることも。こたえのたす場所、読むところを確認しましょう。

② 4×75のけいさん

こたえ　300

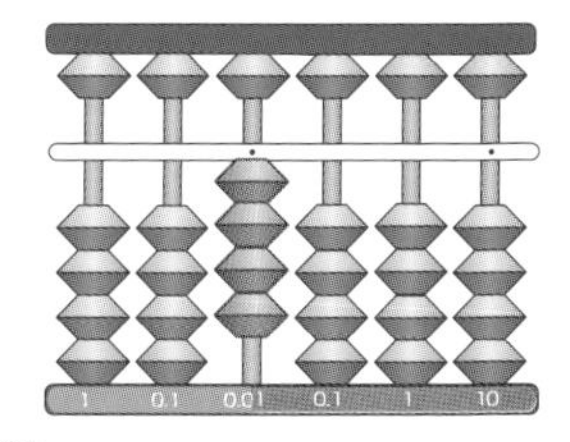

赤と黒のまんなかに4をおく
4×7、4×5の順番でかけざんする

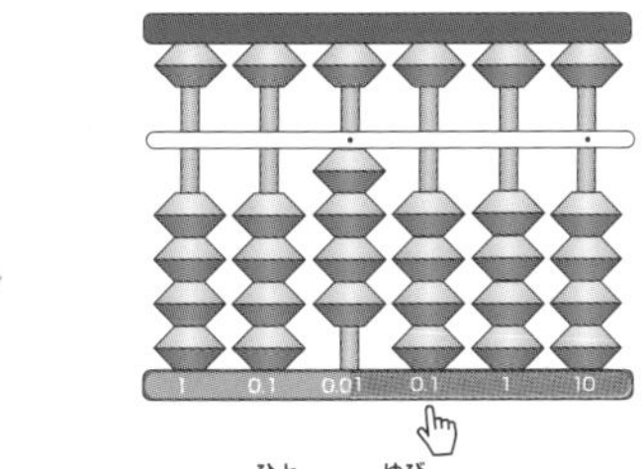

4のとなりを人さし指でおさえる

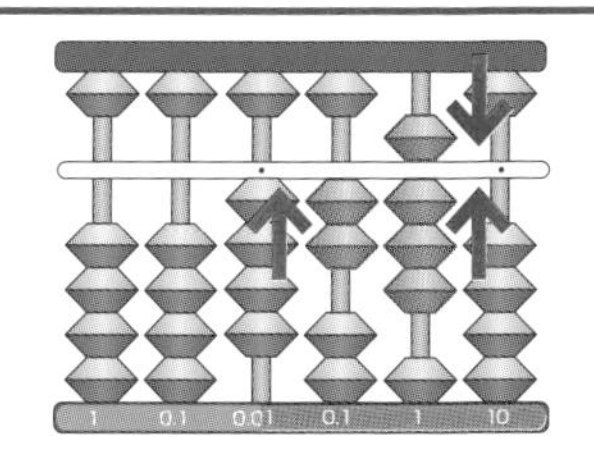

4×7=28「にじゅうはち」、「じゅう」ということばがつくので、おさえているところに28をおく

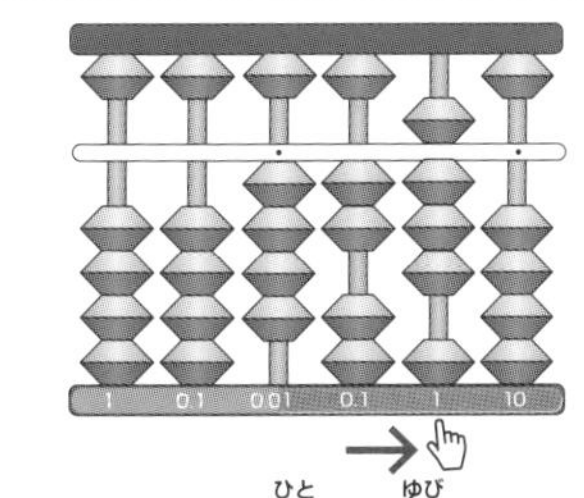

たしたらとなりを人さし指でおさえる

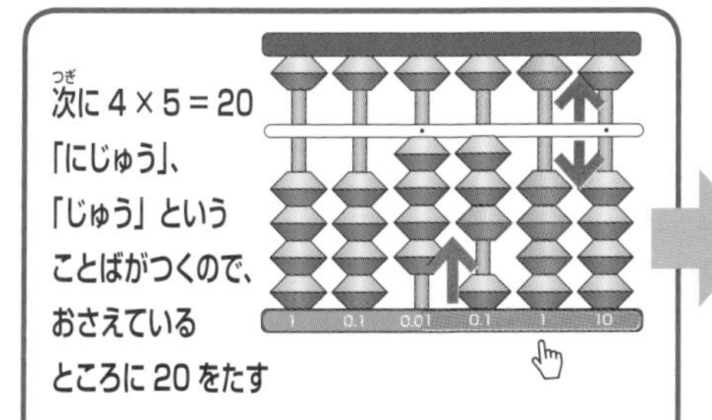

次に 4 × 5 = 20「にじゅう」、「じゅう」ということばがつくので、おさえているところに 20 をたす

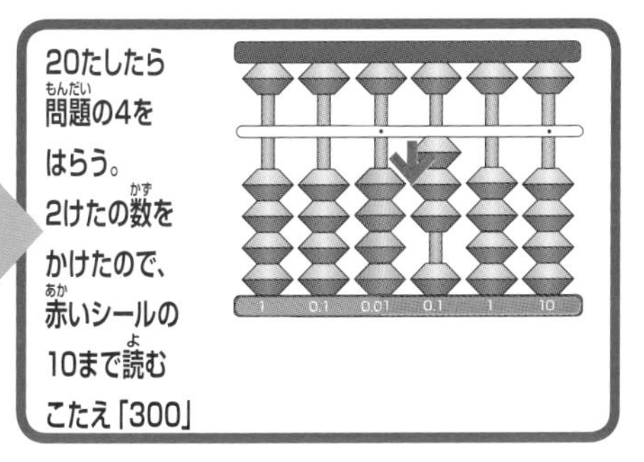

20たしたら問題の4をはらう。2けたの数をかけたので、赤いシールの10まで読む
こたえ「300」

かけられる数の一の位、十の位の順にけいさんする

① 96×23のけいさん

こたえ　2208

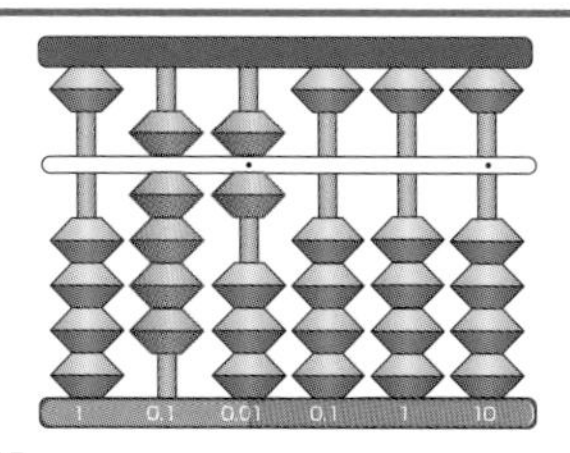

赤と黒のまんなかに96をおく。
最初に6×2、6×3の順番でかけざんする

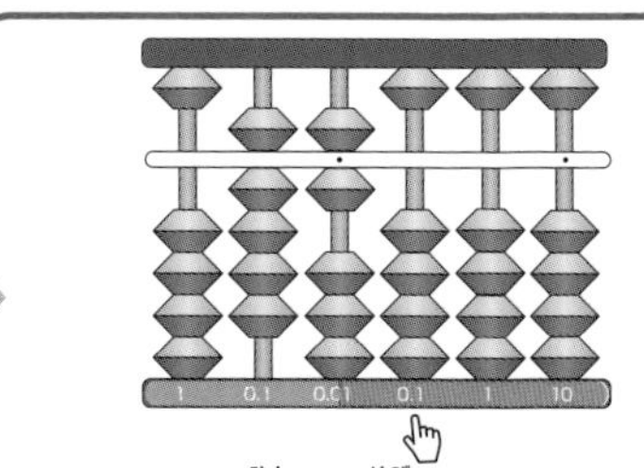

6のとなりを人さし指でおさえる

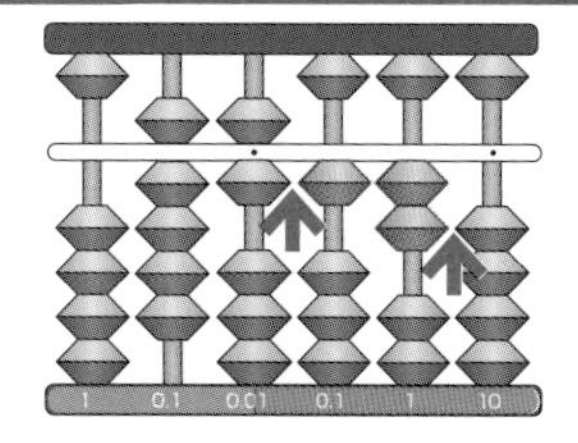

6×2=12「じゅうに」、「じゅう」ということばがつくので、おさえているところに12をおく

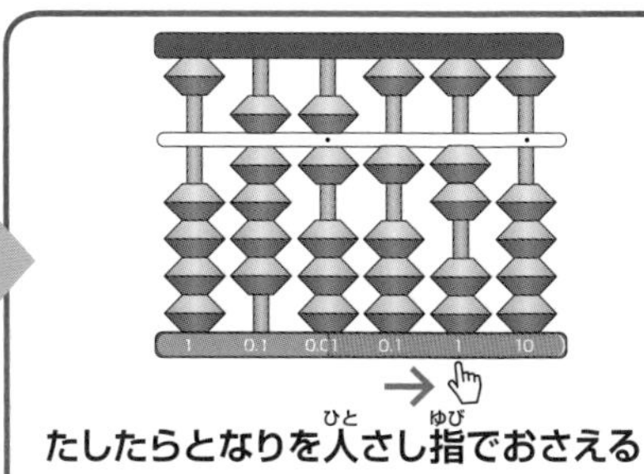

たしたらとなりを人さし指でおさえる

6 × 3 = 18
「じゅうはち」、
「じゅう」という
ことばがつくので、
おさえている
ところに 18 をたす

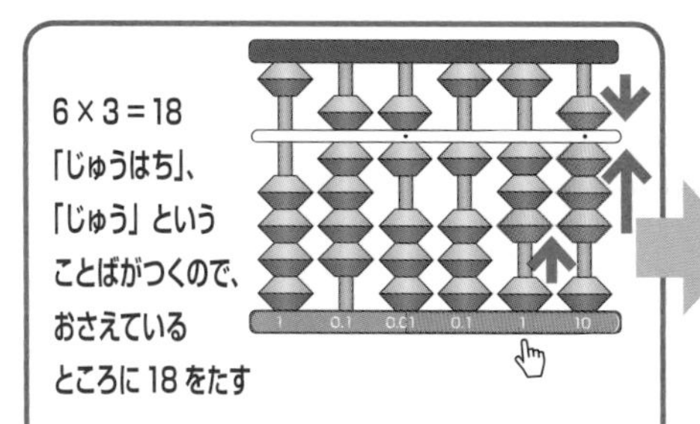

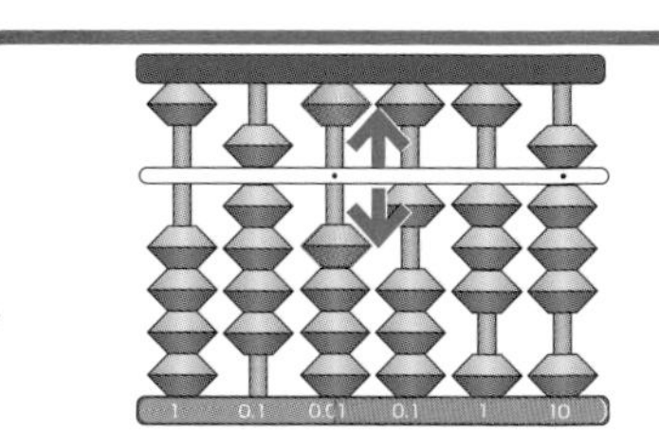

たしたら問題の6をはらう

「じゅう」がついたらおさえているところにたす

二けた×二けたのけいさんは、こたえの数が大きくなります。難しいと思いがちですが、これまでのかけざんのやり方で大丈夫。最初にかけられる数の一の位をかけざんしてから、次にかけられる数の十の位のかけざんに進みます。

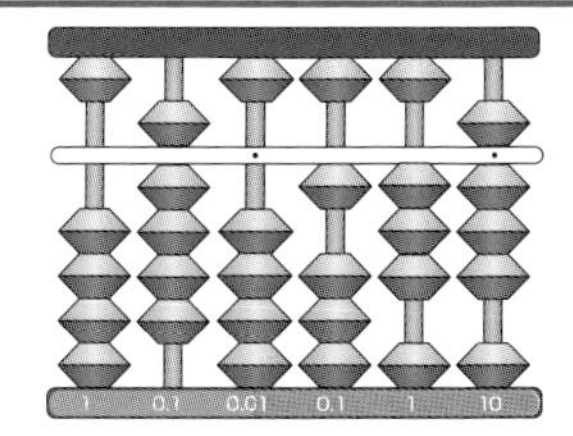

次に9×2、9×3の順番でかけざんする

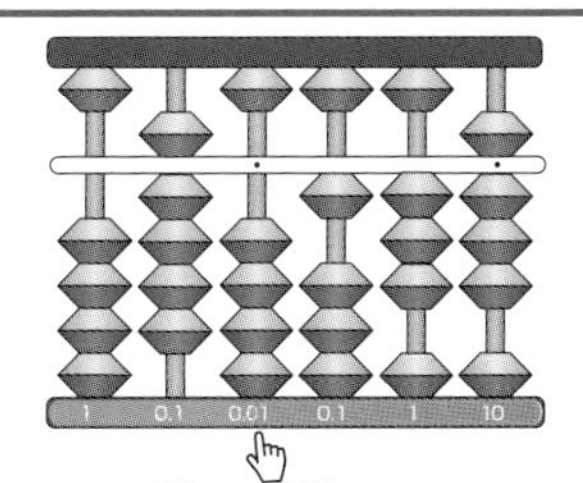

9のとなりを人さし指でおさえる

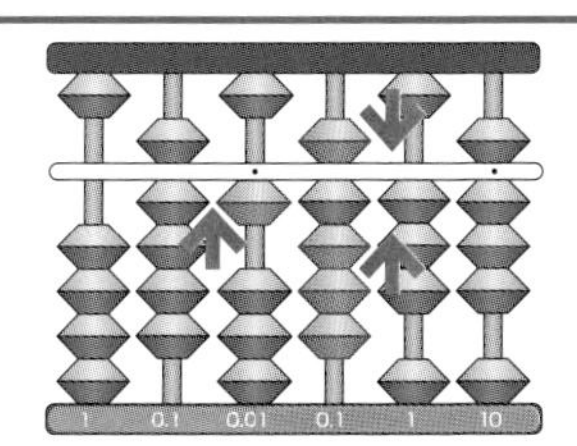

9×2=18「じゅうはち」、「じゅう」ということばがつくので、おさえているところに18をおく

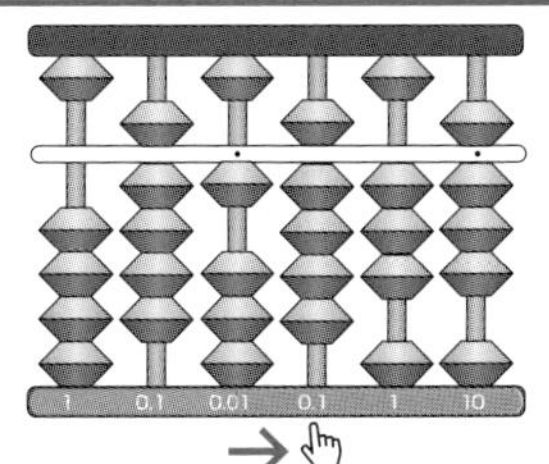

たしたらとなりを人さし指でおさえる

9×3＝27「にじゅうしち」、「じゅう」ということばがつくので、おさえているところに27をたす

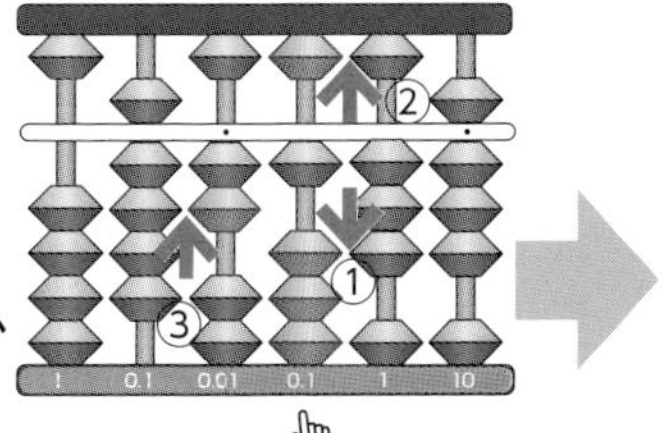

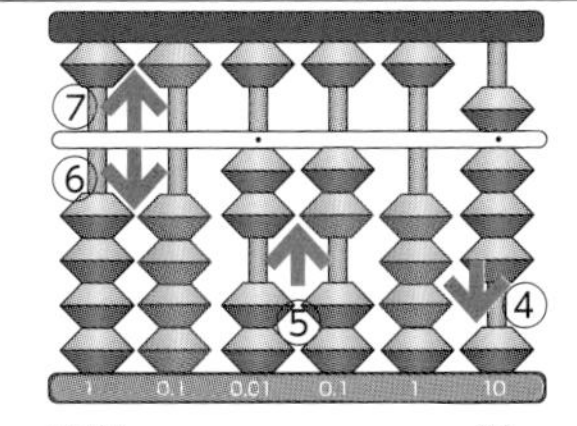

たしたら問題の9をはらう。2けたの数をかけたので赤いシールの10まで読む。　こたえ「2208」

② 82×85のけいさん

こたえ　6970

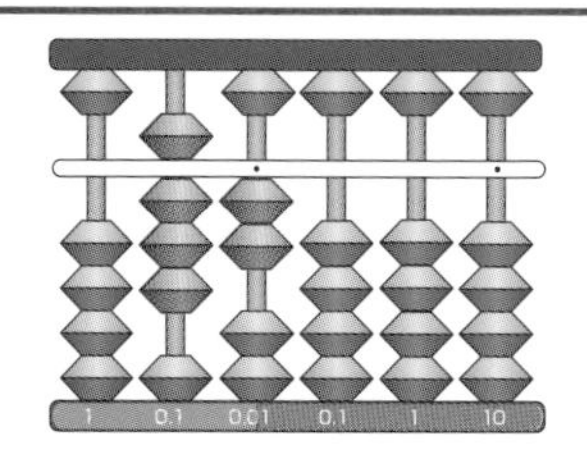

赤と黒のまんなかに82をおく。
最初に2×8、2×5の順番でかけざんする

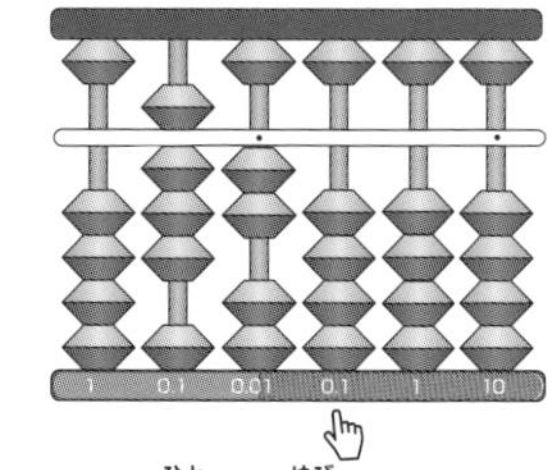

2のとなりを人さし指でおさえる。

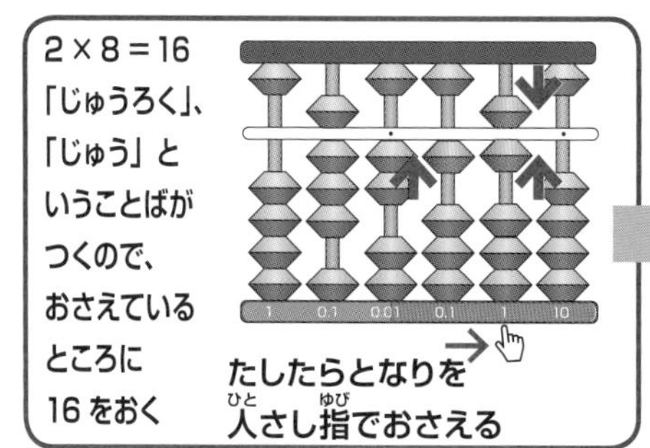

2×8＝16
「じゅうろく」、
「じゅう」と
いうことばが
つくので、
おさえている
ところに
16をおく

たしたらとなりを
人さし指でおさえる

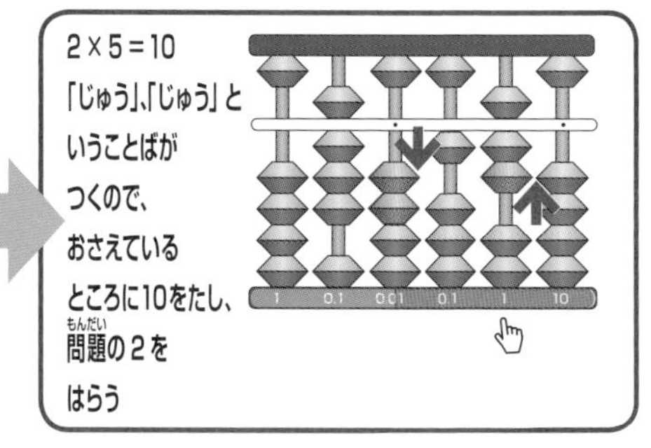

2×5＝10
「じゅう」、「じゅう」と
いうことばが
つくので、
おさえている
ところに10をたし、
問題の2を
はらう

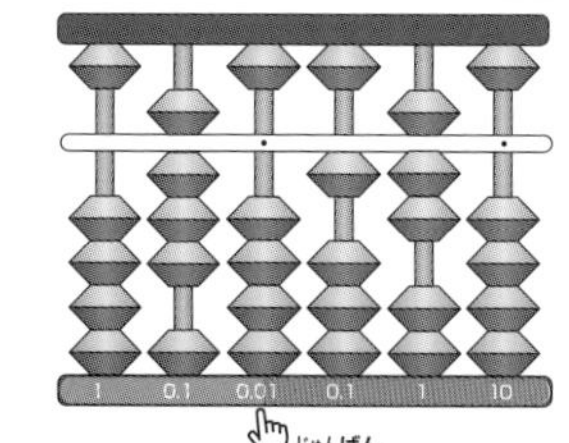

次に8×8、8×5の順番でかけざんする。
8のとなりを人さし指でおさえる

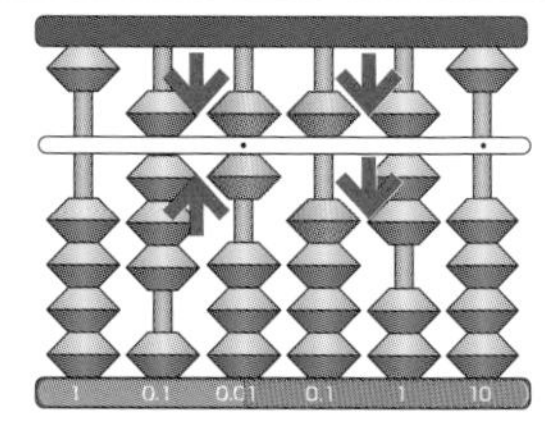

8×8=64「ろくじゅうし」、「じゅう」ということばが
つくので、おさえているところに64をおく

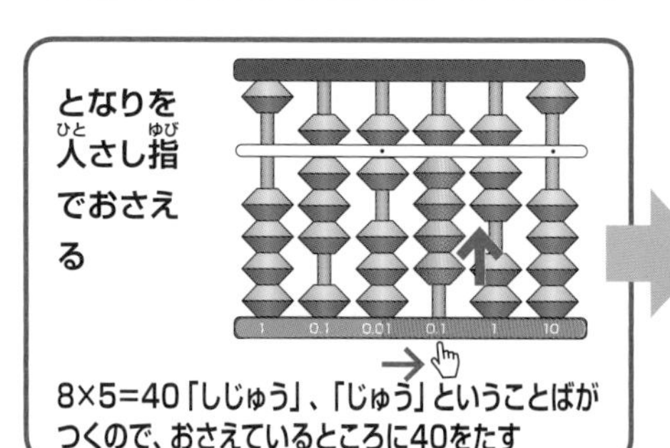

となりを
人さし指
でおさえ
る

8×5=40「しじゅう」、「じゅう」ということばが
つくので、おさえているところに40をたす

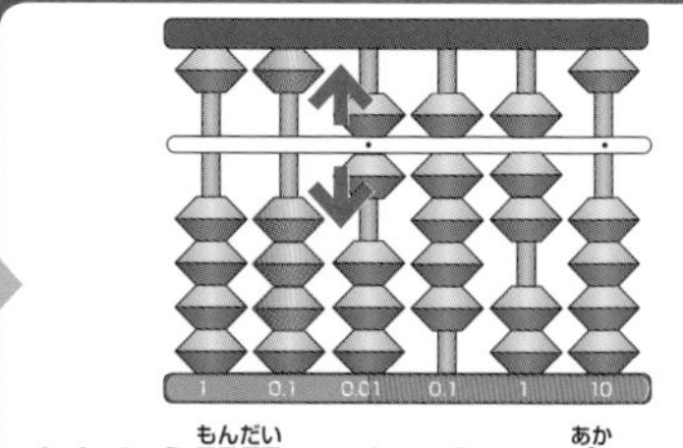

たしたら問題の8をはらい、赤いシール
の10まで読む。　こたえ「6970」

③ 74×39のけいさん

こたえ　2886

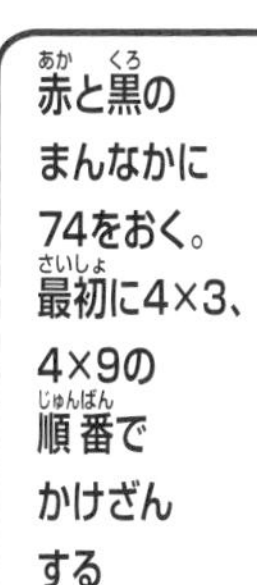

赤と黒のまんなかに74をおく。最初に4×3、4×9の順番でかけざんする

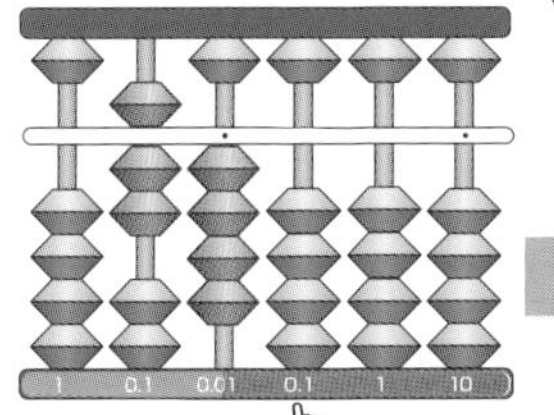

4のとなりを人さし指でおさえる。

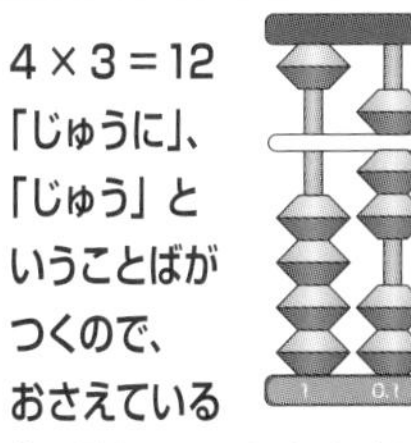

4×3＝12「じゅうに」、「じゅう」ということばがつくので、おさえているところに12をおく

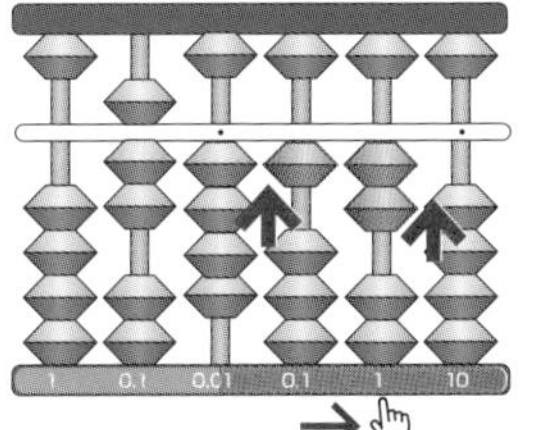

たしたらとなりを人さし指でおさえる

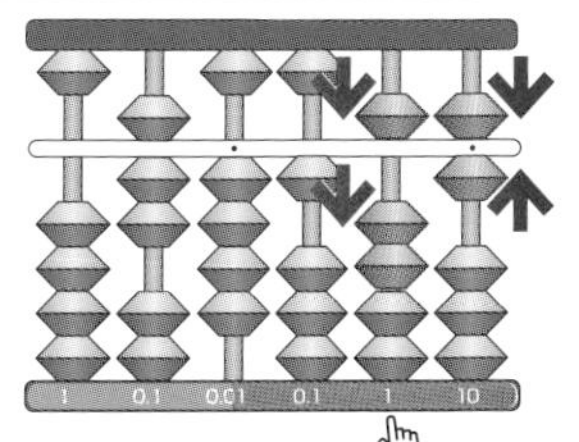

4×9=36「さんじゅうろく」、「じゅう」ということばがつくので、おさえているところに36をたす

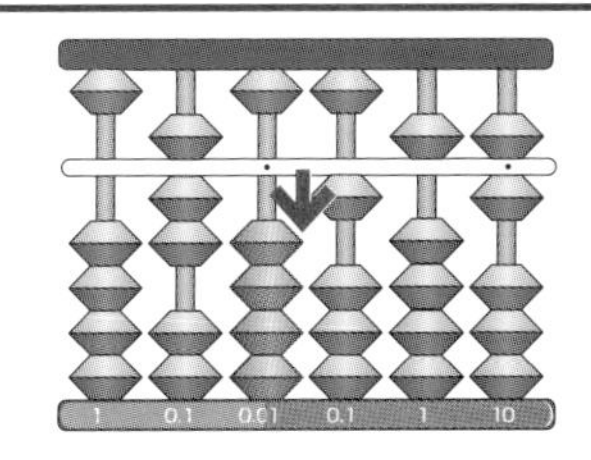

たしたら問題の4をはらう

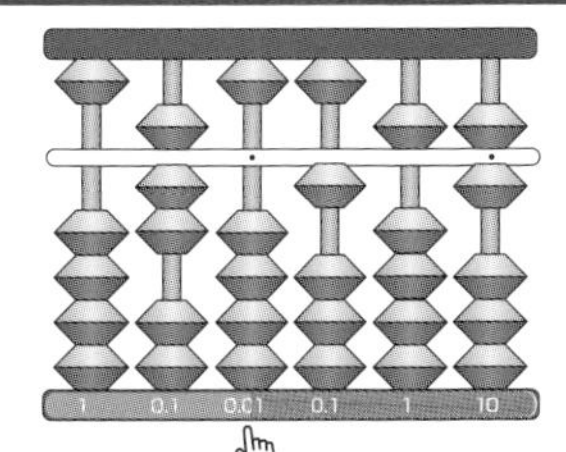

次に7×3、7×9の順番でかけざんする
7のとなりを人さし指でおさえる

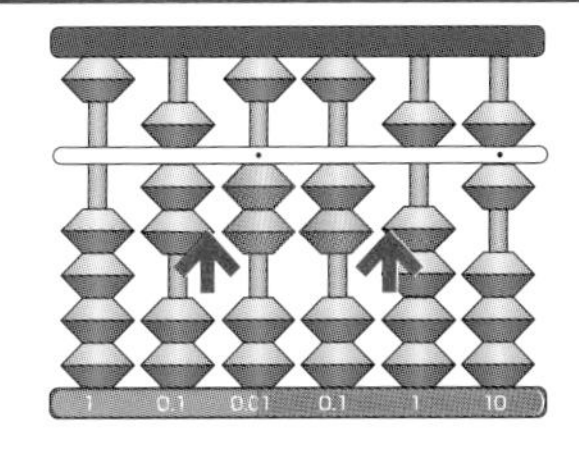

7×3=21「にじゅういち」、「じゅう」ということばがつくので、おさえているところに21をおく

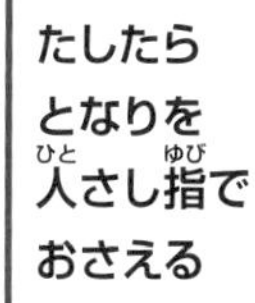

たしたらとなりを人さし指でおさえる

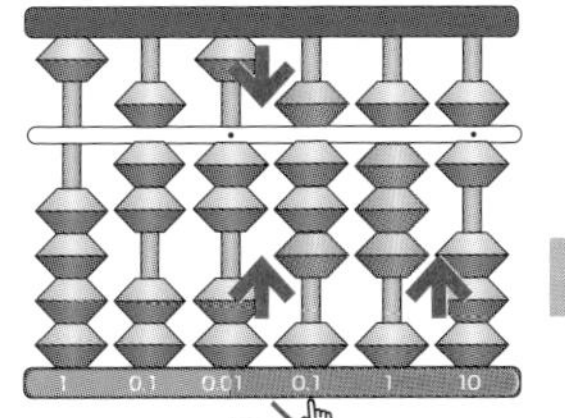

7×9=63「ろくじゅうさん」、「じゅう」ということばがつくので、おさえているところに63をたす

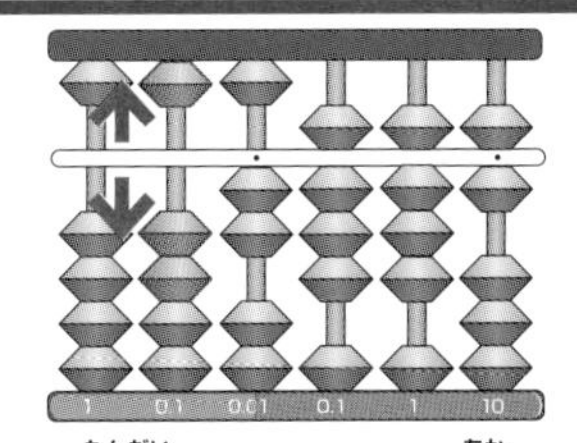

たしたら問題の7をはらい、赤いシールの10まで読む。　こたえ「2886」

コツ 40 「じゅう」がなければ指(ゆび)のとなりにたす

① 12×43のけいさん

こたえ　516

2のとなりを人(ひと)さし指(ゆび)でおさえる

赤(あか)と黒(くろ)のまんなかに12をおく。最初(さいしょ)に2×4、2×3の順番(じゅんばん)でかけざんする

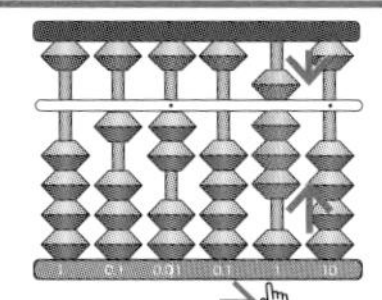

たしたらとなりを人さし指でおさえる

2×4=8「はち」、「じゅう」ということばがつかないので、おさえているところのとなりに8をおく

2×3＝6「ろく」、「じゅう」ということばがつかないので、おさえているところのとなりに6をたす

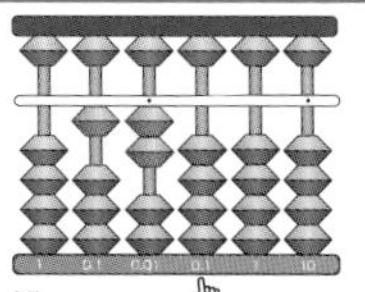

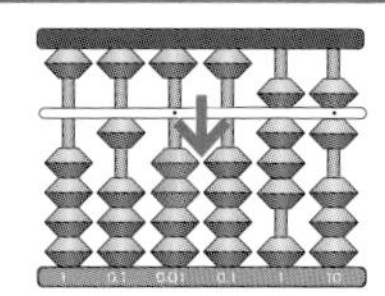

たしたら問題(もんだい)の2をはらう

次(つぎ)に1×4、1×3の順番(じゅんばん)でかけざんする。1のとなりを人(ひと)さし指(ゆび)でおさえる。

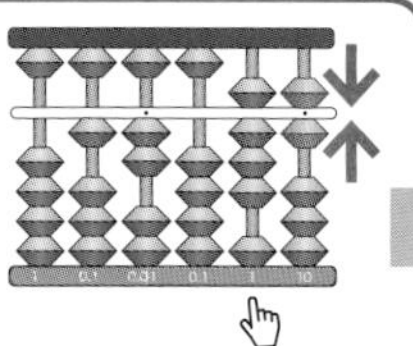

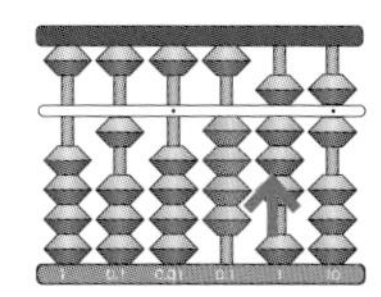

1×4=4「し」、「じゅう」ということばがつかないので、おさえているところのとなりに4をおく

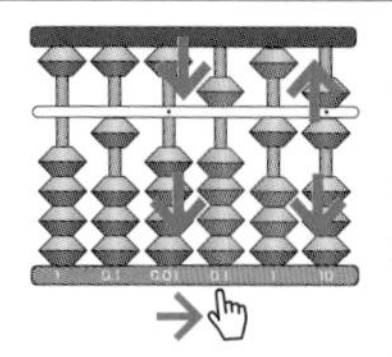

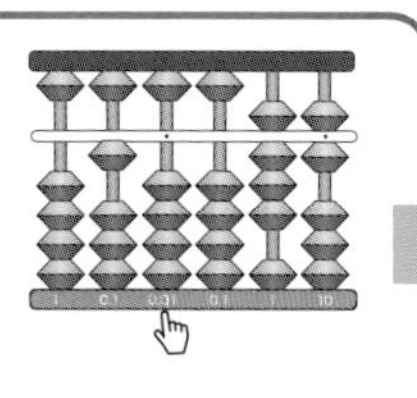

となりを人(ひと)さし指(ゆび)でおさえる 1×3＝3「さん」、「じゅう」ということばがつかないので、おさえているところのとなりに3をたす

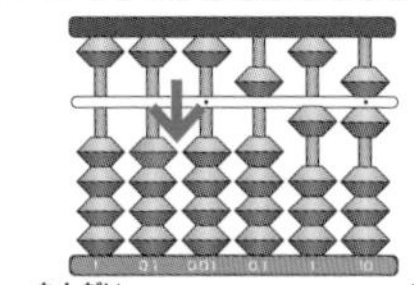

たしたら問題(もんだい)の1をはらい、赤(あか)いシールの10まで読(よ)む。　こたえ「516」

「じゅう」がつくときとたす位置を間違えない

二けた×二けたのけいさんでも、こたえに「じゅう」という言葉がなければ、指でおさえているとなりにたします。「じゅう」がつくときと間違えないよう、こたえを出しましょう。最後のこたえは、赤いシールの10まで読みます。

② 19×11のけいさん

こたえ 209

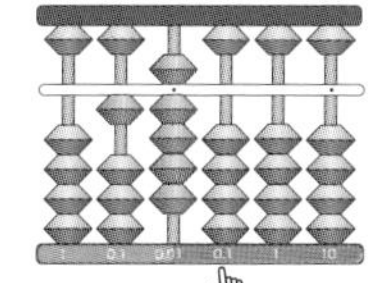

9のとなりを
人さし指で
おさえる

赤と黒のまんなかに19をおく。
最初に9×1、9×1の順番でかけざんする

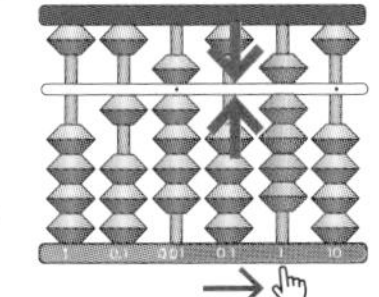

たしたら
となりを
人さし指で
おさえる

9×1=9「く」、「じゅう」ということばがつかないので、おさえているところのとなりに9をおく

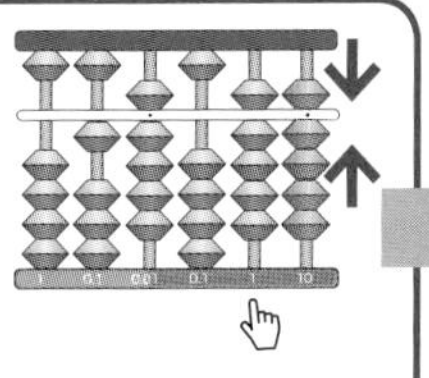

9×1=9「く」、「じゅう」ということばがつかないので、おさえているところのとなりに9をたす

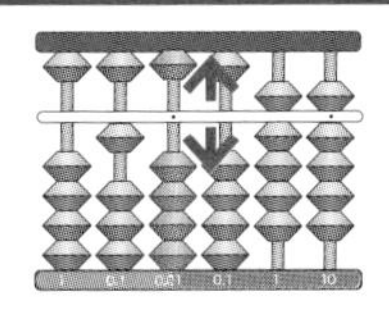

たしたら問題の9をはらう

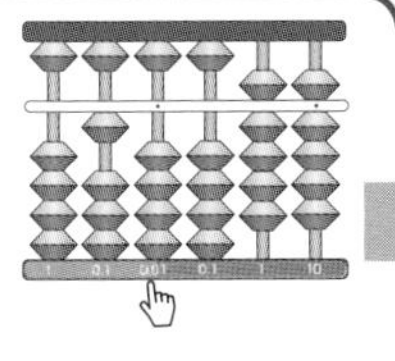

次に1×1、1×1の順番でかけざんする。1のとなりを人さし指でおさえる。

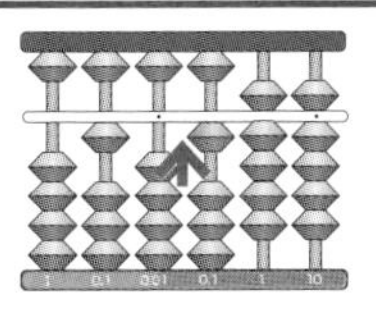

1×1=1「いち」、「じゅう」ということばがつかないので、おさえているところのとなりに1をおく

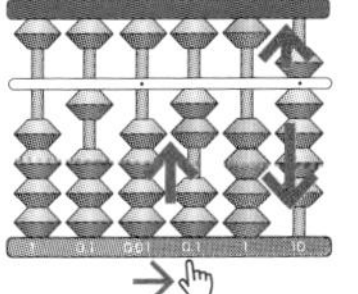

たしたら
となりを
人さし指で
おさえる

1×1=1「いち」、「じゅう」ということばがつかないので、おさえているところのとなりに1をたす

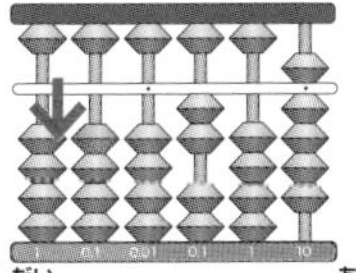

たしたら問題の1をはらい、赤いシールの10まで読む。　こたえ「209」

最初から一の位を指でおさえる

① 20×73のけいさん

こたえ　1460

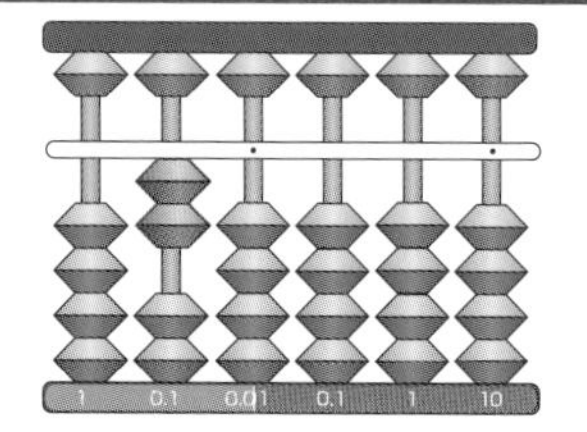

赤と黒のまんなかに20をおく

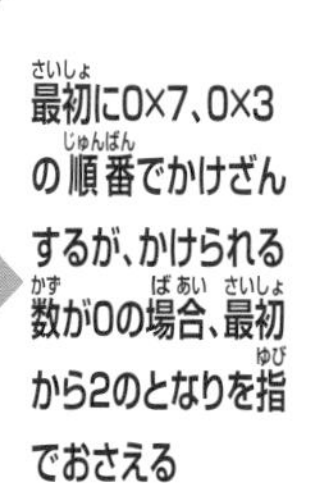

最初に0×7、0×3の順番でかけざんするが、かけられる数が0の場合、最初から2のとなりを指でおさえる

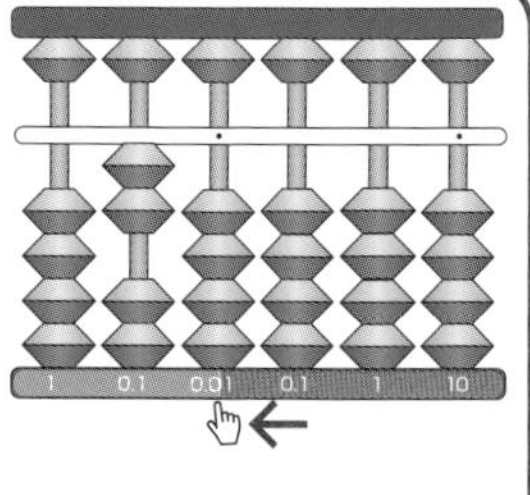

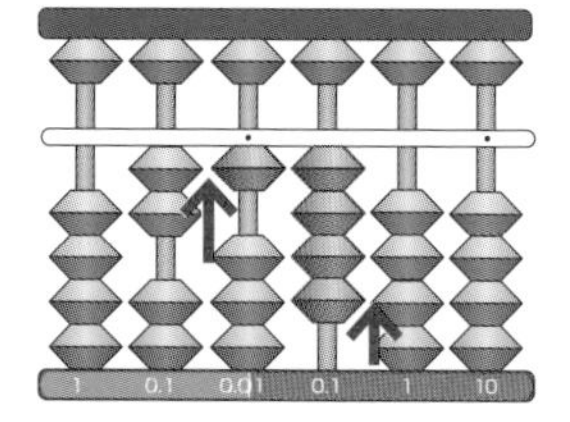

2×7、2×3の順番でかけざんする。2×7=14「じゅうし」、「じゅう」ということばがつくので、おさえているところに14をたす

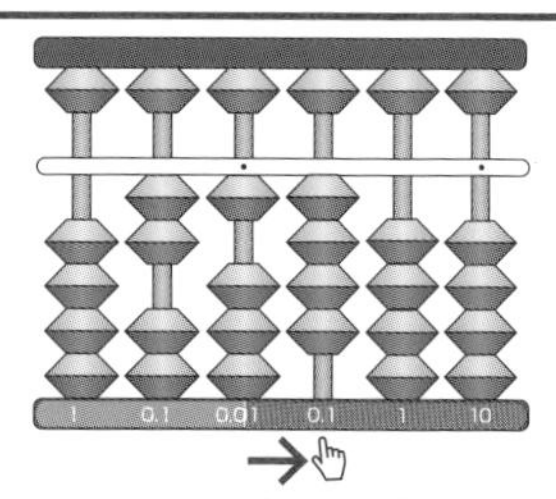

たしたらとなりを人さし指でおさえる

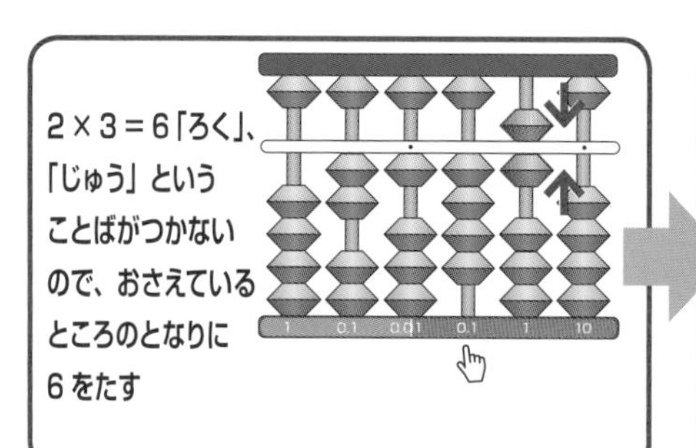

2×3＝6「ろく」、「じゅう」ということばがつかないので、おさえているところのとなりに6をたす

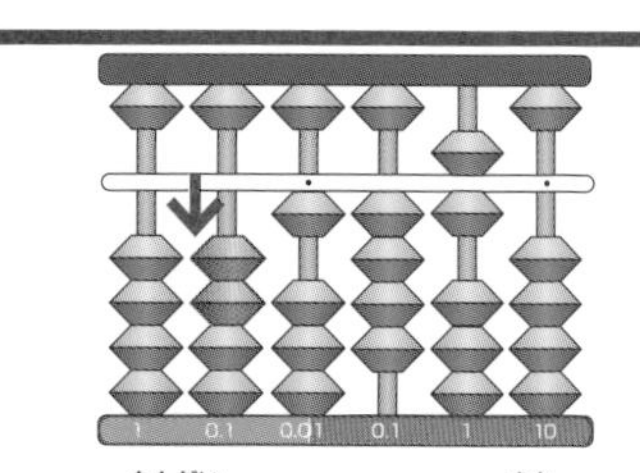

たしたら問題の2をはらい、赤いシールの10まで読む。　こたえ「1460」

0のとなりは指おさえをスキップする

0に数字をかけたとき、こたえは0になることを理解しましょう。二けた×二けたのけいさんで、かけられる数の一の位に0がつく場合、0のとなりを指でおさえずけいさんを進めることができます。最初から一の位を指でおさえます。

② 50×74のけいさん

こたえ　3700

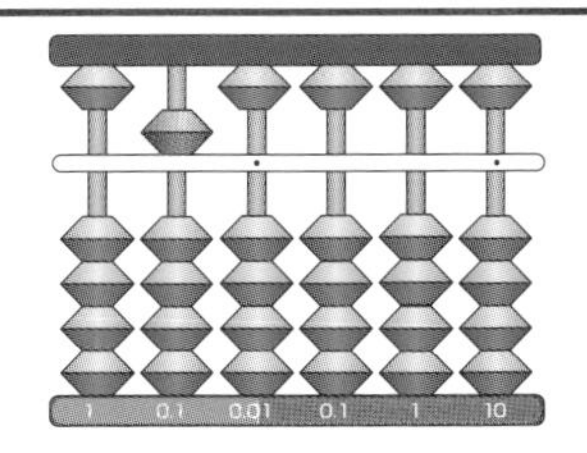

赤と黒のまんなかに50をおく

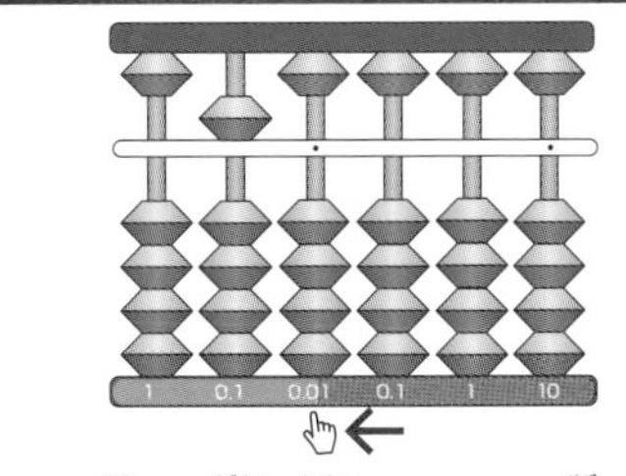

かけられる数が0の場合、最初から5のとなりを指でおさえる

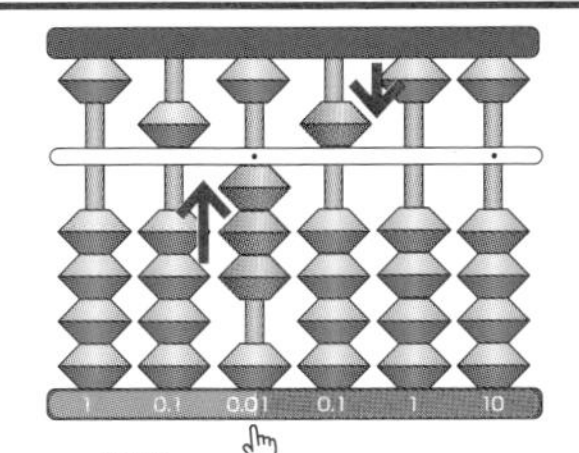

5×7、5×4の順番でかけざんする。5×7=35「さんじゅうご」、「じゅう」ということばがつくので、おさえているところに35をたす

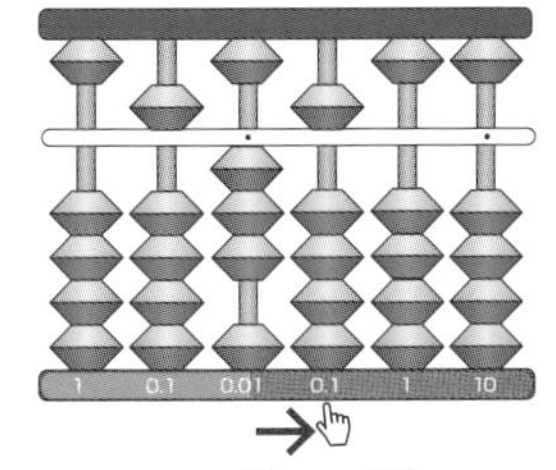

たしたらとなりを人さし指でおさえる

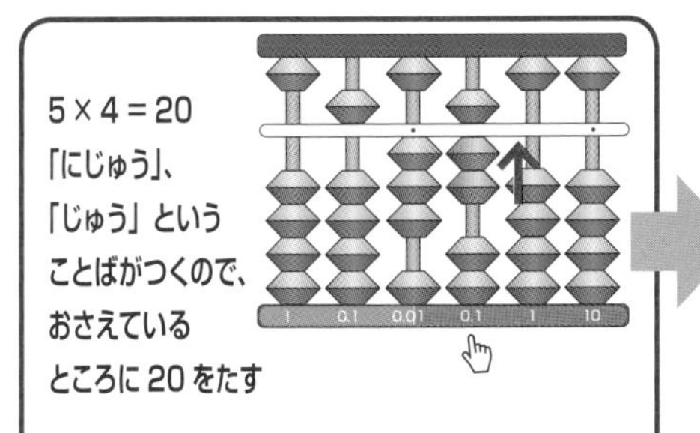

5×4＝20「にじゅう」、「じゅう」ということばがつくので、おさえているところに20をたす

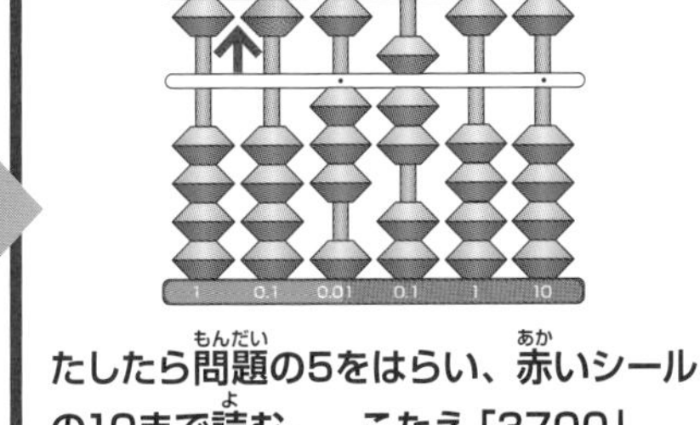

たしたら問題の5をはらい、赤いシールの10まで読む。　こたえ「3700」

かける数が0なら何もたさない

① 41×30のけいさん

こたえ　1230

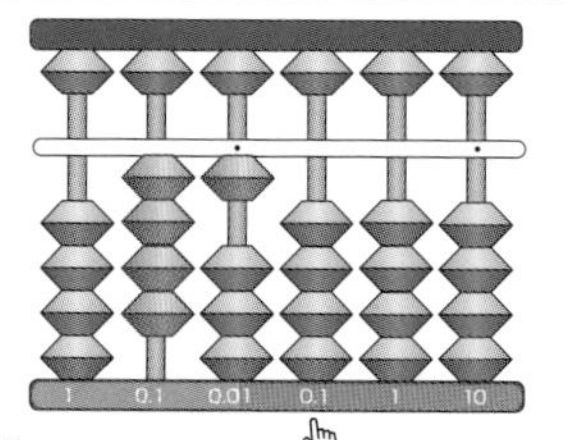

赤と黒のまんなかに41をおく。1のとなりを人さし指でおさえる

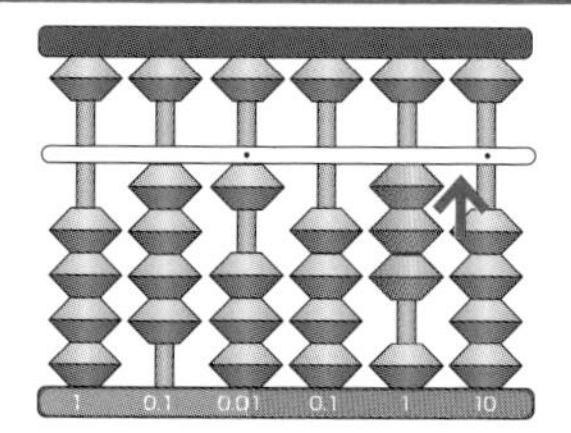

最初に1×3をかけざんする。1×3=3「さん」、「じゅう」ということばがつかないので、おさえているところのとなりに3をたす

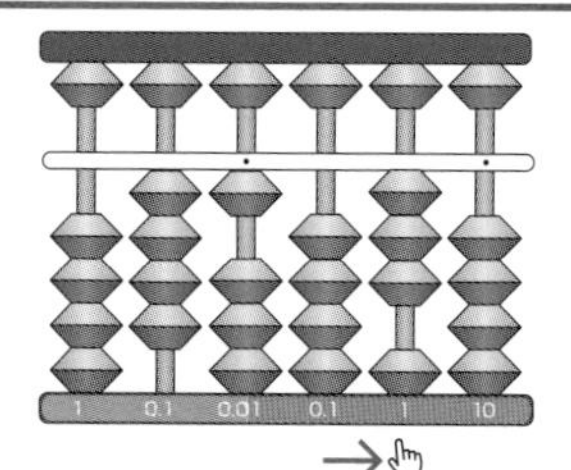

たしたらとなりを人さし指でおさえる

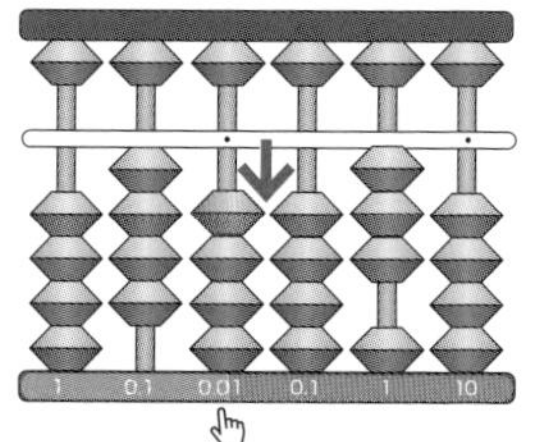

1×0=0「れい」なので、なにもたさずに1をはらい、4のとなりを指でおさえる

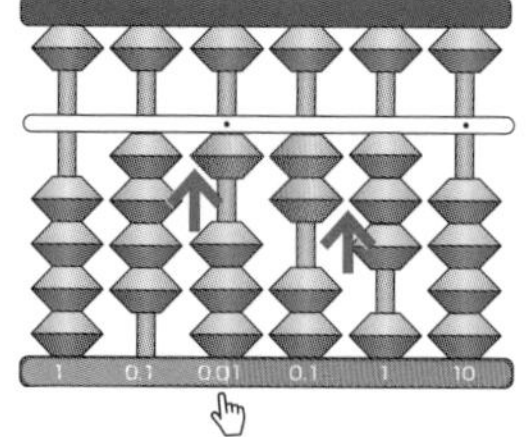

次に4×3をかけざんする。4×3=12「じゅうに」、「じゅう」ということばがつくので、おさえているところに12をたす

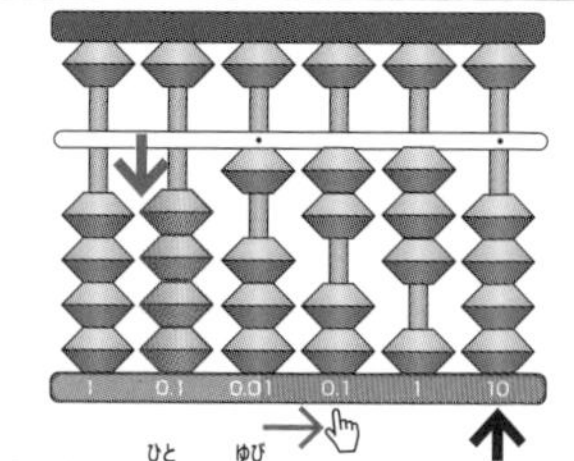

たしたらとなりを人さし指でおさえる。4×0=0「れい」なので、なにもたさずに4をはらう。　こたえ「1230」

7級のかけざんをマスターする

二けた×二けたのけいさんで、かける数に0がつく場合、0に数字をかけてもこたえは0になるため、何もたさずにけいさんを進めることができます。このページで7級レベルのかけざんは終了。次ページのわりざんとあわせておぼえましょう。

② 25×40のけいさん

こたえ　1000

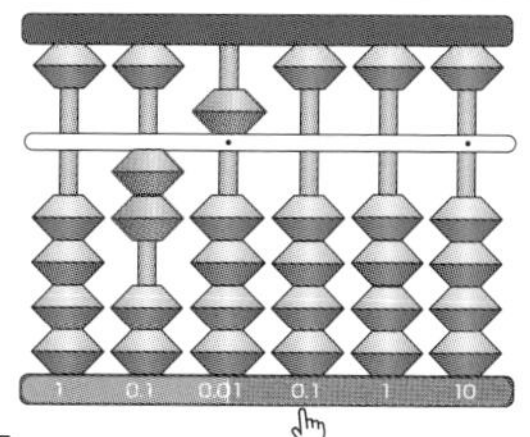

赤と黒のまんなかに25をおく。
5のとなりを人さし指でおさえる。

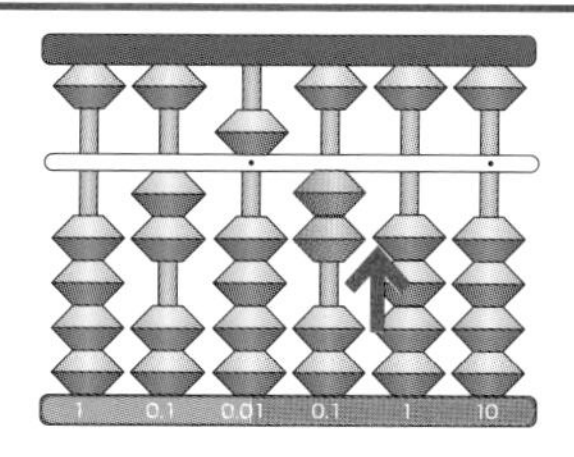

最初に5×4をかけざんする。5×4=20「にじゅう」、「じゅう」ということばがつくので、おさえているところに20をたす

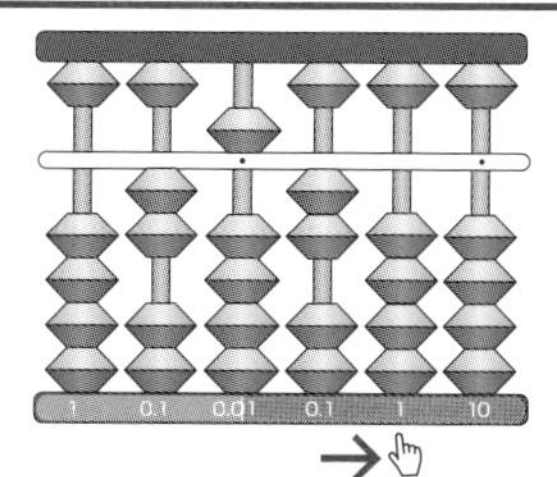

たしたらとなりを人さし指でおさえる

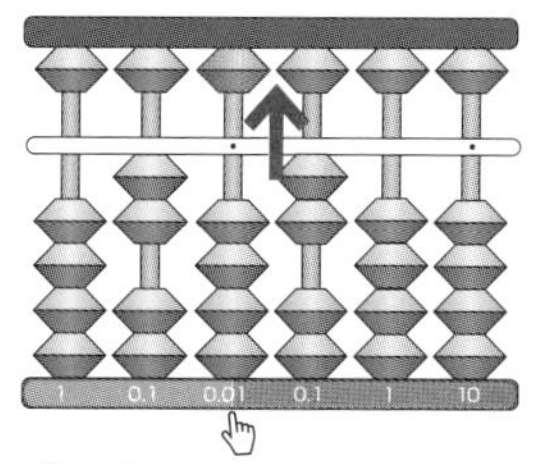

5×0=0「れい」なので、なにもたさずに5をはらい、2のとなりを指でおさえる

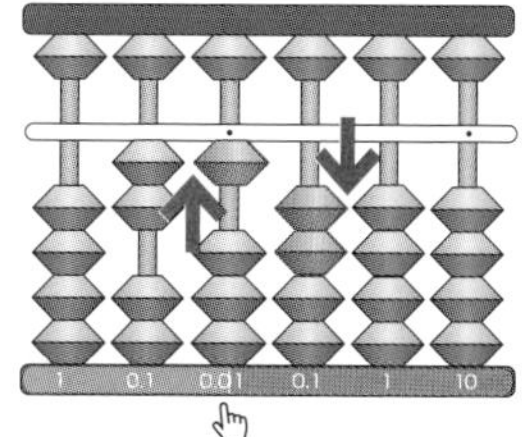

次に2×4をかけざんする。2×4=8「はち」、「じゅう」ということばがつかないので、おさえているところのとなりに8をたす

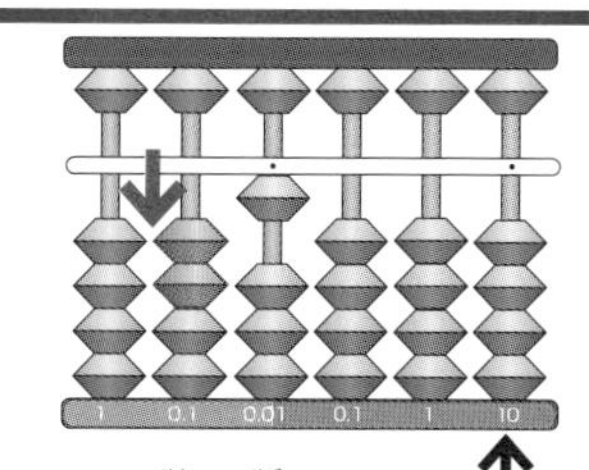

たしたらとなりを人さし指でおさえる。2×0=0「れい」、なにもたさずに2をはらう。　こたえ「1000」

ひく場所に注意してけいさんする

① 7級のわりざんの考え方

$$6{,}525 \div 9$$

① 1つ目のこたえが7として、「7×9＝63」の63をひくと、そろばんの数字は「225」になる
② 2つ目のこたえを2として、「2×9＝18」の18をひくと、そろばんの数字は「45」になる
③ 3つ目のこたえを5として、「5×9＝45」の45をひくと0。わりきれて「725」となる

② 6525÷9のけいさん

こたえ 725

赤と黒のまんなかに6525をおき、おいた問題の数字の一番左を指でおさえる。おさえている「6」のなかに9がないときは、「ない」といって指を右に1つ動かし、おさえているところから「65」と読む。

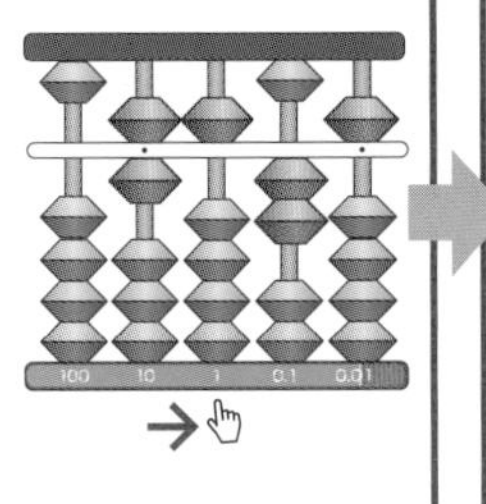

65のなかに9があるときは、あるときは「あ～る」といって指を左に2つ動かし、7をおく

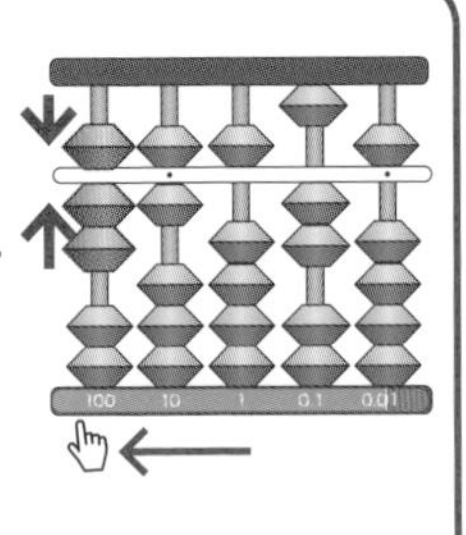

7級レベルのわりざんをマスターする

7級のわりざんはわる数が一けた、こたえが三けたになるけいさんですが、やり方は8級のわりざんと変わりません。「じゅう」がつくとき、つかないときのひく場所に注意して、こたえは黒いシールの1のところを読むようにします。

となりに指を動かし
7であっているか
どうか、そろばんから読む。
7×9=63
あっていたら、
おさえているところから
63をひく

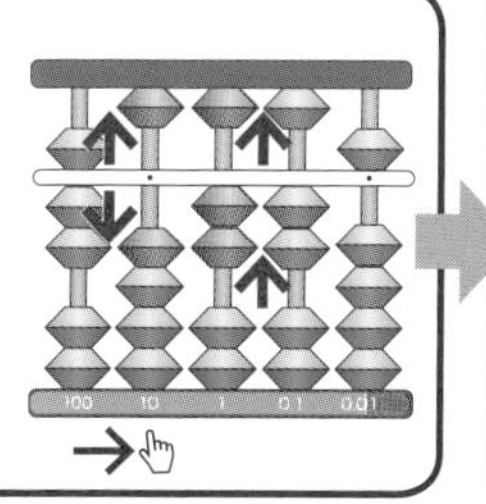

残っている問題の
左 を指でおさえる。
おさえている「2」のなかに
9 がないときは、「ない」と
いって指を右に 1 つ動かし、
おさえているところから
「22」と読む。

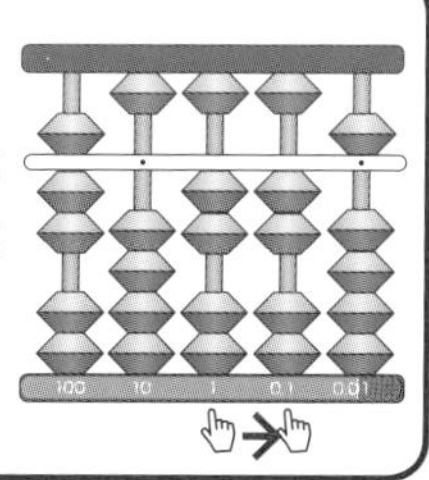

22 のなかに 9 が
あるときは、
「あ～る」といって
指を左に 2 つ
動かし、2をおく

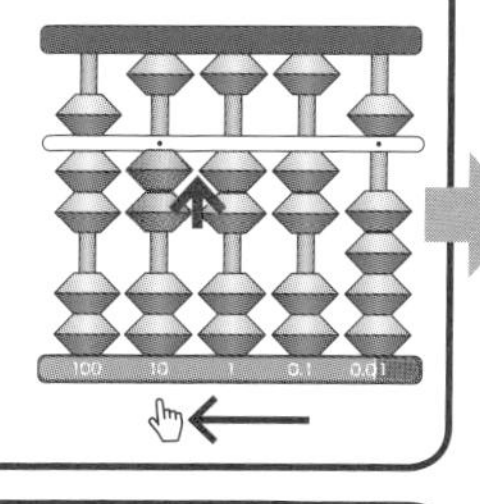

となりに指を動かし
2であっているかどうか、
そろばんから読む。
2×9=18 あっていたら
おさえているところか
18をひく

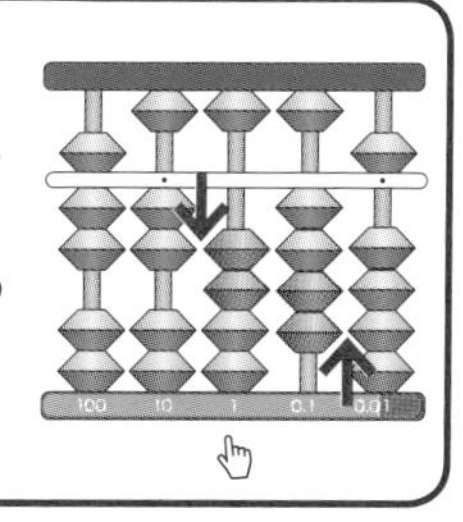

残っている問題の 左 を指で
おさえる。
おさえている「4」のなかに
9 がないときは、「ない」と
いって指を右に 1 つ動かし、
おさえているところから
「45」と読む。

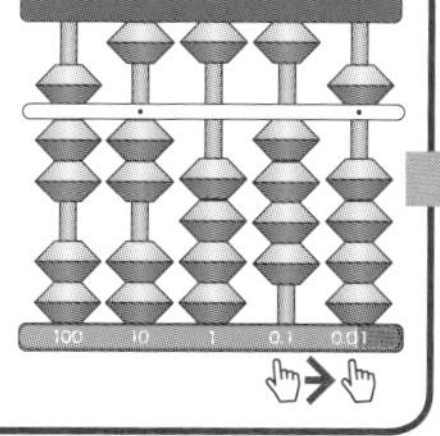

45 のなかに 9 が
あるときは、
「あ～る」といって
指を左に 2 つ
動かし、5 をおく

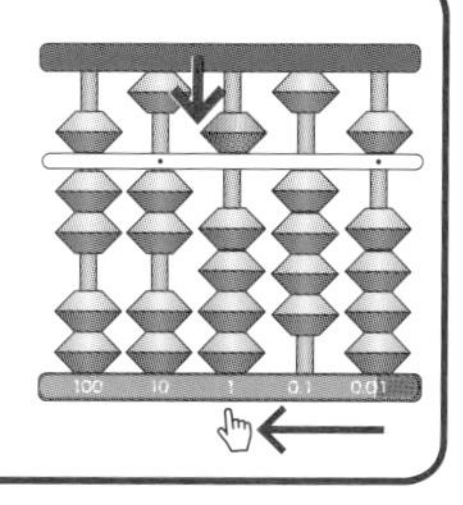

となりに指を動かし
5であっているか
どうか、そろばんから読む。
5×9=45
あっていたら、
おさえているところか45を
ひく。 こたえ「725」

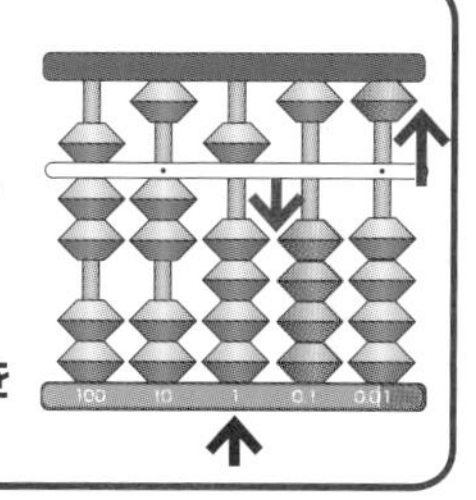

こたえは、
黒いシールの
1まで読む

コツ36～43

練習もんだい

7級のけいさんを復習しよう！

❶ 3 × 76 =

❷ 4 × 43 =

❸ 7 × 85 =

❹ 5 × 37 =

❺ 2 × 41 =

❻ 6 × 11 =

❼ 2 × 24 =

❽ 3 × 13 =

❾ 8 × 81 =

❿ 3 × 93 =

⓫ 4 × 62 =

⓬ 9 × 51 =

⓭ 8 × 14 =

⓮ 2 × 36 =

⓯ 9 × 15 =

⓰ 5 × 19 =

⓱ 3 × 20 =

⓲ 7 × 60 =

⓳ 8 × 95 =

⓴ 9 × 60 =

㉑ 2 × 42 =

㉒ 9 × 36 =

㉓ 5 × 36 =

㉔ 3 × 28 =

㉕ 74 × 39 =

㉖ 93 × 84 =

㉗ 45 × 68 =

㉘ 96 × 23 =

㉙ 12 × 43 =

㉚ 31 × 23 =

㉛ 17 × 96 =

㉜ 63 × 93 =

㉝ $72 \times 62 =$

㉞ $34 \times 72 =$

㉟ $56 \times 19 =$

㊱ $20 \times 73 =$

㊲ $40 \times 67 =$

㊳ $60 \times 95 =$

㊴ $40 \times 92 =$

㊵ $50 \times 87 =$

㊶ $96 \times 80 =$

㊷ $14 \times 20 =$

㊸ $19 \times 90 =$

㊹ $49 \times 70 =$

㊺ $34 \times 50 =$

㊻ $426 \div 3 =$

㊼ $8{,}424 \div 9 =$

㊽ $5{,}705 \div 7 =$

㊾ $2{,}376 \div 8 =$

㊿ $966 \div 2 =$

51 $1{,}216 \div 4 =$

52 $6{,}831 \div 9 =$

53 $59 \times 94 =$

54 $74 \times 31 =$

55 $62 \times 25 =$

56 $86 \times 60 =$

57 $13 \times 73 =$

58 $70 \times 82 =$

59 $46 \times 47 =$

60 $63 \times 20 =$

61 $18 \times 53 =$

62 $87 \times 70 =$

63 $30 \times 49 =$

64 $68 \times 26 =$

65 $90 \times 91 =$

66 $32 \times 48 =$

67 $51 \times 73 =$

68 $46 \times 35 =$

69 $14 \times 12 =$

70 $25 \times 57 =$

練習もんだいの解答

P18(コツ 01 ～ 03)

(1) 7　(2) 2　(3) 4
(4) 8　(5) 3　(6) 6
(7) 9　(8) 5

P42～44(コツ04～12)

(1) 2　(2) 4　(3) 1
(4) 0　(5) 3　(6) 4
(7) 3　(8) 4　(9) 1
(10) 4　(11) 2　(12) 4
(13) 2　(14) 6　(15) 5
(16) 4　(17) 7　(18) 0
(19) 1　(20) 8　(21) 7
(22) 1　(23) 7　(24) 9
(25) 4　(26) 2　(27) 7
(28) 9　(29) 6　(30) 5
(31) 6　(32) 5　(33) 9
(34) 6　(35) 6　(36) 9
(37) 2　(38) 3　(39) 5
(40) 7

P70～73(コツ13～22)

(1) 14　(2) 14
(3) 18　(4) 23
(5) 10　(6) 32
(7) 27　(8) 33
(9) 5　(10) 5　(11) 5
(12) 14　(13) 20
(14) 18　(15) 10
(16) 5　(17) 17
(18) 13　(19) 14
(20) 13　(21) 34
(22) 32　(23) 30
(24) 7　(25) 14
(26) 6　(27) 12
(28) 8　(29) 16
(30) 13　(31) 15
(32) 12　(33) 20
(34) 8　(35) 18
(36) 8　(37) 6
(38) 12　(39) 20
(40) 17　(41) 16
(42) 19　(43) 13
(44) 14　(45) 28
(46) 27　(47) 10
(48) 8　(49) 14
(50) 12　(51) 38
(52) 27　(53) 32
(54) 47　(55) 41

P84～86(コツ23～26)

(1) 54　(2) 53
(3) 55　(4) 56
(5) 50　(6) 59
(7) 52　(8) 58
(9) 33　(10) 49
(11) 50　(12) 56
(13) 55　(14) 47
(15) 52　(16) 45
(17) 51　(18) 56
(19) 42　(20) 68
(21) 91　(22) 104
(23) 109　(24) 202
(25) 101　(26) 102
(27) 222　(28) 208
(29) 220　(30) 103
(31) 97　(32) 102
(33) 103　(34) 102
(35) 106　(36) 97
(37) 98　(38) 143
(39) 183　(40) 116

P100～102(コツ27～30)

(1) 136　(2) 144
(3) 192　(4) 148
(5) 175　(6) 171
(7) 294　(8) 776
(9) 178　(10) 265
(11) 48　(12) 28
(13) 69　(14) 63
(15) 88　(16) 96
(17) 82　(18) 84
(19) 93　(20) 46
(21) 246　(22) 248
(23) 368　(24) 246
(25) 146　(26) 219
(27) 427　(28) 416
(29) 156　(30) 155
(31) 94　(32) 96
(33) 78　(34) 98
(35) 87　(36) 76
(37) 74　(38) 81
(39) 75　(40) 72
(41) 108　(42) 105
(43) 104　(44) 117
(45) 108　(46) 171
(47) 144　(48) 112
(49) 117　(50) 111
(51) 90　(52) 240
(53) 200　(54) 130
(55) 140　(56) 60
(57) 160　(58) 630
(59) 240　(60) 280
(61) 90　(62) 423
(63) 272　(64) 380
(65) 196　(66) 246
(67) 180　(68) 357
(69) 320　(70) 144
(71) 100　(72) 160
(73) 504　(74) 147
(75) 136　(76) 460
(77) 174　(78) 156
(79) 294　(80) 306
(81) 120　(82) 240
(83) 195　(84) 768
(85) 175　(86) 288